管理資訊成本論

符剛 ◎ 著

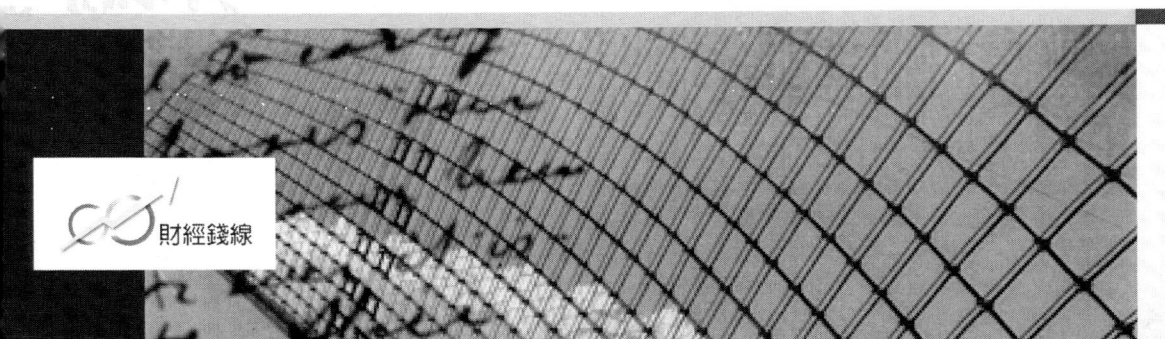

序　言

　　隨著現代信息技術的發展，「Computer」、「Internet」已成為社會公眾耳熟能詳的詞彙，它們不僅改變了人們的生活、娛樂、工作方式和方法，也為組織生產、管理、交易、服務等帶來顯著變化。信息技術跨越了多個領域，對生存在「扁平化」地球上的企業而言，他們對信息技術已經產生了嚴重「依賴」，因為它提供了業務流程自動化、提供信息、與客戶的連接和生產力工具這四套核心服務，以幫助執行戰略業務。對任何企業，與人相結合的信息技術既在信息充分的條件下提高了生產、管理、交易和服務效率，也產生了促進效能提升的大量信息。但從另一個角度來看，無論是「信息」獲取、存儲、加工，還是「信息技術」研發、應用，以及「信息機構」成立、營運，都會產生一定的費用或損失，這也就是我們通常所說的「信息成本」。

　　20世紀90年代以來，經濟全球化已成為不可逆轉的趨勢，企業被推向了全球市場範圍的競爭，市場規模擴大，企業面臨的外部環境更為複雜，對信息的需求明顯增加，企業搜索外部信息資源的範圍也不斷擴大。其次，整個社會由工業經濟時代

過渡到信息經濟時代，企業的成本重心發生了轉移，以現代製造業而言，生產資料費用和直接人工費用在企業生產成本中所占的比重越來越低，而信息的投入比例已占其生產成本的大部分，而且比重還在上升。綜觀現代經濟的發展，企業管理決策過程因信息的不對稱性引致的成本，即管理信息成本，已成為企業成本的重要內容。

　　管理信息成本是企業成本的一種新形態，也是一個新概念，更是成本管理研究領域中的一個新對象。《管理信息成本論》以現代管理學、經濟學理論為基礎，在國內初次較為系統地研究了「管理信息成本」的一些內容，如管理信息成本的本質論、會計論、集成論、控制論等。作者在「論」中提出了一些新的概念和觀點，如「管理信息成本」，「單軌制管理信息成本會計模式」，「管理信息成本的集成管理模式」，「管理信息成本控制戰略的目標體系」，「四層次觀」，「三維立體觀」等，這些都是作者關於「管理信息成本」的一些「新思想」。當然，作者提出的有一些觀點還值得商榷，有一些內容還需進一步探討。但對一個正在學術之路上行走的年輕人而言，這種努力應予以肯定。

　　「生也有涯，知也無涯」，「千里之行，始於足下」，我作為作者的導師希望作者以此為始，不斷攀登，「更上一層樓」，是以為序。

摘　要

　　在知識經濟時代，信息同物質和能源兩大要素一樣，已成為一種重要的經濟資源。無論是企業主體之間的交易，還是企業內部的管理決策，都需要大量的信息，信息成為經濟管理和決策的依據。然而，相對於人們的無限需求而言，信息是稀缺的。並且，各企業之間由於認識能力差異等原因，存在不同程度的信息不對稱問題。不對稱信息會導致相關者產生四大行為：逆向選擇、隱藏行動和信息、信號傳遞、信號甄別。但無論是哪一類行為的發生，對企業而言都會產生成本。肯尼思·J. 阿羅在20世紀80年代就指出，信息的獲得能改變經濟領域所面臨的不確定性，但不確定性具有經濟成本。企業的生產活動、管理活動，或購銷與服務活動都需要信息，並產生信息。無論是信息獲取還是信息生成，都會產生一定的費用或損失，形成信息成本。當然，這些成本形成的原因是相關者信息的非對稱性。如果處於企業管理決策過程中，信息的不對稱性狀態引致的成本就成為企業的管理信息成本。因此，企業管理信息成本產生的根源是信息不對稱，是管理者與其他相關各方各自擁有的信

息不對稱。

　　管理信息成本是指企業在管理過程中，為了減少決策結果的不確定性，收集、加工、儲存、傳遞、利用管理信息花費的代價和信息不完全產生的決策損失。管理信息成本的本質內涵是基於管理的信息成本。管理信息成本是企業成本的一種新形態，是信息成本的重要組成部分，在現代企業管理決策中起著重要作用。但管理信息成本的本質特性是什麼？對企業有何影響？應如何對它進行計量、集成管理並控制？帶著對這些問題的思考，作者展開了對管理信息成本的研究，撰寫了本文。

　　本文在對國內外信息成本研究現狀及進展進行述評後，以信息不對稱理論、成本管理理論、集成管理理論、業務流程重組理論等作為理論基礎，闡述管理信息成本的本質特徵、管理信息成本相關理論；然後，提出了管理信息成本會計論、集成論和控制論。全文分八章來展開研究。

　　第一章，導論。本章主要闡述了研究的背景、目的與意義，以及研究的內容、思路、方法、創新及不足。

　　第二章，國內外研究現狀及述評。本章主要在綜述國內外信息成本與管理信息成本研究的基礎上，對其進行了分析與評述，指出國內外研究的基本成果及存在的不足，也為本文研究指明了具體的研究方向。

　　第三章，管理信息成本研究的基礎理論。本章主要研究了兩部分內容，一是信息、管理信息理論與管理信息系統；二是管理信息成本研究的理論借鑑，包括不對稱信息理論、成本管理理論、集成管理理論、業務流程重組理論等，它們為管理信息成本的研究奠定了堅實的理論基礎。

　　第四章，管理信息成本本質論。本章包括四項內容：一是成本與信息成本；二是管理信息成本的本質與特徵；三是基於信息流程視角的管理信息成本；四是管理信息成本的構成和

識別。

第五章，管理信息成本相關理論分析。本章從四個方面論述了管理信息成本相關內容，包括管理信息價值與成本的一般分析，基於期權理論的管理信息價值分析，管理信息成本的時間性分析，管理信息成本、信息技術、企業組織結構理論分析。

第六章，管理信息成本會計論。本章在分析了管理信息成本計量的必要性、複雜性與可行性之後，重點論述了管理信息成本的計量屬性、計量模式與方法。

第七章，管理信息成本集成論。本章首先論述了集成成本管理和集成成本管理系統的基本內容、特徵、作用等；然後研究了管理信息成本集成的基礎、路徑和模式；最後，研究了基於成本源的管理信息成本的集成。

第八章，管理信息成本控制論。本章研究了四個方面的內容：一是管理信息成本控制戰略的內涵、目標與特點；二是管理信息成本控制戰略思想和戰略分析；三是管理信息成本控制戰略的方法選擇與保障措施；四是管理信息成本控制策略。

關鍵詞：信息成本　管理信息成本　管理信息結構成本
　　　　　管理信息系統成本　管理信息流成本
　　　　　管理信息成本集成

Abstract

In the era of knowledge economy, Information, which is same to material and energy, has become an important economic resource. Because enterprises need lots of information both in the inter－enterprises transactions and in the inter－management decision－making, Information has become the basis of economic management and decision－making. However, in relation to people's unlimited needs, information is scarce. In addition, all enterprises due to poor understanding of derivative, and other reasons, there are different levels of information asymmetry problem. Asymmetric information may lead stakeholders to take the following four acts: adverse selection, hidden action and information, signal transmission, signal screening. But any type of acts of enterprises will have costs. Kenneth J. Arrow in the 1980s said the access of information may change uncertainty faced in the field of economic, and uncertainty lies in economic cost. Many acts of enterprises, such as producing, managing, buying, selling, servicing, need information, and would produce information. Both the accesses and the form of information will have certain expenses or losses, costs, which are information cost. The reason of information cost existing is information asymmetry in stakeholders. Management information cost origin from information asymmetry in the process of management decision – making.

Management information cost is the cost, which happen in collecting, processing, stockpiling, transferring, using information to decrease the uncertainty of decision – making, or the losses for incomplete information, in the process of management decision – making. The essential connotation of management information cost (MIC) is information costs based on management. MIC is the new form cost, and an important component of information cost. What are the characteristics of MIC? What is the effect of MIC to enterprises? How to measure, to integrate, and to control MIC? Facing those questions, the author started to study MIC, and wrote the paper.

In this book, the writer reviews the domestic and foreign literature firstly, and dicussses the theoretical foundation, such as asymmetric information theory, cost management theory, integration management theory, business process reengineering theory, and so on. Then, the writer analyzes the nature and characteristics of MIC, relative theories. Lastly, the writer researches the accounting, the integration and the control on MIC. This book includes 8 chapters as follows:

Chapter 1 Introduction. In this section, I introduce the background, the goals and the significance of this paper, and contents and constructions, methodology, innovations and limits for the study.

Chapter 2 Literature and reviews. I review the past domestic and foreign studies on information and management information cost, and point out the different results and their limits, which contribute to research direction for this paper.

Chapter 3 Basic theory of the study on MIC. In this section, I discuss two aspects as follows: first is information and management information theory, management information system; second is the theoretical foundation, which includes asymmetric information theory, cost management theory, integration management theory, business process reengineering theory, etc. These theories provide solid theoretical guidline for the study on management information cost.

Chapter 4 On the nature of MIC. In the section, there are the following four parts: first is cost and information cost; second is the nature and characteristics of management information cost; third is management information cost based on information process angle, fourth is the constructure and indentification of management information cost.

Chapter 5 Theoretical analysis related to MIC. In this chapter, it refers to five parts related to management information cost, which are the general analysis for between management information value and cost, the information economic analysis for both management information value and cost, the management information value analysis based on option theory, the time analysis for management information cost, the theoretical analysis for management information cost, information technology and enterprise's organizational constructure.

Chapter 6 On the accounting of MIC. Firstly, the section introduces the necessity, complexity and feasibility of measuring management information cost. Then, it explores importantly measurement attributes, pattern and method.

Chapter 7 On the integration of MIC. In this chapter, it firstly introduces basic content, characteristics and functions about integration cost management and integration cost management system. Then, it researches the bases, paths and models of MIC integration. Lastly, it discusses the integration based on cost origin.

Chapter 8 On the control of MIC. This section includes the following four parts: the first includes the connotation, objectives and characteristics of the strategy of controlling MIC; the second is strategic ideas and strategic analysis of controlling MIC; the third part discussed the selected means and security measures of controlling strategy of MIC; the forth is the countermeasures of controlling MIC.

Keywords: Information Cost (IC),
Management Information Cost (MIC),
Management Information Organization Cost (MIOC),
Management Information Flow Cost (MIFC),
Management Information System Cost (MISC),
Integration of Management Information Cost (IMIC).

目　錄

第一章　導論 1

　　第一節　研究的目的和意義　2

　　　　一、選題背景分析　2

　　　　二、研究的目的和意義　5

　　第二節　研究路線和研究內容、方法、創新與不足　7

　　　　一、研究路線　7

　　　　二、研究內容　8

　　　　三、研究方法　9

　　　　四、論文的創新點　9

　　　　五、存在的難點與不足　11

第二章　國內外研究現狀及述評 13

　　第一節　國外信息成本與管理信息成本研究現狀　14

　　第二節　國內信息成本與管理信息成本研究現狀　22

第三節　國內外研究述評　26

第三章　管理信息成本研究的基礎理論　29

第一節　信息、管理信息與管理信息系統　30
一、信息的基本內涵與特點　30
二、管理信息的概念與特徵　34
三、管理信息系統　42

第二節　管理信息成本研究的理論借鑑　45
一、不對稱信息理論　45
二、成本管理理論　48
三、集成管理理論　51
四、業務流程重組理論　55

第四章　管理信息成本本質論　57

第一節　成本與信息成本　58
一、成本的內涵　58
二、信息成本的含義與特徵　66

第二節　管理信息成本的本質與特徵　71
一、管理信息成本的內涵　71
二、管理信息成本的特徵　75
三、管理信息成本的意義　76
四、管理信息成本與管理成本、交易成本　79

第三節　管理信息成本的產生：基於信息流程視角　82
一、管理信息流程與管理信息成本　82
二、管理信息收集與管理信息成本　83

三、管理信息存儲與管理信息成本　86

　　四、管理信息傳遞與管理信息成本　88

　　五、管理信息加工與管理信息成本　90

　　六、管理信息利用與管理信息成本　92

第四節　管理信息成本的構成與識別：三維立體觀　93

　　一、管理信息成本構成：三維立體觀　93

　　二、管理信息成本的類型：MIC的寬度　95

　　三、企業管理信息成本的構成與識別　102

第五章　管理信息成本相關理論分析　117

第一節　管理信息價值與成本的一般分析　118

　　一、管理信息價值　118

　　二、管理信息效益　121

第二節　基於期權理論的管理信息價值分析　122

　　一、管理信息價值的評估　122

　　二、基於期權理論的管理信息價值分析　125

第三節　管理信息成本的時間性分析　127

　　一、時間與成本的關係　128

　　二、管理信息成本的時間性分析　129

第四節　管理信息成本、信息技術、企業組織結構的理論
　　　　分析　133

　　一、管理信息成本的信息技術影響力分析　133

　　二、管理信息成本與企業組織結構理論分析　136

　　三、管理信息成本是推動企業組織變革的重要因素　138

　　四、基於信息技術的企業組織結構變革及其對管理信息成本的
　　　　影響　140

第六章 管理信息成本會計論 143

第一節 管理信息成本計量的必要性、複雜性與可能性 144
一、管理信息成本計量的必要性 145

二、管理信息成本計量的複雜性 146

三、管理信息成本計量的可能性 149

第二節 管理信息成本的計量屬性 150
一、計量屬性的一般認識 151

二、市場價格是管理信息成本計量的基礎 153

三、管理信息成本計量應遵循的原則 155

四、管理信息成本計量屬性的比較與選擇 156

第三節 管理信息成本的計量模式與方法 160
一、管理信息成本計量的結構 160

二、管理信息成本的計量模式 163

三、管理信息成本計量的一般方法 166

第四節 管理信息成本的會計核算 169
一、管理信息成本會計核算模式的選擇 169

二、管理信息成本核算應遵循的會計原則 170

三、管理信息成本的確認和計量 172

四、管理信息成本核算的基本思路 173

五、管理信息成本核算的帳務處理 174

六、管理信息成本報告 176

第七章 管理信息成本集成論 177

第一節 集成成本管理與集成成本管理系統 178
一、集成成本管理 178

二、集成成本管理系統　184

第二節　管理信息成本集成的基礎、路徑和模式　187
　一、管理信息成本集成的基礎　187
　二、管理信息成本集成的路徑　191
　三、管理信息成本集成的模式　194

第三節　管理信息結構成本集成　195
　一、管理信息結構成本集成與管理信息結構集成　195
　二、管理信息結構成本集成的前提　197
　三、管理信息結構成本集成的原則與路徑　205

第四節　管理信息流成本集成　209
　一、管理信息流集成　209
　二、管理信息流成本集成的路徑　212

第五節　管理信息系統成本集成　213
　一、管理信息系統及其功能　214
　二、管理信息系統集成的內容　215
　三、管理信息系統成本集成　217

第八章　管理信息成本控制論　219

第一節　控制、成本控制、成本控制戰略與戰略成本控制　220
　一、控制與現代控制理論　220
　二、成本管理與成本控制的基本內涵　223
　三、成本控制戰略與戰略成本控制　226

第二節　管理信息成本控制戰略的內涵　228
　一、管理信息成本控制戰略的內涵　228
　二、管理信息成本控制戰略的目標與特點　230
　三、管理信息成本控制與價值創造　234

第三節　管理信息成本控制戰略思想與戰略分析　236
　一、管理信息成本控制戰略思想　236
　二、管理信息成本控制戰略分析　240
第四節　管理信息成本控制戰略的方法選擇與保障措施　250
　一、管理信息成本控制戰略的方法選擇　251
　二、管理信息成本控制戰略的保障措施　256
第五節　管理信息成本控制策略　264
　一、認真制定管理信息系統購買規劃，控制管理信息系統
　　　成本　265
　二、注重系統效能的時間性，選擇長效性管理信息系統　268
　三、改變傳統的信息化商業模式，降低管理信息成本　269
　四、優化管理業務流程，提高管理決策效率，降低管理信息
　　　成本　271
　五、加強信息化培訓，提高系統營運效率，降低管理信息系統
　　　成本　273
　六、構建科學的管理信息組織結構，降低管理信息結構
　　　成本　274

參考文獻　276

後記　285

致謝　288

第一章
導論

第一節　研究的目的和意義

一、選題背景分析

信息、物質和能源是構成客觀世界的三大要素。在經濟日益全球化的今天，信息等於財富已不是新概念，而是知識經濟時代最大的特徵。信息作為一種重要的經濟資源，同其他兩大要素一樣，相對於人們的無限需求而言是稀缺的。信息成本作為信息經濟學問題的一個方面，是隨著信息經濟學研究的深入而被提出的。早在20世紀80年代，諾貝爾經濟學獎得主肯尼思‧J. 阿羅（Kenneth J. Arrow）就指出，「人們可以花費人力及財力來改變經濟領域（以及社會生活的其他方面）所面臨的不確定性，這種改變恰好是信息的獲得。不確定性具有經濟成本，因而，不確定性的減少就是一項收益。所以把信息作為一種經濟物品來加以分析，既是可能的，也是非常重要的。」阿羅精闢地道出了獲得信息的原因及信息的作用，也說明了信息的獲取是要付出代價的。不過阿羅所處的是工業經濟時代，信息成本只有少數學者關注，並且只是從經濟學角度來分析，如瑪麗蓮‧帕克（1988）從信息系統經濟學範疇研究信息系統的成本，企業界更沒有對信息成本加以重視。隨後，世界經濟環境發生了巨大變化，知識經濟已成為主流，現代社會已邁入信息社會，信息對世界的影響越來越大，對企業也不例外。企業的生產活動、管理活動，或購銷與服務活動都需要信息，並產生信息。而無論是信息獲取還是信息形成，都會產生一定的費用或損失、代價，形成信息成本。並且，隨著企業的發展，信息成本對企業的影響也在發生變化，正如中山大學管理學院謝康教授

（2003）指出，目前務必要關注新型工業化道路上出現的「三個轉移」：企業成本中心轉移——由勞動成本向信息成本轉移；信息成本中心轉移——由信息搜尋成本向信息處理成本轉移；社會成本中心轉移——由企業組織成本向市場交易成本轉移。因此，信息成本成為現代企業（組織）不可迴避的問題。

2007年11月16日，《南風窗》發表了《跨越信息動力——移動信息化撬動信息化市場大蛋糕》一文，文中指出：據相關統計顯示，占全國企業總數99.8%的4,200多萬戶中小企業，目前信息化普及率不到10%，但隨著市場不斷發展和完善，2006年中小企業信息化建設投資整體規模達到1,427.7億元，比2005年增長16.5%，預計2008年市場規模將達到1,869.2億元，未來三年整體規模將達到近5,000億元的驚人數字。但是，隨著信息化的不斷推進和普及，中小企業信息化建設中源於資金、技術和人才方面顯露出了難以逾越的瓶頸，從而讓企業資源計劃、辦公自動化、客戶關係管理等信息化系統在實施之後很快被束之高閣，無法充分發揮其效能。第一，中小企業規模小、資金相對匱乏，傳統信息化模式高昂的投入往往令中小企業望而卻步。目前，在國內企業資源計劃、辦公自動化、客戶關係管理等信息化軟件市場上，高昂的軟硬件成本初始投入及後續的二次開發、運行中的系統維護、更新和管理費用，令許多中小企業望而卻步，信息化建設的遲延讓中小企業在競爭中愈加處於劣勢。第二，信息化技術人才的缺乏使得中小企業在信息化建設中舉步維艱，目前在中國勞動力資源中技術工人初中以下文化程度的占到七成，中小企業缺乏真正懂信息化軟件、能熟練運用的管理人才；且信息化技術對人員的要求門檻高、培訓週期長、培訓難度大，企業付出極大代價也難培訓得出、並留得住人數有限的「專門人才」，導致信息化軟件在應用中陷入僵局，最終企業花費大量資金購置的設備就成了「有可能用

得上的」擺設①。

　　實際上，企業信息化建設在現實中已成為一柄「雙刃劍」：充分、科學、有效的信息化系統極大地提高了企業的管理效率和經營績效，推進了公司的發展；反之，無效或低效的信息化系統則增加了企業的營運成本，降低了企業管理效率和經營績效，從而阻滯了企業進一步發展。

　　面對這樣一個擁有巨大潛力的市場，具有強大的品牌優勢、渠道優勢和平臺技術優勢的中國移動針對中小企業信息化建設的現狀，研發了滿足廣大中小企業通信管理、服務行銷、移動辦公、生產控制等需求的多層次的信息化產品和信息應用平臺等，旨在推動中小企業信息化發展進程。中國移動廣東公司針對中小企業信息化建設中遭遇的成本和人才瓶頸，推出了移動信息化解決方案等。首先，推動信息化基於移動應用託管，企業自身不需要購買及維護服務器，而是通過無線技術實現；其次，「變賣為租」節省硬件成本，即有需要服務器支撐的產品，企業自身不需要購買，以租賃的形式應用信息化，大大節約了企業在硬件投入上的成本；再次，行業客戶「即開即用」，只要企業確認購買，就能立即開通和應用，無需任何軟件投資，使軟件成本為零；最後，提供專門的客戶經理針對企業進行「一站式」服務，提供解決方案和全面的信息化技術支持，操作簡單易行，無需一班人馬組建專門的信息技術部門，對專業技術人才的需求幾近於零②。

　　在信息化潮流中，無論是信息服務商還是信息需求者，都在以各種方式參與其中，既要推進企業的信息化建設，又要提

---

① 中國移動通信集團廣東有限公司. 跨越信息動力——移動信息化撬動信息化市場大蛋糕［J］. 南風窗，2007（22）：53－55.
② 中國移動通信集團廣東有限公司. 跨越信息動力——移動信息化撬動信息化市場大蛋糕［J］. 南風窗，2007（22）：53－55.

高企業的經營績效。企業信息化建設是手段，目的是獲取更大的利潤。因此，企業信息化的實質是以管理信息化推動管理現代化，實現盈利最大化。企業在實現盈利最大化過程中，必然考慮兩大因素：一是收益，二是成本，兩大因素相互影響和制約。無論是大型企業，還是中小企業，信息化建設成效的好壞都取決於信息化設施的使用效率和信息化活動的成本高低。信息化建設過程中的成本對相關各方都是需要考慮的重要因素，這些成本包括軟硬件成本、人力資源成本、機會成本等。從信息需求方來講，如果建設的信息應用系統和獲取的各項信息都運用於企業管理決策，這些成本就構成管理信息成本。基於管理決策視角的信息成本成為了本書研究的主要對象。

二、研究的目的和意義

20世紀90年代以來，經濟全球化已成為不可逆轉的趨勢，企業被推向了全球市場範圍的競爭，市場規模擴大，企業面臨的外部環境更為複雜，對信息的需求明顯增加，企業搜索外部信息資源的範圍也不斷擴大。整個社會由工業經濟時代過渡到信息經濟時代，企業的成本重心發生了轉移，以現代製造業而言，生產資料費用和直接人工費用在企業生產成本中所占的比重越來越低，而信息的投入比例已占其生產成本的大部分，而且比重還在上升。可以預見，在信息時代，一件產品的生產成本將因信息投入產生的成本而受到影響和制約。現代製造產業正在發展成為某種意義上的信息產業，它加工、處理信息、將信息物化在原材料和毛坯上，以提高其信息含量，並使之轉化在產品中。

綜觀現代經濟的發展，可以明顯地看出，無論是政府還是企業都在加大信息的投入，政府需要收集各類信息，以利於提供服務和行政決策。對現代企業而言，企業內部網絡的構建及

與國際互聯網的連接，信息系統的開發與使用（如 ERP 系統），電子商務的開展等，都耗費了巨額的資金，企業的管理信息成本大量增加，給企業帶來的影響越來越大。基於這一現實背景，企業為了生存與發展，必須有效地把握和控制管理信息成本。

因此，本書研究的目的和意義在於：

1. 加強管理信息成本研究是控制其成本的現實選擇。我們已理性地意識到，管理信息成本已成為現代組織重要的影響因素，並構成現代組織經營管理成本的重要元素。然而，管理信息成本對現代組織的影響有多大，應當如何加強管理信息成本的控制，企業管理信息成本產生於何種活動，應如何進行計量等，這些問題都是現代企業進行科學管理必須解決的問題。

2. 管理信息成本研究是現代企業效益目標導向的結果。信息化是現代企業的發展方向。對企業而言，管理信息的真正價值在於能夠為企業，尤其是為領導者提供決策的依據，在於服務、符合企業效益目標的確立與調整的要求。換言之，管理信息是在對效益目標起導向作用中形成其特有價值、發揮其特有的價值功能、實現其價值增值效果的。因此，企業的效益目標成為管理信息作用的方向和管理信息成本發生的根本所在。成本管理是手段，效益追求是目的。通過管理信息成本研究，企業可以明確管理信息成本的結構、數量、質量、可控性，並與管理信息價值（效用）相比較，從而認識管理信息成本給企業產生的效益，包括經濟效益、社會效益和生態效益。

3. 管理信息成本將成為經濟學家、管理學家和其他相關者關注的焦點之一。管理信息成本產生的影響已涉及方方面面，供需方為商品交易順利進行，需收集與商品相關的價格、型號、保險費、運輸費等相關信息以做出購買決策，要產生管理信息成本；企業管理層為科學決策要收集與決策相關的資金、技術、供需等信息，要產生管理信息成本；政府部門在制定和執行政

策時，要收集經濟、社會、環境等信息，要產生管理信息成本；（現實或潛在的）債權人要收集債務人的盈利能力、償還能力、營運能力等信息以加強債務管理，要產生管理信息成本；（現實或潛在的）投資人要收集企業財務狀況、經營成果和現金流量等信息以進行科學的投資決策，要產生管理信息成本。因此，無論是現代企業管理還是政府公共管理，無論是個人投資信貸決策還是組織經營管理決策都需要信息，都會產生管理信息成本。這種成本可能是人力資源耗費或物質資源耗費，也有可能是機會成本或決策損失。因此，管理信息成本將會引起理論界和實務界眾多學者和專家的關注。

第二節 研究路線和研究內容、方法、創新與不足

一、研究路線

從理論上，管理信息成本是一個新的成本概念；從實務上，管理信息成本是一種新的成本形態。為了全面、客觀地認識管理信息成本，科學、有效地控制管理信息成本，應從理論和實務兩個方向對管理信息成本展開研究。本書在對國內外信息成本研究現狀及進展進行述評後，以信息不對稱理論、成本管理理論、集成管理理論、業務流程重組理論等作為理論基礎，對現代組織的管理信息成本進行了深入探討。然後，本書以管理信息成本控制和價值創造雙重目標為邏輯主線，闡述了管理信息成本的本質特徵、管理信息成本三維立體構成、管理信息成本相關理論。最後，在論述管理信息成本計量的基礎上，本文提出了管理信息成本集成與控制戰略，包括管理信息結構成本、管理信息系統成本、管理信息流成本和管理信息成本的集成，

以及基於作業成本管理、目標成本管理等思想的管理信息成本控制戰略。

本書的研究框架如圖1-1所示：

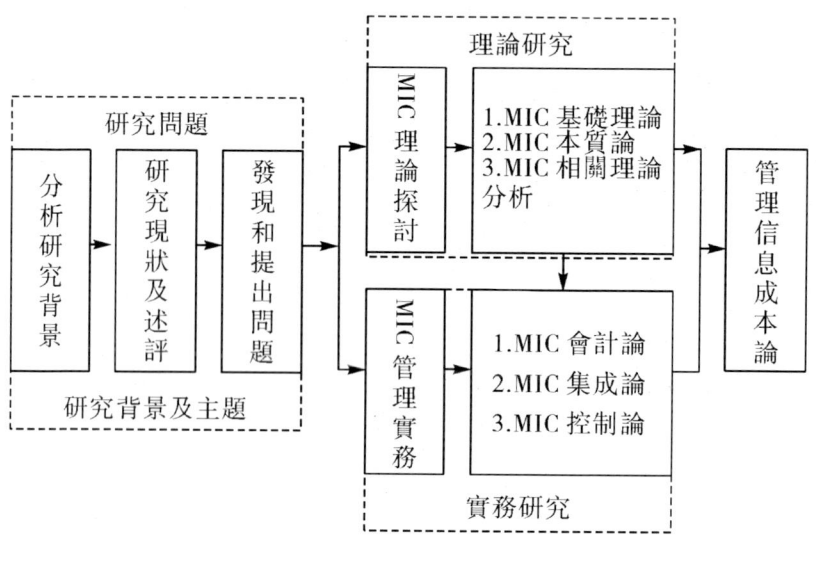

圖1-1

二、研究內容

對管理信息成本的研究主要分為兩大部分內容，即理論研究和管理實務。具體包括：①緒論，主要闡述了研究的背景、目的與意義，以及研究的內容、思路、方法、創新及不足；②國內外研究現狀及述評，主要綜述國內外信息成本與管理信息成本研究現狀，並指出國內外研究的基本特點及不足；③管理信息成本研究的基礎理論，主要包括信息、管理信息理論與管理信息系統，管理信息成本研究的理論借鑑兩部分內容；④管理信息成本本質論，圍繞管理信息成本研究了成本與信息成本、管理信息成本的本質特徵、基於信息流程視角的管理信息成本及其構成和識別；⑤管理信息成本相關理論分析，包括

管理信息價值與成本的一般分析，管理信息價值與成本的信息經濟學分析，基於期權理論的管理信息價值分析，管理信息成本的時間性分析，管理信息成本、信息技術、企業組織結構理論分析；⑥管理信息成本會計論，分析了管理信息成本計量的必要性、複雜性與可行性，管理信息成本的計量屬性、計量模式與方法；⑦管理信息成本集成論，論述了集成成本管理和集成成本管理系統的基本內容、特徵、作用，管理信息成本集成的基礎、路徑和模式，基於成本源的管理信息成本的集成；⑧管理信息成本控制論，研究了管理信息成本控制戰略的內涵、目標與特點，管理信息成本控制戰略思想和戰略分析，管理信息成本控制戰略的方法選擇與保障措施，管理信息成本控制策略。第二、三、四、五部分是側重於理論研究，第六、七、八部分側重於管理實務。

三、研究方法

本研究是基於現實背景和規範分析基礎上的應用性理論研究。研究中：①豐富的資料查閱，通過充分的資料查閱，闡述研究的目的、意義、方法，及管理信息成本等基本理論等；②運用已有資料規範分析管理信息成本計量、集成與控制戰略等；③對比分析與演繹歸納方法相結合，借助案例對比分析企業管理信息化中的策略選擇，運用演繹歸納方法研究企業管理信息成本控制戰略；④運用分析式會計研究法，分析企業管理決策中的管理信息成本與價值。

四、論文的創新點

雖然國內外學者對信息成本的研究可以說是「汗牛充棟」，但具體到管理信息成本而言，無論是理論分析還是管理實務，都是一個全新的內容，作者通過研究，在內容和觀點上都凸現

了一些新的思想、新的觀點。

（一）管理信息成本的「四層次論」

管理信息成本的發生雖都有著明確的主體，但主體內發生的成本有著明顯的層次性，這種層次性源於管理的層次性。因此，本文提出，管理信息成本可分為跨企業間組織管理信息成本、戰略管理信息成本、管理控制信息成本和作業管理信息成本。四個層次的管理信息成本產生於企業不同層次的管理活動中，因此企業可以通過不同層次的管理活動影響和控制不同類型的管理信息成本。

（二）管理信息成本的「三維立體觀」

影響管理信息成本的因素有很多，但也會因作者的視角不同而存在因素差異。本文認為，管理信息成本可以從三維立體角度進行認識，即決定企業管理信息成本的元素包括三個維度：時間長度、項目寬度和費用厚度。企業可以通過管理信息處理時間的長短、費用項目個數的多少和每個項目費用的高低三項內容來控制管理信息成本的大小。

（三）管理信息成本集成論

集成管理已成為網絡時系的一種新的管理方式，它依賴於企業的實體結構、業務流程和網絡系統。本文構建了管理信息成本集成的模式，即企業在實施業務流程重組、信息資源規劃和企業資源計劃的基礎上，運用現代網絡和計算技術，建立企業全面信息集成系統，依賴於管理信息結構成本、管理信息系統成本、管理信息流成本的集成，以構建管理信息成本集成模式，實現對管理信息成本的科學控制。

（四）管理信息成本控制戰略觀

優化結構與降低成本是成本控制的兩個基本目的，從戰略高度實施成本管理可以創新思想、統籌安排、全員參與，使控制的範疇更大，控制的策略更優，控制的效果更好。本文指出，

管理信息成本控制戰略包括管理信息成本控制過程中的戰略和企業戰略中的管理信息成本控制兩個方面。管理信息成本控制戰略的目標是一個綜合體系，即以管理信息成本降低為基點，以改變管理信息成本發生的基礎條件為措施，使企業獲取成本優勢並形成競爭優勢，配合企業盡可能獲得最大利潤、星系價值創造最大化和星系價值分配最優化。然後，本文通過對管理信息成本控制戰略的分析，結合管理信息成本戰略思想，提出了管理信息成本控制戰略的具體方法、保障措施和控制策略。

五、存在的難點與不足

管理信息成本是一個新的成本概念，也是一個新背景下的成本項目，雖然過去大量學者已對「成本」進行了深入的研究，形成了成熟和科學的觀點與方法，但成本範疇的拓展使管理信息成本基本上還處於「嶄新」狀態，屬於「小荷才露尖尖角」狀態，因此「少有蜻蜓立上頭」，研究它的學者和研究成果都很少。並且，「管理信息成本」與其他成本屬性相比，也存在一些研究「瓶頸」。

（一）管理信息成本識別難

管理信息成本中部分是隱性成本，並且企業的有關活動具有複雜性和相關性，管理信息成本與企業其他相關成本交織在一起，比如企業購買電腦後構建一個用於管理的內部局域網，以方便傳遞信息和管理，但對於這些電腦購置費、網絡建設和維護費等費用，無論是計入管理費用還是管理信息成本，都無法完全反應其真實。

（二）管理信息成本計量難

管理信息的特點決定了管理信息成本對企業管理活動的影響是通過管理信息「滲透」後起作用的。因此，管理信息在影響管理決策的同時，已經產生了管理信息成本，這種「無聲、

無形」的滲透使得管理信息成本在歸集時難以計量。並且，管理信息成本中的信息失真成本大部分是機會成本，機會成本的計量也是一個難點。

（三）實證研究難

由於現代企業絕大多數企業尚未以作業成本法進行成本管理，且即使進行作業成本管理的企業，也沒有以管理信息成本為重心化分作業和進行成本分配與歸集，因此不易獲取管理信息成本數據，也就為實證研究帶來了困難。

正是以上研究難度的存在，使本書在研究中存在與上述難度相聯繫的若干不足，即對管理信息成本識別、計量和實證研究的不足。本書雖提出了一些「管理信息成本」的識別與計量方法，但具體操作上沒有經過實踐來進行檢驗，僅停留於「理論」上的識別與計量上，有種「紙上得來終覺淺」的感覺。雖然作者明白「絕知此事要躬行」，可現實的企業狀態與結構限制了「管理信息成本」的數據收集，這是研究「空白」，也成為本研究的最大不足。

第二章
國內外研究現狀及述評

目前，無論是國外還是國內，都沒有對「管理信息成本」進行系統研究，屬於「於彼新田」似的研究對象。但在過去以「信息成本」為對象的研究內容中，有的學者涉及管理信息成本的內容。從某種意義上說，信息成本一旦與管理相聯繫，便會涉及管理信息成本的內容。

第一節　國外信息成本與管理信息成本研究現狀

「信息成本」首先是一個經濟學概念，在國外，對信息成本的研究可以追溯到 20 世紀 30 年代，即羅納德·科斯（Ronald Coase）在 1937 年發表的《企業的性質》這篇經典論文。科斯首次指出，市場並不是萬能的，它的運行是有成本的，正因為市場機制運行是有成本的，現代組織（典型的形式是企業）才替代了市場。通過市場價格機制「組織」生產的最明顯成本就是發現相對價格的工作，它包括獲取市場信息的費用，分析處理市場信息的成本，尋找交易對象、瞭解市場價格等的費用，每一筆交易的談判和簽約費用，瞭解對方底牌、考慮對手的信譽情況、雙方討價還價等支付的費用。雖然他還沒有明確提出交易費用範疇，但從企業存在的必要性這點上論述了交易費用，指出了交易費用的實質。1961 年，科斯又發表了《社會成本問題》這一名作，明確提出交易成本的概念，並將交易成本拓展到社會成本範疇。他認為，度量、界定和保障產權的費用、發現交易對象和交易價格的費用、討價還價的費用、訂立交易合同的費用、執行交易的費用、維護交易秩序的費用等，構成了交易費用或交易成本。這我們可以看出，雖然在這兩篇名著中科斯沒有十分鮮明地指出管理信息成本這一概念，但實際上交

易成本中的一部分也屬於廣義管理信息成本的範疇，因為獲取市場信息、瞭解市場價格和交易對象等活動實際上是一種管理信息搜尋活動，這會引發管理信息成本的產生。

隨後，伴隨信息經濟學的產生和發展，對信息成本的研究越來越多，包括肯尼思・J. 阿羅、喬治・約瑟夫・斯蒂格勒（George Joseph Stigler）、卡森（Casson）等都從不同角度對信息成本進行了研究。

阿羅對信息成本的研究源於《信息經濟學》這一名著。阿羅認為，大多數經濟決策都是在具有相當的不確定性條件下作出的，一旦不確定性可以從形式上加以分析，信息的經濟價值就顯得十分重要。人們可以花費人力、財力來改變經濟領域及社會領域等方面所面臨的不確定性。這種改變過程就是獲得信息的過程。不確定性具有經濟成本，這一成本就是信息成本。企業的信息成本產生於兩種情況：一是為減少不確定性，進行信息搜尋、收集、加工、處理和傳遞，然後獲取信息是要付出代價的，這種代價就是獲得信息的成本；二是由於沒有進行信息搜尋而造成了不確定性，其所帶來的風險損失也是一種成本。並且他認為，信息作為一種資源是稀缺的，而人們接受信息的能力又是有限的，因此，信息的成本包括個體本身的投入和大量不可逆的資本設備投入。阿羅認為，在證券市場中，投資者在選擇他的證券組合的決策時，需要獲取多種證券的信息，並付出相應成本。投資者的選擇，取決於他的背景及其收集的這種證券的成本。因此，投資者的決策既會產生信息成本又依賴於信息成本。阿羅還論述了公司組織與信息成本相關性，他認為，組織是許多個體的組合，由於眾多個體及其各自不同的經驗，組織能比其中任何一個個體獲得更多的信息。一般而言，組織系統接收的許多信息是不相關的，若所有信息都有在組織內傳輸，將會造成信息處理的高成本和不必要的多條信息道，

增加信息成本。他認為，選擇內部成本最小化的信道結構和提高信息傳播效率的適當編碼，對於組織提高信息的處理能力具有實用價值。阿羅對信息成本的研究，不僅分析了信息成本產生的原因、內容，而且分析了信息成本對投資者的作用和公司組織減少信息成本的方法。

1961年，斯蒂格勒發表了信息經濟學領域的奠基之作——《信息經濟學》，這篇里程碑式的論文體現了他對成本理論的創新。斯蒂格勒從信息不對稱的角度提出，信息就像其他商品一樣，有自己的成本，獲取信息是要付出代價的。他認為，由於信息不是免費商品，因此，不確定性不是像以前那樣被視為一個既定的事實，而是被看成無知的程度，事實上這一程度能夠通過獲取信息來縮小。1962年，他在《勞動力市場中的信息》一文中指出，信息是某種形式的資本品，通過旨在獲取信息的努力支出，信息可以被生產出來，並會帶來正的收益。生產信息與獲取信息所付出的代價便構成信息成本。斯蒂格勒提出使用效用最大化的標準經濟學理論來確定人們搜尋與獲取多少信息。假定在不同的商店，某一商品價格不同，獲取信息的過程對一個消費者來說，即是搜尋的過程。搜尋的收益是得到廉價商品，其收益的大小取決於概率分佈。通常這種分佈呈正態分佈，因此隨著搜尋次數的增加，其增加的收益遞減。在這個搜尋過程中所花費的時間和費用即是獲得信息的成本。事實上，信息搜尋成本定義了市場結構。哪裡的信息無成本，哪裡就是完全競爭；哪裡的信息有成本，哪裡就是不完全競爭。斯蒂格勒把信息問題看成是一個在知識具有或然性的條件下獲取更多信息的成本和收益的比較問題。他認為收益是信息需求的基礎，而成本是信息供給的基礎。

斯蒂格勒系統地闡述了信息成本的特徵。他提出，信息成本具有四方面特徵：第一，信息成本部分屬於資本成本，且屬

於典型的不可逆投資；第二，在不同領域、不同方面上的信息成本各不相同；第三，信息成本與信息的使用規模無關；第四，信息成本的轉嫁性。他對信息成本特徵的論述成為現代信息成本理論研究中信息成本特徵描述的重要借鑑。並且，斯蒂格勒指出，由於信息成本涉及面比較廣，同時與商品的其他成本相交織，因此精確計算信息成本困難較大，一句道出了現代信息成本研究的重點和難點，即信息成本的計量問題。

　　與新制度經濟學的大師們從交易成本入手分析不同，卡森從對信息成本的分析入手，建立了自己關於經濟現象和制度演化的邏輯體系。卡森學說最基本的一點就是把經濟視為一個信息系統（an information system），而不是如新古典經濟學那樣把經濟視為是一個由物質資料流構成的系統（system of material flow），即他把分析的焦點放在與商品和服務相關的信息的處理上，而不是放在對商品本身的處理上。這樣，某一時期存在的制度結構就可被解釋為對節約信息成本這一社會需要的一種理性反應。最優的制度結構是能夠在既定的環境與信息成本條件下有效地配置決策權從而形成有效的信息流結構的制度。當信息成本改變時，經濟制度結構也會隨之改變。卡森從現實經濟活動的特徵入手分析了信息在協調經濟活動中的重要性，發展出了一個關於信息成本的理論體系。他不僅認為經濟活動是建立在信息基礎上的，而且進一步把獲取和加工信息看成是價值創造活動，認為經濟交易的核心是信息的交換。信息成本的存在不但阻礙交易達成，而且還可能降低或取消團隊合作的機會。此外，信息成本還使得外部性的負效應也無法避免——原本可以通過較小的調整就能夠避免的對對方的損害現在由於高的交流成本的存在而無法避免。但是當交流成本下降，比如他們能夠用手勢等方式交流時，交易和團隊合作就會出現，外部性的負效應也會下降。因此，信息成本的存在與否對於經濟主體和

交易主體的行為有決定性的影響。

在卡森看來，經濟制度的實質是決策責任的分配機制和信息流的構建機制。因此，經濟組織和經濟制度的演化就必然與信息成本密切相關。控制信息成本本身就是一個經濟問題，制度的作用就體現在通過判斷環境的多變性以及信息成本的大小，就可以一種有效的方式來設計制度，這些制度的作用在於能夠以其提供的信息服務創造的價值來抵消其自身的信息成本。最優的制度結構是能夠在既定的環境與信息成本條件下有效地配置決策權，從而形成一定的信息流結構的制度。儘管制度結構的調整不是隨著信息成本的變化而連續進行的，但信息成本的變化或日益下降是制度演化的根本原因。信息成本包括了收集成本、交流成本、用於決策的使用成本、儲存成本以及恢復成本等等。卡森認為，從遠古以來，信息成本一直在不斷下降。不同類別的信息成本以不同的速度下降，不同的組織結構變化的相對成本也就不一樣。因此，長期內，組織結構的變化可能不僅由信息成本的絕對下降導致，而且同樣會受到不同類別的信息成本的相對變化的影響。具體而言，信息技術的提高使得信息的交流成本降低，交易主體可獲得的信息增多；在組織結構變化的背後，信息成本的下降也在逐漸改變人們的交易方式和競爭方式。在對交易方式的影響方面，信息成本的下降使得聯繫更加容易，人們不僅更容易抓住交易機會，不讓交易機會因為各種原因丟掉，而且人們也會發現與更多的潛在交易夥伴進行聯繫是十分值得的。因為通過與不同潛在交易夥伴的聯繫以及他們之間的競爭，能夠增加自己在談判中討價還價的能力。卡森從分析信息成本入手，認為經濟活動是建立在信息基礎上的，經濟制度的本質是決策權的分配和信息流的構建機制，從而認為信息成本的變化是制度演化的根本原因。

信息成本研究的早期，主要注重基本理論，隨著信息成本

理論的發展和認識的深入，經濟學家們和管理學家們已開始將重點轉向應用經濟和組織管理。

蒙齊爾・貝萊拉赫和伯特蘭・杰奎拉特（1995）運用莫頓（Merton）的不完全信息的資本市場均衡模型（the model of capital market equilibrium with incomplete information, CAPMI）分析了股票和指數期權的定價。莫頓模型是一個兩階段的資本市場均衡模型，在這個經濟中每一個投資者擁有關於可獲證券的信息。模型中關鍵的行為假設是一個投資者認為只有他擁有該證券信息的情況下他才會把證券 S 包括在他的投資組合中。因此，莫頓模型構建了一個定價公式，得出了更準確的理論價格，因為股票和期權的信息成本包含於其中。信息成本有兩部分：收集和處理數據的成本，以及信息傳遞成本。因此，信息成本的認知在資產定價中很重要，並且對來自於完全信息模型的價格實證問題有潛在的解釋力。

卡羅・莫雷利（1999）研究了英國食品零售中的信息成本與信息不對稱問題。由於壟斷與合併委員會和公平交易辦公室在1981年和1985年兩次對零售者折扣、購買力與競爭的調查中都認為寡頭壟斷的零售業結構對市場力量有潛在濫用的可能。他在檢驗與交易成本經濟學相關的市場力量問題和檢驗眾多食品零售者競爭利益是怎樣利用去判斷長期的契約安排後，發現由信息不對稱產生的信息成本是「禍根」。

伊薩・齊瑞和史帝芬・費里斯（1985）以存在信息成本的一個菲舍—格瑞類宏觀模型，論述了工資和價格合同的相互關係。

內森・克林和潘西（1985）研究了信息成本、交易與組織邊界，認為企業獲取一項諸如市場信息的資源是不完全的。在交易中包含的一個信息成本模型有助於解釋這類企業的行為。根據這個模型，只有交易各方都能獲得這項信息時，雙方之間

的交易才會發生；這種模型認為在那一種組織形態下發生的交易是有用的，對私人和公眾，這一模型的政策含義被證實可能增加交易發生的可能性。

布魯斯·艾倫（1990）在《解除管制與信息成本》一文中，討論瞭解除管制引致對運輸者的信息成本（相對比率）角色問題。他認為，在管制之下，費率是相同的、穩定的，因此從 A 到 B 的費率信息能容易並低廉的獲得。解除管制以後，各個企業之間的價格不相同，但相對於管制之下的價格要低。一方面，低價格會給相關方帶來節餘；另一方面，相關方為獲得價格信息卻需要付出成本即信息成本，這兩者的大小決定著相關方的決策。

克里斯托夫·克拉格（1977）討論了收益分配理論中信息成本和公司制度的角色。信息成本已經在近期勞動力市場現象理論中扮演了一個重要角色：包括失業搜尋理論，統計識別理論，勞動市場信息理論（Michael Spence, 1973），檸檬原理（George Akerlof, 1970）及其他理論。他認為企業制度部分是成功的，另一部分是不成功的。成功的主要原因是有高素質的員工和良好的環境，在成功的組織中存在一個良性循環，即從高薪酬到高素質人員，到良好環境和附加在職培訓，再到高收入，又回到高薪酬；能力較差的人員會離開這個循環，使收入差距更大，能力不強的人不會獲得較高收入。大部分經濟理論都依賴於完全消費信息，跟完全競爭一樣，它的自然屬性，完全信息引出一個工人的報酬與他的生產貢獻是相對應的結論。

諾瓦克和麥凱布（2003）研究了存在信息成本情況下的公司獨立董事角色。他們認為，獨立董事憑藉其角色有權獲取公司信息，但由於信息的非對稱性和信息的複雜性，使得信息的有效性即獨立董事根據信息質量所做決策質量的高低，依賴於董事或執行官的忠誠度，因為董事和執行董事擁有更多信息，

董事應對足夠且有效的信息負責。信息成本的產生源於兩種情況：一是放棄決策所產生的成本；二是解除董事所產生的成本。實際上，這裡所提及的信息成本與本文研究的管理信息成本存在一些相似之處。

雅各布和裴吉（1980）通過對不經濟組織形式的討論，論述了信息成本的產生源於監督。他們認為，經濟組織有兩種形式，一種是生產產品，一種是提供勞務，它們生產效率高低的監督者不同。第一種由所有者雇傭人員監督，第二種監督者包括所有者和購買方，因監督而形成的成本被稱為信息成本。因此，經濟組織不同，信息成本也會有所差異。

韓城和施特恩貝格（1985）從信息仲介與信息成本的關係視角進行了研究。他們的研究發現，信息成本會影響信息仲介存在與否：①信息成本高，信息仲介就會出現，並形成均衡價格；②信息成本越高，會使信息生產和銷售更專業化，因信息不充分引起的市場失靈會減弱；③信息市場越大，專業化信息生產和形成就會越快；④此處的信息生成成本或信息成本主要指信息搜尋成本；⑤均衡價格的形成源於消費者規模擴大所引起的單位信息成本的減少和銷售價格的增加。

因此，國外對信息成本的研究較多，主要集中在基本內涵、市場交易、公司治理、資本市場、制度變革、組織形式幾個方面。另外，還有其他角度的一些研究，如信息成本與創新（詹森，1988），信息成本與保險（李春秀，2000），信息成本與決策（懷特利和沃茨，1983），信息成本與制度特徵（博伊斯，1999），信息成本對移民的影響（詹姆斯·科和斯爾曼斯，1977）等。

第二節　國內信息成本與管理信息成本研究現狀

　　國內對信息成本的研究相對於國外要晚一些。據資料顯示，1989年，李天民和葉春和教授在《會計研究》第一期上發表了《論管理會計中的信息成本與信息價值》一文，開創了國內信息成本研究的先河。他們指出，在現代經濟社會中，信息也是商品。這種商品一方面具有其實用的價值，即信息價值；另一方面人們為了取得信息，還必須支付一定的代價，即信息成本。國內對信息成本的研究視角較多，概括起來主要有以下幾個方面：

　　第一，信息成本基本概念、內容與特徵。袁鄂、法素琴認為，信息是有價值的，但獲取信息是有代價的，這種代價包括物質資源、貨幣資源、人力資源以及組織資源的消耗或支付。因此，他們將「企業在收集、整理、存儲和使用信息的過程中所支付的代價」定義為「信息成本」。並且他們認為，信息成本有四個特點：第一，信息成本不是規範的會計學定義；第二，同等信息量，成本可以差別巨大；第三，信息成本與信息的使用次數、使用規模無關；第四，獲取相同的信息，付出的成本可能各不相同。朱珍（2003）分析了信息成本的成因、類別和特性，指出信息是生產不可缺少的要素，一方面它通過物化滲透到生產力的客體要素生產資料（包括勞動對象和勞動資料）中；另一方面，它通過人化滲透到主體要素勞動者之中，使生產力的效率迅速提高，從而加速生產力發展；再一方面，市場活動中經濟主體之間所有權、使用權等交換以及經濟運行管理也越來越依賴信息。支付信息費用已經成為生產總成本的一部分。他們還認為，信息成本包括信息教育投入成本、信息的固

定成本、信息的注意力購買成本、信息的獲得成本幾類。在信息成本的特徵方面，他們主要借鑒了阿羅的觀點。於金梅（2003）在論述了信息價值後，認為信息成本是企業為獲得或重置信息而發生的各種耗費之和，包括信息生產成本、信息服務成本和信息用戶成本。她指出，信息成本具有區域性、轉嫁性和資本性的特徵。趙宗博（2002）認為，企業的信息成本是基於企業的性質要求，為搜尋、糾正效益目標所需要的信息而必須的成本支出。它是為企業效益目標提供確定導向而形成的對各種信息活動的投入。企業信息成本分為直接成本和間接成本兩部分。李志軍（2006）運用馬克思勞動價值論分析了信息商品的價值構成後，指出信息商品的資本耗費即成本 C 和 V。基於企業性質所需，信息成本又可分為直接成本，即為企業效益目標提供確定性導向而形成的對各種信息活動的投入，或稱將企業效益目標作信息對象化了的費用；間接成本，即由直接成本派生出來的或配套於直接成本而發生的那部分成本。

　　第二，信息成本與資本市場。王海東（2003）從資產的專用性、交易的頻率和不確定性三個維度檢驗了市場和企業組織中交易成本和信息成本之間的關係。他指出，在現代信息技術和金融技術進步的條件下，信息成本大大下降，對金融市場結構和銀行業產業結構產生了重要影響，並推動銀行業自身產業結構的變動，使其通過併購走向大型化。徐旭初（2001）在理論研究的基礎上，導入了信息成本這一變量，分析了由信息不對稱所引致的企業上市的信息成本，及其是否影響企業在資本市場的直接融資，並進一步從這個變量的角度探討了企業上市收益和成本之間的均衡問題，提出了企業在股權融資和債權融資兩者之間的一種效用最大化的選擇思路[①]。江世銀（2006）研

---

　　① 徐旭初. 機構投資者和資本市場的效率 [J]. 世界經濟研究, 2001 (6): 79－82.

究了支付信息成本後的資本市場預期收益問題。他認為，信息對於投資預期的形成是非常重要的。有無信息、信息的多少和對信息的利用程度往往對投資者預期影響很大。資本市場投資預期的形成，實際上就是投資者之間的博弈過程。在支付了信息成本後，投資者會產生兩種不同的預期，資本市場的投資均衡就是使投資者得到的預期收益最大化。

　　第三，信息成本與會計。從會計角度對信息成本進行研究，主要有兩個方面：一是管理會計，二是財務會計。管理會計視角主要是對信息成本的預算與評價。比如，李天民和葉春提出，為了解決管理會計研究內容和方法體系所提出的問題，對管理會計中的信息成本作一些探討是必要的。他們認為，管理會計從各種來源獲得信息，其中絕大多數要付出代價。蔡建峰（2004）利用數據包絡分析技術，建立了信息成本預算的數據包絡分析評價模型。將用於不同戰略部門間相對效率比較的數據包絡分析方法應用於信息成本預算的評價上，可以進一步擴展它的應用範圍。同時，考慮到不同層次管理者對信息需求的具體特點，以其對待收集信息的預期質量為基礎，獲得了標杆預算方案、各自對不同預算方案的偏好序及進行資源調整的影子價格等評價信息。陸宇（2004）將企業面臨的不確定性分為完善信息和非完善信息兩種情況，運用概率論方法，舉例估算了完善信息成本和非完善信息成本，並說明了風險性決策。財務會計視角主要是對信息成本的計量與核算。如，周正深和曹慶華（2006）在對信息成本分類的基礎上，論述了信息成本計量應遵循的會計原則，包括權責發生制、配比和實際成本三大原則，並認為信息成本確認和計量的方法可以選用原始成本法、重置成本法和機會成本法，具體的帳務處理包括信息服務成本和信息生產成本，可以分別設置「信息使用支出」和「信息資產成本」進行計量。廈門大學莊明來教授（2004）分析了企業

在信息生產過程中對信息成本核算的若干問題，並初步探討了企業信息成本核算的可行性與複雜性。提出信息成本核算的基本思路：將硬軟件列作「信息資產」加以處理，同時設置相應的「信息資產攤銷」科目對硬軟件損耗進行攤銷；對信息服務商而言，購買原始信息所付費用是一種經常性費用，應當設置「信息使用費支出」科目加以核算；如人工費和網絡及計算機等硬軟件設施的使用費等，應設置「信息搜索成本」科目加以核算；通過設置「信息處理成本」科目來核算紛繁多樣的信息處理費用；信息服務商還應對某些不能直接計入產品成本的費用加以歸集，因此可設置「信息間接費用」科目對諸如存儲、傳遞等環節所發生的費用加以匯總與分配。他對信息成本核算的論述較為詳細，涉及信息系統成本和信息搜尋成本等內容。於金梅（2003）也提出應設置「信息資產」、「信息資產攤銷」和「信息費用」帳戶分別核算「信息生產和服務過程中的各項資本性支出」、「信息在生產和服務過程中減少的價值」及「信息的收益性支出和損耗價值」。

　　四是信息成本與管理。在這方面，國內學者的研究主要關注基於信息成本的管理問題。比如，郭旺（2004）認為信息是影響企業資源配置效率的重要因素之一。當存在信息生產成本時，標準的真實披露信息條件不再起約束作用，起作用的是激勵信息獲取的約束，它的滿足也意味著代理人真實揭示所獲得信息的約束同時得到滿足。信息生產成本，私利影響的淨效果決定了期望薪酬激勵成本，也就決定了公司授權。盛積良和馬永開（2006）在管理者獲取信息存在成本的前提下研究了基於相對績效的線性報酬結構對管理者資產組合選擇的影響及其激勵作用，建立了基於基準組合的投資者與管理者之間的委託代理模型，分析了當投資者向管理者提供基於基準組合的線性合同時管理者和投資者之間的風險收益最優分享規則。

五是信息成本與制度。當前，信息成本既是一個經濟學術語，也是一個管理學概念。因此，信息成本對制度變革或制度安排產生了重要影響。國內學者對此進行了一些研究。劉平青（2002）研究了信息租金、信息成本與家族企業制度安排問題。他們認為，信息租金與信息成本的權衡是企業組織的基本問題，家族企業是遵守分工原則，靈活地採用契約型、身分型兩種激勵——約束機制的一種企業信息選擇機制，在不完善信息市場中，家族企業是轉軌時期一種適應性的制度安排。周其仁（2005）閱讀《杜潤生自述：中國農村體制變革重大決策紀實》後，從信息成本對制度變革的影響角度闡述了其基本論點：在利益矛盾、認識分歧的體制改革過程中，降低各參與方之間交換信息的成本，是推進制度變革的關鍵一環；較低的信息成本有助於底層的創新獲得合法認可，如果信息梗阻，利益發生重大改變而又不能打通上下經脈，改革就不能成功。他重點論述了信息成本在中國農村制度變革中的重要作用。

上面五個方面只是國內現代信息成本研究主體內容，當然還存在著其他方面的研究，如信息成本與電子商務（吳衛明，2006）、市場行為（韓建新，2000）、公共政策（劉彥平，2003）等。

第三節　國內外研究述評

同實物資產、人力資產、技術、知識及財務資源一樣，信息已成為經濟發展必不可少的要素。在多數情況下，信息並不形成企業產品實體，這與人力資源不成構產品實體的道理是一樣的。信息對不同的消費者有著不同的價值，不管信息的具體來源是什麼，人們都願意為獲得信息付出代價，因為這種「經

驗產品」對消費者而言具有增值性，或能夠減少消費的價值損失。因此，無論是學術界的學者，還是實務界的管理人員，他們都關注信息成本。

　　從前面我們可以看出，無論是國內還是國外，都有一些以信息成本或管理信息成本為對象的研究。這些研究體現了幾個方面的特點：一是以信息經濟學範疇為主體。雖然，信息成本研究起源於制度經濟學，但研究的範疇大部分限於信息經濟學，另有一部分是管理學的內容，包括公司治理、成本管理等。二是以規範研究方法為主。國外學者對信息成本的研究重點以規範分析方法來論述信息成本的影響，也有部分將信息成本引入模型進行實證研究。而國內絕大多數學者都是用定性的分析來論述信息成本相關的基本內容。三是以信息成本的影響研究為主。信息成本影響的對象多、範疇大，無論是消費者還是投資者，還是其他的相關者，諸如政府決策者、企業管理者、信息仲介、商品交易者等，都會受到信息的影響，產生或形成信息成本。因此，眾多的學者關注於信息成本的影響。當然，他們各自有不同的視角。四是多視角的信息成本研究。

　　信息成本的研究主要有幾種視角：一是研究制度演化中信息成本的作用，即制度視角；二是研究信息商品的成本，即商品視角；三是研究信息系統的成本，即技術視角；四是研究組織交易活動中的信息成本，是從交易行為來考察信息成本，即交易視角；五是研究企業管理的信息成本，即管理視角。

　　國內外信息成本研究現有成果可以讓我們對信息成本有一個較系統的認識，包括信息成本的內涵、特性、影響等多方面，不同的研究視角也為進一步的研究提供了參考。管理信息成本作為信息成本的重要組成部分，在現代企業管理決策中起著重要作用，但仍有許多相關的問題存在爭議或尚未研究，值得深入地進行拓展性研究。這些問題包括：

（1）管理信息成本的基本理論問題

管理信息成本是一種新的成本形態，對管理信息成本的基本概念、特徵、類型，及其構成與識別等基本理論問題還沒有具體的研究成果，這也是必須弄明白的，是對管理信息成本進一步研究的基礎。

（2）管理信息的成本與信息效益對比問題

成本與效益是高度相關的一對概念，是「難兄難弟」，對研究如何在一定效益的基礎上實現管理信息成本最小化及如何在一定管理信息成本的基礎上實現管理信息效益最大化具有十分重要的意義。與此同時，這還涉及另一個概念——「管理信息價值」，即如何通過一定的方法去衡量管理信息的價值、管理信息的效用。

（3）管理信息成本的量化問題

管理信息成本中存在大量隱性成本，既不容易被察覺，也不容易被量化。而且，通過目前的企業會計系統計量管理信息成本還存在很多問題，如管理信息成本計量方法，管理信息成本與其他有關成本的區分，管理信息成本帳務處理等。因此，企業管理信息成本的量化研究需要深入探討。

（4）管理信息成本的控制問題

對管理信息成本進行研究的主要目的是加強信息成本控制，創造信息價值。現有的研究成果中很少涉及管理信息成本控制的方法、措施、策略、途徑等內容。管理信息成本的控制研究是管理信息成本管理實務研究的重要內容。

（5）企業管理信息成本的實證研究問題

企業管理信息成本研究具有較強的前沿性，目前對中國企業管理信息成本進行實證研究還比較困難，因為國內許多企業雖然在向信息化方向發展，但還沒有構建起信息價值鏈，因此不具有研究的基礎。另外，對企業管理信息成本的實證研究還需要對企業類型進行新的劃分，從管理信息需求的角度劃分不同類型的企業，並在此基礎上開展實證研究。

第三章
管理信息成本研究的基礎理論

管理信息成本是基於管理視角的信息成本，在對管理信息成本進行研究時，既要弄清管理信息成本產生的根源，解釋其形成的原因，又要加強對管理信息成本的控制，構建科學的計量模式、集成途徑與控制策略，其中涉及並可以借鑑的理論較多，如信息與管理信息理論、不對稱信息理論、成本管理理論、集成管理理論、業務流程重組理論等，它們都為管理信息成本的研究奠定了堅實的理論基礎。

第一節　信息、管理信息與管理信息系統

　　信息（information）一詞對我們來說已並不陌生，在人們的實際生活和工作中，每個人隨時隨刻都在與信息打交道，都在不斷地接收信息、加工信息、利用信息。管理學家將人類與信息的關係比喻為人與空氣的關係一樣重要。隨著社會經濟和科學技術的迅速發展，信息在管理中的地位越來越重要。

一、信息的基本內涵與特點

（一）信息的定義與類型

　　何謂信息？信息是一個內容豐富、運用普遍、含義又相當模糊的概念，要對信息一詞作出確切的定義是很困難的。另一方面，信息概念廣泛地滲透到各門學科之中，人們可以根據各學科自身的特點為信息做出各種各樣的定義。如，信息是物質、事物、現象的屬性、狀態、關係標示的集合；信息是物質、事物、現象的屬性、狀態、關係、效用，借助某種方式描記、排布的信號、符號及語義的序列集合；信息是物質、現象的屬性、狀態、關係標示的集合；信息是一種消息，通常以文字或聲音、

圖像的形式來表現，是數據按有意義的關聯排列的結果；信息就是指以聲音、語言、文字、圖像、動畫、氣味等方式所表示的實際內容。信息是客觀事物狀態和運動特徵的一種普遍形式，客觀世界中大量地存在、產生和傳遞著以這些方式表示出來的各種各樣的信息，等等。

我們可以看出，信息的定義林林總總，不同視角對信息有著不同的定義。但是，作為能夠體現信息本質概念的定義應具有以下兩個基本條件：

（1）它應從哲學意義上明確回答這一問題：信息既不是物質也不是能量，信息的實質是什麼？

（2）它應該涵蓋一切具體領域中各種有關信息定義和概念的內涵，即具有普適性。

因此，本文認為，信息是一種表達內容的集合，該集合需要通過一定的表達方式將內容呈現或反應出來，讓人們能發現、接收、理解或利用。其核心是表達內容，這些被表達的內容可以是屬性、狀態、關係、效用等；重點是表達方式，包括聲音、語言、文字、圖像、動畫、氣味等。

一般情況，按不同的標準對信息進行分類會形成不同類的信息。①按信息的產生領域分為：經濟信息、科技信息、娛樂信息、政府信息；②按產權性質分為：公共信息與私有信息；③按載體性質分為：印刷型信息、光介質信息、縮微型信息、磁介質信息；④按信息的傳遞技術分為：印刷型信息、模擬型信息與數字型信息；⑤按信息的文本特點分為：文字型信息、圖像型信息、聲音型信息、多媒體型信息、實物型信息等；⑥按信息的有用性分為：有用信息和無用信息。有用信息是指該對相關者行為產生影響的信息，相關者包括個人、企業組織、政府機構、事業單位和其他組織；而無用信息與之相反，是指不能給相關者的行為產生任何影響的信息。但對不同的相關者

而言，信息的有用性可能不一樣，如 A 信息可能對甲有影響而對乙無影響，那麼可以認為 A 信息對甲是有用信息，而對乙是無用信息。並且，有用信息對不同的使用者而言用途也是不一樣的，如丙可能將 B 信息用於企業管理活動中，而丁則可能將 B 信息用於市場交易活動中。本文所指的信息主要是企業管理決策過程中所需的管理信息，它對企業有用，並用於企業的管理決策過程中。比如，企業產品研究時的產品預期銷售信息，產品生產中材料採購決策所需的價格信息，商品行銷中的銷量及售價信息，投資決策所需的盈利信息，員工薪酬管理中的人力資源信息等。

（二）信息的特點

1. 體驗性

信息在使用之前，人們是無法知道其價值大小的，只有在使用之後，才知道其價值的大小。信息作為體驗產品，其難點在於，人們在使用之前由於不知其價值的大小而無法確定其價格，但是在使用之後又似乎不需要再購買了，比如一條能夠影響決策的信息。當然，對於複雜的信息，其體驗性不十分明顯，因為使用者在一次瀏覽或試用後不太可能獲得其全部價值，如複雜的設計圖紙、測試版軟件等。

2. 具有高固定成本和低複製成本

信息生產主要依靠人力資本與技術資本，在研發環節需要投入大量的資金，包括昂貴的人力資本、大量的技術知識累積、必要的生產設備投資、中試投入以及市場風險等，因此需要很高的固定成本。但信息商品的複製卻十分簡單，只要第一份信息生產出來，複製一份的成本幾乎為零，這意味著其邊際成本幾乎為零。因此，信息生產規模越大，平均成本越低。

3. 時效性

信息的價值具有時效性，包括內容的時效性與傳遞過程的

時效性。內容的時效性是指信息的內容對於特定的使用者來說，只在特定的時間內有效；傳遞過程的時間性是說信息在傳遞過程中具有時間成本，傳遞時間越長，時間成本越大。

4. 價值的使用者依賴

信息的使用者信賴性包括兩個方面：一是信息的價值依賴於使用者的需要與相關知識的累積；二是一些信息的價值隨著使用人數的增加而減少，另外一些信息的價值則隨著使用人數的增加而增加。

5. 有用性

申農認為信息是用以消除隨機和不確定性的東西，這充分說明了信息的有用性——可能消除人們認識的不確定性。對企業而言，信息的有用性具體表現為它是組織的保障、管理的基礎和決策的依據，是企業贏得市場競爭的法寶。對任何企業而言，都存在一定的信息交流方式以按此方式交流的信息流，企業內部組織的有效性正是依靠信息來維繫的。企業的管理活動也離不開信息，從信息科學的角度看，任何管理系統都是一個信息輸入、處理、輸出以及反饋的系統，管理是建立在信息的基礎上的。同樣，企業的決策也離不開信息，企業正確的經營決策，絕不是憑空想出來的，而是在準確、及時、完整的信息基礎上得出的。因此，沒有信息，企業根本無法組織和管理，無法做出正確的判斷和決策。

6. 稀缺性

在現實生活中，我們常說信息泛濫或者知識爆炸，但這並不表明，信息可以取之不盡，用之不竭。對任何個人或組織而言，有用的信息是稀缺的，因為：一是許多信息是由不同的經濟主體經過勞動生產出來的經濟物品，而不是無需通過人類的努力就能自由取用的自由物品；二是現實的經濟是不完全競爭經濟，這種市場結構不具備完全競爭理論所提出的信息充分的

條件，信息不是免費財物而是商品，因此自然存在成本問題；三是信息不對稱現象是經濟生活中的普遍現象，處於信息劣勢的一方將更加信賴有用信息並將其作為理性選擇，處於信息優勢的一方在必要的時候也會通過信號顯示使自己獲利，雙方為了獲取或發送信息者都要付出一定的成本；四是由於某些信息具有公共物品的屬性，存在信息不準確的因素，所有經濟主體在眾多的信息中進行選擇時，會產生信息搜尋成本。信息的商品屬性、信息不充分、信息不對稱及信息不準確等現象在現實中客觀存在著，並決定了信息的稀缺性。

二、管理信息的概念與特徵

（一）管理信息的定義及基本要求

一般來說，管理信息（management information）是那些以文字、數據、圖表、音像等形式描述的，能夠反應組織各種業務活動在空間上的分佈狀況和時間上的變化程度，並能給組織的管理決策和管理目標的實現提供參考價值的數據、情報資料。本文認為，信息是表達內容的集合，需要借助一定的方式呈現或反應出來。然而並非所有的信息都是有用的，並且信息的用途也會因相關者不同而存在差異，有的人用於交易，有的人用於管理；甚至同一主體對不同和相同的信息也有不同用途，正如有句俗語，「各花入各眼」。因此，管理信息是指在經濟管理過程中所需的表達內容的集合，這些內容是對經濟運動變化及其特徵的客觀描述和真實反應，或對與經濟運動有密切聯繫的其他運動變化及其特徵的客觀描述和真實反應。具體地說，它包括兩方面的內容：一是指為了達到經濟管理目的和形成經濟管理行為所收集或加工的信息，主要是指能夠反應管理客體運行狀態和可能影響管理客體運行狀態的各種信息；二是指經過加工並在經濟管理過程中得以運用的和反應經營管理者管理行

為的信息。

經濟管理強調效率、效率及效能，有效的管理信息能產生有效的管理工作。從管理控制工作職能的角度來看，為了達到有效的控制，對管理信息具有以下基本要求：

（1）客觀真實。即信息必須真實客觀地反應實際情況。虛假的信息往往會對組織決策者產生誤導，使其作出錯誤的判斷和決策，從而給組織造成損害。

（2）及時相關。信息具有時間價值，在管理活動中，信息的加工、檢索和傳遞一定要快，只有這樣，才能使管理者不失時機地對生產經營活動作出反應和決策。如果信息不能及時地提供給各級主管人員及相關人員，就會失去信息支持決策的作用，甚至有可能給組織帶來巨大損失。

（3）可靠完整。信息的可靠性除與信息的精確程度有關外，還與信息的完整性成正比關係。完整性是指管理信息的收集和加工不僅應全面、系統，而且應具有連續性。企業的生產經營活動是一個複雜的系統，而從外部影響企業經營的環境因素又是眾多的。因而，企業必須全面收集反應企業各方面的信息，由此才能保證統一地指揮、協調、控制企業內部的活動，才能使企業適應外部環境的要求。同時，客觀世界是永恆變化的，其發出的信息也是連續不斷變化的，因而只有對這些不斷變更的信息進行連續的收集和加工，才能正確地把握事情的本質，從而為主管人員的決策提供可靠的依據。

（4）適用無偏。管理控制工作需要的是適用的信息。由於不同的管理職能部門的工作業務性質和範圍不同，因而其對信息的種類、範圍、內容等方面的要求是各不相同的。因此，信息的收集和加工處理應有一定的目的性和針對性，應當是有計劃地收集和加工。

（二）管理信息的特徵

管理信息是信息的一種，屬於特別的信息類型，即管理信

息是專門為某種管理目的和管理活動服務的，因此它有信息的共性，也有獨特的個性，並呈現出以下特徵：

1. 管理有效性

管理有效性是管理信息的首要特徵，它要求對管理目的和管理活動必須有效，對管理過程中的調查預測、計劃目標、戰略決策、組織結構、人員配備、監督控制等都要產生效果，包括在信息的時間上要及時，數量上要適當，質量上要準確，內容上要適用。有效性也是信息的中心價值，如果信息在時間上不及時、數量上不足夠、質量上不準確、內容上不適用的話，那麼這種信息不僅無益，反而有害。

2. 決策有用性

有用性體現在兩個方面：一是該信息能夠被使用，二是使用該信息後能產生效果。管理信息用於管理決策，無論是宏觀的經濟管理，還是微觀的企業管理，都要求信息能發揮作用，不同的主體運用信息能夠減少決策結果的不確定性，降低決策風險。決策有用性是管理信息的根本特徵。

3. 系統共享性

這就是現在通常所說的資源共享的重要內容。從管理信息角度來說，它的共享性主要表現在不同層次、不同部門、不同個體可以通過管理信息系統共同使用某種信息資源。正確認識和順應這一特徵，對於建立管理信息系統並發揮其重要作用具有重要的意義，也可充分發揮信息的共同作用，避免在信息的收集、加工、傳輸、儲存等方面的重複勞動，在現代社會中，國際互聯網的建立，信息高速公路的誕生，使信息的共享性達到前所未有的程度。

4. 需求等級性

管理信息既有有效性和共享性，但是又可以分級的，同時處在不同級的管理者對同一事物所需要的信息也不同，就是同

一單位不同層次的管理者對信息的需要也明顯差異，從信息需要的重要性上可分區戰略級、戰術級和作業級。戰略級主要指高層管理者所需要的關係到全局和長期利益的信息，例如決定工廠的新建、改建、擴建或停止等；戰術級指部門負責人所需要的關係局部和中期利益的信息，例如生產車間、質檢部對每月業務工作情況的計劃和運行情況結果比較分析、控制質量標準等；作業級是指關係到基層生產或行銷業務的信息，例如每天生產數量和銷售金額的統計數據等。

5. 數量不完全性

關於某種客觀事實的真實情況往往是不可能被完全得到的，數據的收集或信息的轉換與主觀思路關係甚大，所以只有捨棄無用的和次要的信息才能正確地使用信息，這也就是信息的綜合性，管理必須全面地收集信息並進行綜合分析、加工，才能充分認識和考慮各種內外因素引起的積極的或消極的影響程度，才能保證信息在決策、計劃、控制時做到科學管理並發揮重要作用，做到統籌兼顧、綜合平衡、協調發展。

6. 結果經濟性

所謂信息的經濟性就是信息同樣存在著投入產出的問題，對於信息的投入是必要的，但也要重視費用效益的分析，要求花費成本盡可能少而獲取的信息數量和價格量盡可能大，這就要求管理者既要重視對信息部門的經濟投入，強調它們對於管理的重要性，健全信息管理組織和人員配備，又要注意信息的經濟性和實用性。

7. 時效滯後性

信息是由數據轉換而來的，因此它不可避免地落後於數據，而且信息的使用價值必須經過轉換才能得到，這種轉換也必須從數據到信息再到決策，最後取得效果，它們在時間上的關係是：從前一個狀態轉換為後一個狀態的時間間隔總不會是零，

這就是信息的滯後性。同時又由於信息是有壽命的，許多信息的壽命很短，因此要重視及時轉換信息，否則信息會難以被轉換，且不轉換就會失去信息的價值。

(三) 管理信息的分類

為了有效地對管理信息加以分析和利用，管理信息可從各種不同的角度並按照信息的不同特徵和作用進行分類：

1. 按管理信息的來源，可以將其分為內生信息和外生信息。內生信息，是指組織內部所產生的信息，它反應組織內部所擁有的資料狀況、資料的利用水準和能力；外生信息來自組織外部，是對組織業務活動有影響的外部環境各因素的信息。例如：企業外部原材料的供應情況，消費時尚的變化，產生技術進步的速度和方向，政府頒布的政策、法規、條令等。

2. 按組織不同層次的要求，可以將管理信息分為計劃信息、控制信息和作業信息。

(1) 計劃信息。這種信息與最高管理層的計劃工作任務有關，即與決定該組織在一定時期內的目標、制定的戰略和政策、制訂的規劃、合理分配的資料有關的信息。這類信息主要來自於組織外部環境，諸如當前和未來的經濟形勢的分析預測資料，市場競爭對手情況，國家的政策、法律、法規頒布情況及變動。

(2) 控制信息。這是組織的中層管理部門為了實現組織的經營目標而對生產經營活動各環節進行監督、控制所應用的信息。控制信息主要來自組織內部，要求比較詳細具體。

(3) 作業信息。這種信息與組織的日常管理業務活動有關，大多反應了企業生產經營的日常業務活動，並用以保證基層管理部門切實地完成具體作業。這類信息也主要來自於組織內部。基層主管人員是該類信息的主要使用者，其信息要求明確、具體、詳細。

3. 按產生時間的不同，可以將管理信息分為歷史性信息、

即時性信息和預測性信息。

（1）歷史性信息。這是指在過去就已經發生的信息。這類信息一般已被使用過，但其可以幫主管人員從歷史條件中找到借鑑和啟發的意義，因而仍具有利用價值，仍需將其以資料文檔的形式予以保存。

（2）即時性信息。這是指反應組織當前活動情況及外部環境特徵的信息。該類信息的時效性很強，往往是企業信息工作的重點，對於指導和控制組織正在進行的活動具有非常重要的作用。

（3）預測性信息。這是指在掌握和利用以上兩種信息的基礎上，通過運用科學的預測方法或主管人員的經驗判斷，對組織未來進行預先描述所得到的信息。這類信息對高層主管人員及時決策並盡早作出相應的準備措施有重大意義。

4. 按管理信息的穩定性，可以將其分為固定信息和流動性信息。

（1）固定信息。這是指組織在一定時期內不會發生重大變化，具有相對穩定性的信息。它可以供各項管理工作重複使用，且不會發生質的變化。以企業為例，固定信息主要包括定額標準信息、計劃合同信息和查詢信息。一般而言，固定信息約占企業管理系統中總信息流量的75%，因而固定信息的整理和利用在很大程度上便決定了整個企業管理系統的工作質量。

（2）流動信息。又稱為作業統計信息，它是由組織的營運活動所產生的，反應生產經營活動實際進程和狀況的信息，並且隨著生產經營活動的進展而不斷變化和更新。例如企業的庫存量情況，產品的生產進度、企業的設備損耗情況等。由於該類信息不斷變化，因而其時效性非常重要，一般只有一次性使用價值。

對管理信息的分類標準較多，還有其他類型，如：①從總

體來分，管理信息可分為自然信息和社會信息兩大類；②從使用的主體來看，管理信息可分為政府管理信息、事業單位管理信息、企業管理信息、個體管理信息和其他組織管理信息；③從信息的精確性來分，可分為精確性信息（可靠信息）和不太精確信息（非可靠信息）；④從信息的穩定性來分，可分為常規信息（固定信息）和變動信息（流動信息）；⑤從信息的期待性來分，可分為預知信息和突發信息；⑥從信息的不同業務領域來分，可分為政治信息、經濟信息、軍事信息、科技信息、教育信息、體育信息、衛生信息、文化信息、人口信息、金融信息、商業信息等；⑦從信息獲取渠道的不同來分，可分為正規渠道信息、非正規渠道信息以及官方信息、民間社團信息等。

本文研究的管理信息是指企業管理信息，即企業經營管理決策過程中所需的信息，它能減少決策結果的不確定性和降低決策失敗的風險。

(四) 管理信息的作用

有些單位對信息的收集比較完善，但信息資源卻沒有得到充分利用，沒有為經濟管理發揮應有的作用，這是非常可惜的。因此，強調管理信息的作用並開發信息資源是非常必要的。管理信息的重要作用主要表現如下：

(1) 管理信息具有重要的心理作用

在管理實踐中，管理信息能夠發揮重大的心理作用。有經驗的管理成功人士都知道，員工的士氣能夠產生巨大的力量，促使組織成員鼓足干勁、努力地工作以完成組織的目標或幫助組織走出困境。如何提高員工士氣，方法有很多。其中之一就是恰當地向員工發布各類信息，搞好宣傳工作，這就是管理信息的心理作用。例如，在管理實踐中，有的企業定期將企業技術進步和銷售額增長的指標向員工頒布，以鼓舞大家的工作熱情；將員工在完成產量和成本指標方面的情況及獎懲結果定期

公布，以落實責任制，激勵先進者，鞭策後者；有時企業也把企業的經營困境狀況告訴全體員工，以統一認識，增強員工的危機感，促使其將自己與企業的命運聯繫起來，主動地努力工作。

（2）管理信息是進行預測的基礎

預測是對未來環境進行估計。它是根據調查研究所獲得的客觀事物過去和現在的各種信息資料，運用科學的預測方法和預測模型，對事物未來一定時期內的發展方向所作出的判斷和推測。可見，預測是以掌握信息為基礎的，要作出科學的預測，除了要有科學的預測方法之外，充分擁有信息資料是基本的前提。管理信息的預測作用對於管理來說是相當重要的，沒有預見就沒有科學的管理，管理者必須充分發揮信息的預測作用。

（3）管理信息的流動是進行管理控制的基本手段

管理的本質在於處理信息，管理的藝術在於駕馭信息。在企業的生產經營活動中，總是貫穿著物流和信息流，信息流伴隨著物流同時流動，並反作用物流，控制著其流動過程。管理者正是通過駕馭信息流來控制物流，進而達到管理和控制生產經營活動過程的目的，以實現企業或組織的目標。在現代的管理活動中，無論採用哪種方法進行控制，都必須做到兩點：系統要力圖保持自身穩定於某種狀態之中，當發生偏離時，系統首先應能及時察覺，並採取必要的糾正措施，以使系統的活動趨於相對穩定，這叫做「維持現狀」。系統要力圖使自己從某種現存狀態過渡到某種期望的狀態，即在某些情況下，組織內外環境發生變化，從而對組織提出新的要求，主管人員就應當改革和創新，開拓新局面。這時，就應當對原有的計劃進行修訂，確定新的現實目標，並採取措施突破現狀，達到新計劃的期望狀態。這叫做「突破現狀」。在以上兩種情況下，信息都起著非常重要的作用。

(五)管理信息與一般信息的不同之處

1. 管理信息產生於經濟管理運動或與經濟管理運動有密切聯繫的過程中，產生於人類有意識的實踐中。因而，管理信息是以發現者和接收者能夠共同理解的符號、圖紙、文件、錄音等形態出現，反應人類的經濟管理活動。而一般信息，特別是自然信息，到目前為止還有很大部為不能被人類所理解和接收。

2. 管理信息的產生源於管理需求。無論是宏觀的國家經濟管理部門，還是微觀企業，在管理決策時，為減少決策結果的不確定性，降低決策風險，必然要進行信息的收集、加工、處理，並用於管理決策活動中，提升決策效果和效率，具有鮮明的有用性——決策有用。而一般信息的產生大多是一種自覺行為，有信息發送者，但沒有接收者，它是盲目的、不斷地發送。

3. 管理信息成本的補償依賴於管理決策價值的實現。管理信息的作用在於使得管理活的風險最小、收益最大，實現價值最大化目標。因此，管理信息的決策價值一方面驅動管理者對管理信息進行收集、加工與處理，另一方面實現的決策價值也能對信息處理過程中產生的管理信息成本進行補償。

4. 管理信息具有明確的針對性、時間性。管理者在收集、加工與處理信息時，往往是因為某一具體管理活動或管理工作的需要，如，為加強人事管理需要收集員工業績信息，為提高存貨管理需要收集庫存數量、價格、時間等信息，為推進行銷管理需要收集行銷人員效率及效果、廣告成本等信息。一旦某項管理活動或管理工作暫時完成，該類信息的就處於無用狀態。

三、管理信息系統

管理信息系統（Management Information System，MIS）是一個以人為主導，利用計算機硬件、軟件、網絡通信設備以及其他辦公設備，進行信息的收集、傳輸、加工、儲存、更新和維

護，以企業戰略競優、提高效益和效率為目的，支持企業的高層決策、中層控制、基層運作的集成化的人機系統。它是現代企業管理的重要工具。

(一) 管理信息系統定義

管理信息系統是一門新興的科學，它是一個由人、計算機及其他外圍設備等組成的能進行信息的收集、傳遞、存貯、加工、維護和使用的系統，其主要任務是最大限度的利用現代計算機及網絡通訊技術加強企業的信息管理，通過對企業擁有的人力、物力、財力、設備、技術等資源的調查瞭解，建立正確的數據，加工處理並編製成各種信息資料及時提供給管理人員，以便進行正確的決策，不斷提高企業的管理水準和經濟效益。目前，企業的計算機網絡已成為企業進行技術改造及提高企業管理水準的重要手段。

隨著中國與世界信息高速公路的接軌，企業通過計算機網絡獲得信息必將為企業帶來巨大的經濟效益和社會效益，企業的辦公及管理都將朝著高效、快速、無紙化的方向發展。管理信息系統通常用於系統決策，例如，可以利用管理信息系統找出目前迫切需要解決的問題，並將信息及時反饋給上層管理人員，使他們瞭解當前工作發展的進展或不足。換句話說，管理信息系統的最終目的是使管理人員及時瞭解公司現狀，把握將來的發展路徑。

(二) 管理信息系統內容

一個完整的管理信息系統應包括：輔助決策系統（DSS）、工業控制系統（CCS）、辦公自動化系統（OA）以及數據庫、模型庫、方法庫、知識庫和與上級機關及外界交換信息的接口。其中，特別是辦公自動化系統（OA）、與上級機關及外界交換信息等都離不開企業內部網的應用。可以這樣說，現代企業管理信息系統不能沒有企業內部網，但企業內部網的建立又必須

依賴於管理信息系統的體系結構和軟硬件環境。

傳統的管理信息系統的核心是 CS（Client/Server——客戶端/服務器）架構，而基於互聯網的管理信息系統的核心是 BS（Browser/Server——瀏覽器/服務器）架構。BS 架構比起 CS 架構有著很大的優越性，傳統的管理信息系統依賴於專門的操作環境，這意味著操作者的活動空間受到極大限制；而 BS 架構則不需要專門的操作環境，在任何地方，只要能上網，就能夠操作管理信息系統，這其中的優劣差別是不言而喻的。

（三）管理信息系統的特性

完善的管理信息系統具有以下四個標準：確定的信息需求、信息的可採集與可加工、可以通過程序為管理人員提供信息、可以對信息進行管理。具有統一規劃的數據庫是管理信息系統成熟的重要標誌，它象徵著管理信息系統是軟件工程的產物。通過管理信息系統實現信息增值，用數學模型統計分析數據，實現輔助決策。管理信息系統是發展變化的，也有生命週期。

管理信息系統的開發必須具有一定的科學管理工作基礎。只有在合理的管理體制、完善的規章制度、穩定的生產秩序、科學的管理方法和準確的原始數據的基礎上，才能進行管理信息系統的開發。因此，為適應管理信息系統的開發需求，企業管理工作必須逐步完善以下工作：管理工作的程序化，各部門都有相應的作業流程；管理業務的標準化，各部門都有相應的作業規範；報表文件的統一化，固定的內容、週期、格式；數據資料的完善化和代碼化。

（四）管理信息系統的劃分

1. 基於組織職能進行劃分。管理信息系統按組織職能可以劃分為辦公系統、決策系統、生產系統和信息系統。

2. 基於信息處理層次進行劃分。管理信息系統基於信息處理層次進行劃分為面向數量的執行系統、面向價值的核算系統、

報告監控系統，分析信息系統、規劃決策系統，自底向上形成信息金字塔。

3. 基於歷史發展進行劃分。第一代管理信息系統是由手工操作，使用工具是文件櫃、筆記本等。第二代管理信息系統增加了機械輔助辦公設備，如打字機、收款機、自動記帳機等。第三代管理信息系統使用計算機、電傳、電話、打印機等電子設備。

4. 基於規模進行劃分。隨著電信技術和計算機技術的飛速發展，現代管理信息系統從地域上劃分已逐漸由局域範圍走向廣域範圍。

5. 管理信息系統的綜合結構。管理信息系統可以劃分為橫向綜合結構和縱向綜合結構，橫向綜合結構指同一管理層次各種職能部門的綜合，如勞資、人事部門。縱向綜合結構指具有某種職能的各管理層的業務組織在一起，如上下級的對口部門。

管理信息系統是企業管理的重要部分，也是管理信息成本發生的主要中心。管理信息系統所發生的所有成本費用都是管理信息成本，因此，對管理信息系統的分析有助於對管理信息成本的理解、核算、分析及控制。

第二節 管理信息成本研究的理論借鑑

一、不對稱信息理論

不對稱信息（asymmetric information）是指交易雙方各自擁有對方所不知道的私人信息。或者說，在博弈中某些參與人（代理人）擁有但另一些參與人（委託人）不擁有的信息。信息不對稱造成了市場交易雙方的利益失衡，影響社會的公平、

公正的原則以及市場配置資源的效率。例如，買者對所購商品的信息的瞭解總是不如賣商品的人，因此，賣方總是可以憑信息優勢獲得商品價值以外的報酬。，買者對所購商品的信息的瞭解總是不如賣商品的人，因此，賣方總是可以憑信息優勢獲得商品價值以外的報酬。佔有信息的人在交易中獲得優勢，這實際上是一種信息租金，實際上信息租金是每一個交易環節相互聯繫的紐帶。因此，不對稱信息是信息經濟學和博弈論研究的基本假設和前提。

不對稱信息理論所研究的問題可以從兩個角度進行分類：第一，從不對稱信息發生的時間來看，發生在當事人簽約之前被稱為事前不對稱信息，研究事前不對稱信息問題的模型稱為逆向選擇（adverse selection）模型；發生在簽約之後，則稱為事後不對稱信息，研究事後不對稱信息的模型稱為道德風險（moral hazard）模型。第二，從不對稱信息的內容看，不對稱信息可能是指某些參與人的行動，也可能是指某些參與人的知識。研究不可觀測行動的模型稱為隱藏行動（hidden action）模型，研究不可觀測知識的模型稱為隱藏知識（hidden knowledge）模型（或隱藏信息模型）。

因此，可以把不對稱信息理論研究的內容分為以下 5 類：

一是逆向選擇。這是一種事前信息不對稱。在不完全信息博弈中，存在一種委託—代理關係，代理人知道自己的類型，委託人不知道；委託人和代理人簽訂合同。也就是說，委託人在簽訂合同時不知道代理人的類型，問題是選擇什麼樣的合同來獲得代理人的私人信息。比如公司在招聘經理人員時，雇主不知道雇員的工作能力，開始公司會給出較低的薪金；公司在投資某證券時，投資者不（或不完全）知道該證券的收益性、流動性和完全性，只願意購買價格較低、交易頻繁的證券。

二是信號傳遞（signaling）。在逆向選擇的情況下，擁有信

息優勢一方（代理人）為了顯示自己的類型，會向委託人傳遞某種信號，然後簽訂合同。比如在公司招聘中，雇員通過顯示自己的教育水準或從事經歷來傳遞自己工作能力的信號，雇主根據雇員的教育水準來簽訂招聘合同；在產品市場上賣方通過出示產品的質量保證期或權威的標準認證來顯示產品的質量；發行證券的企業會公告經過審計的財務報告或權威機構對證券級別的評定。

三是信號甄別。在存在逆向選擇的情況下，委託人會提供多個合同要求代理人選擇，代理人根據自己的類型選擇一個適合自己的合同，並根據合同條約選擇自己的行動。

四是隱藏行動的道德風險。在簽約之後，代理人選擇自己的行動，並且和自然狀態一起決定一些可觀測的結果；委託人和代理人之間存在信息不對稱的情況，即委託人只能觀測到結果，卻不能直接觀測其行動本身。

五是隱藏信息的道德風險。在簽約之後，委託人可以觀測到代理人的行動與最後的產出，但是觀測不到自然的選擇，代理人知道自然的選擇，但是可能會向委託人隱藏關於自然選擇的信息或知識。

可以看出，不對稱信息會導致相關者產生四大行為：逆向選擇、隱藏行動和信息、信號傳遞以及信號甄別。但無論是哪一類行為的發生，對企業而言都會產生成本：逆向選擇和隱藏行動、信息會使企業產生損失或收益減少；信號傳遞、信號甄別會使企業產生傳遞、加工與甄別成本。當然，這些成本形成的原因是相關者信息的非對稱性，不對稱信息實際上可以被看作對信息成本的投入差異。如果企業處於管理決策過程中，那麼信息的不對稱性狀態引致的成本就會成為企業的管理信息成本。因此，企業管理信息成本產生的根源是信息不對稱，是因為管理者與其他相關各方各自擁有的信息不對稱。這也意味著，

企業管理決策者沒有獲得某一信息前的決策信念和方案選擇與獲得某一信息後的決策信念和方案選擇會有所不同，因為決策都擁有的信息量不同，成本也不一樣。

二、成本管理理論

（一）成本動因理論

成本動因（cost drive）是引發成本的推動力或驅動因素，即引起成本發生變動的或變動的原因。邁克爾·波特（1985）指出，成本動因是構成成本結構的決定性因素。羅曼諾（1990）也指出，成本動因表示某一特定作業和一系列成本之間的因果關係，進而把成本動因分為用於各作業中心內部成本庫之間分配資源的動因和用於各產品之間分配成本庫的動因。

成本動因具有隱蔽性、相關性、適用性和可計量性的特徵，並按不同層次和領域可分為經營性成本動因、戰略成本動因和宏觀成本動因，按內容可以分為交易性成本動因、延續性成本動因和精確性成本動因，按成本歸屬的角度可分為執行動因、（均衡）數量動因和強度動因三類。

成本動因是分配的標準，對於成本信息的相關和準確性有重要影響，是進行成本分析的基礎，因此成本動因的確定是作業成本實施的重要內容。在選擇成本動因時，需要考慮相關程度、採集成本、行為導向三大因素，其中，相關程度是在分配過程中假設分配源的成本與成本動因的數量線性相關；採集成本要求一次分配需要針對每個分配目標採集成本動因數據，無法採集數據則無法分配；行為導向是源於不同的成本動因有不同的分配結果，不同的成本分配結果以及基於分配結果的管理決策會對組織和員工的行為產生導向作用，因此必須仔細分析成本動因的行為導向作用。企業可以利用成本動因的行為導向功能，把員工的行為導向有利於降低成本的方向。

成本動因理論是對成本理論的新發展，它把成本理論引入研究隱藏在成本之後的成本驅動因素。它使成本理論進入更深層的研究領域，也指導成本管理實踐邁向新方向。驅動管理信息成本發生的根本因素是效益，是管理信息帶來的因決策效率提高和成本優化或降低而產生的經濟效益。

(二) 作業成本管理

作業成本管理（Activity－Based Costing Management，ABCM）是以作業（activity）為基礎的管理，是以提高客戶價值、增加企業利潤為目的，基於作業成本法的新型集中化管理方法。作業成本管理主要通過對作業及作業成本的確認、計量來最終計算產品成本，同時將成本計算深入到作業層次，對企業所有作業活動進行追蹤並作出動態反應，再進行成本動因分析與作業分析，從而為企業決策提供準確信息。這種管理模式認為企業是一系列作業的集合，作業耗用資源，產品耗用作業，按照顧客的需求研究作業，核定作業消耗量，計算作業成本，選擇和分析成本動因，實施作業管理，以消除不增值作業，提高增值作業的運作效率和質量，增加轉移給顧客的價值。因此，作業成本管理是以作業為基礎，面向產品設計、材料供應、生產製造、產品銷售、質量管理等全過程、全員性的全面成本控制的管理。

作業成本管理涉及四大核算要素：資源、作業、成本對象、成本動因。其中資源、作業和成本對象是成本的承擔者，是可分配對象，在企業中，資源、作業和成本對象往往具有比較複雜的關係；成本動因則是導致生產中成本發生變化的因素，只要能導致成本發生變化的因素，就是成本動因。實施生產作業成本管理的過程主要包括作業調研、作業認定、成本歸集、建立成本庫、建立作業成本核算模型、選擇或開發作業成本實施工具系統、作業成本運行和結果分析、開展相關改進工作以實

現增值作業等環節,這是實現作業成本管理成功的關鍵。

管理信息成本雖然是基於管理決策而產生的信息成本,但資源耗費、作業單元、成本對象和成本動因都是明確的,或是可以通過一定方法或業務流程再造來確認的。因此,作業成本管理既是管理信息成本的一種計算或核算方法,又是管理信息成本的一種控制策略。

(三) 成本戰略理論

戰略管理(cost strategy)的核心是尋求企業長期的競爭優勢。競爭優勢是一切戰略的核心,它歸根究柢來源於企業能夠為客戶創造價值,這一價值要超過該企業創造它的成本。因此,成本是戰略的關鍵,戰略管理促使成本戰略的產生。在競爭優勢的戰略選擇和決策中涉及大量的成本問題,包括領先戰略中的成本優勢,標歧立異中的歧異成本,細分市場中的成本計量行為,藍海戰略中的成本創新等。

成本戰略隨著戰略管理的需要而形成,並伴隨戰略管理的發展而發展。成本戰略的基本步驟包括:①成本戰略環境分析,②成本戰略規劃,③成本戰略實施,④成本戰略業績衡量與評價,⑤成本戰略重啓與創新。

管理信息成本除了研究基本內涵、本質特性外,更重要的是研究如何加強管理信息成本控制和提高管理信息成本對價值創造的推動力。在企業的各管理環節、各管理層面、各管理活動中,我們經常面臨著信息不對稱和不完全問題,還面臨著決策結果的不確定性問題。為了解決這些問題,企業一定會通過各種方式搜尋、加工、傳遞、利用信息,但在這一過程中企業會付出代價並產生成本。因此,管理信息成本源於信息不對稱和信息不完全。根據成本動因理論,我們可以發現,引發管理信息成本產生的因素是在信息非對稱狀態下管理決策對信息的需求,並且這種信息需求是多層次的、多領域的,既包括了日

常業務管理和戰略管理層次,又包括了企業內部管理和跨企業間組織管理領域。管理信息的形成會引發管理信息作業,而管理信息作業要消耗資源,管理信息成本產生於管理信息作業的各環節。因此,管理信息成本的計量、集成和控制可依據作業成本管理理論進行。成本戰略理論主要在兩個方面對管理信息成本控制起著指導作用:一是管理信息成本控制的戰略分析,包括管理信息成本形成的動因、環境、環節、構成等;二是管理信息成本控制的手段和方法創新,為形成成本優勢,進而形成競爭優勢,企業可以在成本戰略規劃、實施、業績評價中創新手段和方法,既實現控制成本的目的,又有助於企業的價值創造。

三、集成管理理論

(一)集成的內涵、實踐及理論發展

集成是一種普遍存在的現象,如自然界多種自然因素協同作用所產生的各種植物生態群落、社會領域相關企業所組成的戰略聯盟、技術領域的合金材料和數控機床等皆屬於集成現象。因此,在中國,集成是指某類事物中好的方面、精華部分集中起來,從而達到整體最優的效果;在國外,集成(integration)的主要含義包括綜合、融合、結合、一體化等。

李寶山、劉志偉(1998)認為,集成是指某一系統或某一系統的核心把若幹部分、要素聯結在一起,使之成為一個統一整體的過程。集成的原動力是新的統一形成之前某種先在的系統或系統核心的統攝、凝聚作用。從管理的角度來說,集成是一種創造性的整合過程,只有當構成一系統的要求經過主動的優化,選擇搭配,相互之間以最合理的結構形式結合在一起,形成一個由適宜要素組成的、優勢互補的有機體,才能稱之為集成。集成的本質是一種競爭性的互補關係,即各種要素通過

競爭衝突，不斷尋找、選擇自身的最優功能點，在此基礎上進行互補匹配。集成是含有人的創造性思維的動態過程，它能夠成倍地提升整體的效果、有利於優勝劣汰、有助於實現動態平衡。

20世紀50年代以前，企業管理更多地表現為在分工基礎上的集成，這種集成是在組織內對各種分工進行協調。如「科學管理之父」泰勒提出了職能分工的原理，法約爾在他的管理原則中提出了勞動分工、統一領導和統一指揮的原則，馬克斯・韋伯提出了科層制。同時也出現了一系列包含集成管理思想的理論：如約瑟夫・熊彼特（Joseph A. Schumpeter）的「創新理論」，認為絕大多數創新都是對現存知識按照新的方式進行組合，其對創新的理解就包含了一定的集成思想；貝塔朗菲的「系統論思想」中的一般系統論則明顯體現了集成思想。這些都為各類學科知識的綜合集成奠定了理論基礎。從20世紀50年代至今，隨著計算機和網絡系統在企業管理中的廣泛應用，集成管理在企業中的地位和作用日益突出。日本豐田汽車公司在1953年提出了適時製造（JIT）生產方式。美國IBM公司專家奧里奇在1965年提出物料需求計劃（Material Requirement Planning，MRP）。美國的約瑟夫・哈林頓（Joseph Harrington）在1973年首次提出計算機集成製造（Computer Integrated Manufacturing，CIM）的概念，認為企業生產的組織和管理應該強調兩種觀點：一是企業的各種生產經營活動是不可分割的，需要統一考慮；二是整個生產製造過程實質上是信息的採集、傳遞和加工處理的過程。計算機集成製造中所蘊含的哲理為進一步研究集成管理提供了極其重要的思想源泉。在計算機集成製造基礎上，計算機集成製造系統（Contemporary Integrated Manufacturing System，CIMS）逐步形成。20世紀70年代末，物料需求計劃有了進一步發展，將經營、財務與生產管理子系統相結合，

形成了製造資源計劃（Manufacturing Resource Planning，MRP Ⅱ），面向所有的製造資源。20 世紀 80 年代出現了「敏捷製造」（Agile Manufacturing，AM）、「並行工程」（Concurrent Engineering，CE）和「業務流程重組」（Business Process Reengineering，BPR）集成管理理論與方法。到了 20 世紀 90 年代初期，有效利用和管理企業內外整體資源的 ERP 理念逐步發展起來。至此，集成管理開始由針對企業內的結構優化逐漸轉為重視企業外的結構優化，產生了多企業集成的思想。中國「863」計劃在 1998 年提出了現代集成製造系統概念，在廣度和深度上拓展了原有計算機集成製造（系統）的內涵，使（集成）擁有更廣泛的內容。

（二）集成管理的內涵

中國不少學者從不同角度和層面按照自身的理解對集成管理的概念進行了界定，其中具有代表性的是李寶山教授（1998）的集成管理概念：集成管理實質上是將集成思想創造性地應用於管理實踐的過程，即在管理思想上以集成理論為指導，在管理行為上以集成機制為核心，在管理方式上以集成手段為基礎。要通過科學而巧妙地創造性思維，從新的角度和層面來對待各種資源要素，拓展管理的視野和疆域，提高各項管理要素的交融度，以利於優化和增強管理對象的有序性。在具體的管理行為實施中，綜合運用各種不同的方法、手段和工具，促進各項要素、功能和優勢之間的互補、匹配，使其產生「1 + 1 > 2」的效果，從而為企業催生出更大的競爭優勢[1]。

集成管理是一種全新的管理理念與方法，其核心是強調運用集成的思想和理念指導管理實踐。集成管理的空間結構要素主要包括四個方面，即管理主體、管理對象、管理方法和管理

---

[1] 李寶山，劉志偉. 集成管理——高科技時代的管理創新 [M]. 北京：中國人民大學出版社，1998.

手段（見圖3-1）。其中，以管理主體為原點，管理對象、管理方法和管理手段為三個維線，形成了一個相互關聯、相互作用的複合結構，這種結構又包括兩個層次：第一層次是指管理主體、管理對象、管理方法和管理手段等各體系內部的要素關係，主要反應了層次內各要素的相互關聯作用；第二個層次，是指管理主體、管理對象、管理方法和管理手段之間的關係，主要反應這四個方面內容的相互匹配以及對整個管理系統構成的影響。上述四個方面的內容所組成的整體也稱為一個集成管理系統。在集成管理系統結構中，管理主體往往是相對穩定的，管理對象處於被控的地位，管理方法是根據管理對象選擇的，管理手段則支撐著管理方法的運用。

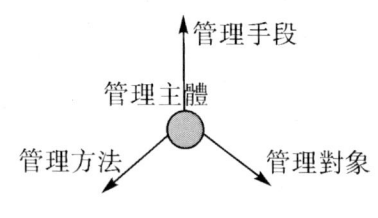

圖3-1　集成管理架構

集成管理的本質是要素的整合和優勢互補。在集成管理運作過程中，首先經歷的是一個投入要素的聚焦過程，當投入要素累積到一定的量時，集成能量便開始發生膨脹裂變，從而使各種單項要素優勢催化出更大的整體優勢，管理效果也因而被急遽放大。集成管理過程有兩個關鍵點，即啓動規模點和臨界規模點。啓動規模點是指企業實施集成管理所必須具備的最低限度的要素累積；臨界規模是指企業實施集成管理時，當投入的要素量累積到一定標時，集成能量將產生急遽膨脹，管理效果也將在該點上發生躍變。

集成管理理論是管理信息成本集成的理論基礎。根據集成管理的思想，企業在實施管理信息流成本、管理信息系統成本、

管理信息結構成本和管理信息成本集成的過程中，必須按集成的要素和本質進行，即集成管理主體——企業要選擇合理的方法和採用科學的手段，遵循一定的路徑，對管理信息流成本、管理信息系統成本、管理信息結構成本和管理信息成本進行有機的集成。

四、業務流程重組理論

1993年，在邁克爾·漢默和詹姆斯·錢皮合著的《公司重組——企業革命宣言》一書中提出了業務流程重組的思想。邁克爾·漢默和詹姆斯·錢皮認為，業務流程重組是對企業的業務流程作根本性的思考和徹底重建，其目的是在成本、質量、服務和速度等方面取得顯著的改善，使得企業能最大限度地適應以顧客（customer）、競爭（competition）、變化（change）為特徵的現代企業經營環境。業務流程重組理論的創始人之一漢默（2003）認為，業務流程重組就是要從本質上反思業務流程、徹底重新設計業務流程，以達到大幅度提高績效的目的。業務流程的實質是根據企業目的根本性地改變企業的動作方式，它所強調的是企業應該做什麼而不是企業過去做過什麼，其任務是尋找改造企業性能的創新性方法。業務流程重組總是與改進總體的業務性能聯繫在一起的，為此，企業需要建立一套性能標準來判斷和評估業務流程重組是否達到了改進業務性能的目的。這些性能標準主要包括顧客的滿意度、削減的可變成本和固定成本、生產率或效率的提高、企業人員效率和效率的提升、企業利潤的增加等。

業務流程重組既是一種方法論、一個概念，也是一種思想，一種著眼於長遠和全局、突出發展與合作的變革理念。業務流程重組的原則主要包括以下幾個方面：①企業結構應以產品為中心而不是以任務為中心；②讓那些需要得到流程產出的人們

自己執行流程；③將信息處理工作納入產生這些信息的實際工作中去；④將分散在各處的資源視為一體；⑤將並行工作聯繫起來而不只是聯繫它們的產出；⑥使決策點位於工作執行的地方，在業務流程中建立控制程序；⑦從信息源一次性地獲取信息。

　　業務流程重組涉及的是企業戰略方向上的問題，它不僅著眼於業務流程與信息技術的集成，而且也強調這種集成是否適合企業的戰略目標。本文認為，企業進行業務流程重組或改造，是實施作業成本管理的基礎，也是管理信息成本計量、集成和控制的前提。管理信息成本的準確計量、集成和控制效果都依賴於業務流程重組。

　　本文在研究過程中，用來參考的基礎理論較多，比如不對稱信息理論主要解釋了管理信息成本產生的根源，成本管理理論主要用於分析管理信息成本確認、計量和記錄的方式、方法，集成管理理論和業務流程重組理論主要用於分析管理信息成本的控制策略與方法。還有諸如現代會計計量理論、成本效益理論等也對本研究有指導作用，在此不再一一闡述。

第四章
管理信息成本本質論

作為一種新成本形態，管理信息成本有許多內容值得深入探討，包括管理信息成本的基本內涵、本質特徵、類型，管理信息成本與管理成本、交易成本的比較，管理信息成本的產生、構成、識別等，這些內容是對管理信息成本進一步研究的基礎。

第一節　成本與信息成本

一、成本的內涵

成本是商品經濟的價值範疇，是商品價值的構成部分，是會計理論中一個非常重要的經濟概念。人們要進行生產經營活動或達到一定的目的，就必須耗費一定的資源（人力、物力和財力），其所費資源的貨幣表現及其對象化稱之為成本。並且隨著商品經濟的不斷發展，成本概念的內涵和外延都處於不斷地變化發展之中。

（一）成本的經濟實質

馬克思曾科學地指出了成本的經濟性質：按照資本主義方式生產的每一個商品 W 的價值，用公式來表示是 W＝C＋V＋M。如果我們從這個產品價值中減去剩餘價值 M，那麼，商品剩下來的，只是一個在生產要素上耗費的資本價值 C＋V 的等價物或補償價值。① 商品價值的這個部分，即補償所消耗的生產資料價格和所使用的勞動力價格的部分，只是補償商品使資本家自身耗費的東西，所以對資本家來說，這就是商品的成本價格。② 這段話表明：第一，指出的只是產品成本的經濟實質，並不是

---

① 馬克思. 資本論 [M]. 3 卷. 北京：人民出版社，1975：30－33.
② 馬克思. 資本論 [M]. 3 卷. 北京：人民出版社，1975：30－33.

泛指一切成本；第二，從耗費角度指明了產品成本的經濟實質是 C + V，由於 C + V 的價值無法計量，所以人們所能計量和把握的成本，實際上是 C + V 的價格即成本價格；第三，從補償角度指明了成本的補償商品在生產中使資本自身消耗的東西，實際上是說明了成本對再生產的作用。也就是講產品成本是企業維持簡單再生產的補償尺度，由此也可見，在一定的產品銷售量和銷售價格的條件下，產品成本水準的高低，不但制約著企業的生存，而且決定著剩餘價值 M 即利潤的多少，從而制約著企業再生產擴大的可能性。馬克思對於成本的考察，既看到耗費，又重視補償，這是對成本性質完整的理解。在商品生產條件下，耗費和補償是對立統一的。任何耗費總是個別生產者的事，而補償則是社會的過程。耗費要求得到補償和能否得到補償是兩件不同的事情。這就迫使商品生產者不得不重視成本，努力加強管理，力求以較少的耗費來尋求補償，並獲取最大限度的利潤。

（二）成本的含義

在現實背景下，一旦成本與管理相結合，成本的含義就發生了變化，使成本的內容既由商品經濟的發展所決定，又要服從管理的需要，並且隨著管理的發展而不斷發展。事實上，在管理要求不斷提高的條件下，成本的內容從內涵到外延都處於不斷地變化之中。例如，從內涵看，由於成本作為資本耗費，發生於生產過程，而補償價值則是生產成果的分配，屬於分配領域的範疇，因而作為商品的所有者和經營者，常常會對分配領域的某些支出，做出符合自己經濟利益需要的一些主觀規定，列作生產成本，導致實際補償價值超出生產中所消耗的 C + V 的價值；從外延看，成本概念也遠遠超出了馬克思所講的商品產品成本，如美國會計協會（AAA）所屬的「成本與標準委員會」曾於 1951 年將成本定義為：成本是為了一定目的而付出的或可

能付出的用貨幣測定的價值犧牲。這一定義除了包含產品成本的範圍外，還將其勞務成本、工程成本、開發成本、資產成本、質量成本、資金成本等所有經濟活動的成本都包含其中。

2005 年，中國成本協會（CCA）發布的 CCA2101：《成本管理體系術語》標準中第 2.1.2 條中對成本術語進行了具有較大認同度的定義，即成本是為過程增值和結果有效已付出或應付出的資源代價。這裡的成本是廣義的概念，其中：①應付出的資源代價是指應該付出，但目前還未付出，而且遲早要付出的資源代價；②資源代價是總合的概念；③資源是指能被人所利用的物質，一般包括人力資源、物力資源、財力資源和信息資源等。成本定義的關鍵詞是「付出」的「代價」，這個代價就是「資源」的價值犧牲，包括人力資源、物力資源（設施、設備和材料等）、財力資源和信息資源等。作為成本就一定會消耗資源，不消耗資源的成本不存在。那麼，為什麼要消耗資源？為什麼要付出代價？這都是為了「過程增值或結果有效」這一成本目的。人們在生產和生活過程中不斷地追求過程的增值或結果有效，並為此付出代價，這種代價是組織或個人為一定目的所付出的，這就是成本的目的性。因為，人們發生成本的本意一般都是有目的的。天下沒有免費的午餐，人們無論做什麼，都要付出一定的代價。

從成本的定義可以看出，成本有幾方面的含義：

第一，成本屬於商品經濟的價值範疇，即成本是構成商品價值的重要組成部分，是商品生產中生產要素耗費的貨幣表現。

第二，成本具有補償的性質。它是為了保證企業再生產而應從銷售收入中得到補償的價值。

第三，成本本質上是一種價值犧牲。它作為實現一定的目的而付出資源的價值犧牲，可以是多種資源的價值犧牲，也可以是某些方面的資源價值犧牲；甚至從更廣的含義看，成本是

為達到一種目的而放棄另一種目的所犧牲的經濟價值,在經營決策中所用的機會成本就有這種含義。

(三) 成本的分類

成本是為達到一種目的而放棄另一種目的所犧牲的經濟價值。根據不同的標準,成本可以按以下進行分類:

(1) 按概念形成可分為理論成本和應用成本。

理論成本概念是廣義的,它具有科學性和客觀性,並且具有普遍適用性,著重從勞動耗費角度進行解釋,它對每一具體產品生產所耗費的內容都可從理論抽象,將其分解為物化勞動消耗和活勞動消耗。具體說來,通常是以馬克思主義的價值學說和成本價格理論為基礎所確立的成本概念,稱之為理論成本(theory cost)。應用成本(practice cost)是理論成本的具體化,也稱實際成本,是按照現行制度規定的成本開支範圍,以正常生產經營活動為前提,在生產過程中實際消耗的物化勞動的轉移價值和活勞動所創造價值中應納入成本範圍的那部分價值的貨幣表現。

(2) 按應用情況可分為財務成本和管理成本。

財務成本(financial cost)在財務會計中是一個流量概念,它表現為資源的不利變化,即成本會引起企業收益的減少,具體表現為企業資產的流出或增加。財務成本是指財務會計中,根據企業一般成本管理要求,根據國家統一的財務會計制度和成本核算規定,通過正常的成本核算程序計算出來的企業成本,它可以是產品成本,也可以是勞務成本等等。管理成本(management cost)的概念是近年發展起來的,它是各種出於特殊成本管理目的而建立起來的各類較新穎成本概念的總稱。人們以財務會計和管理會計的劃分為依據,將成本分為財務成本和管理成本兩大類。

(3) 按形成時間可分為歷史成本和未來成本。

原始成本亦稱歷史成本(historical cost)。資產在其取得時

為它所支付的現金或現金等價物的金額。負債在正常經營活動中為交換而收到的或為償付將要支付的現金或現金等價物的金額。未來成本（future cost）又稱預計成本，是歷史成本的對稱，是指尚未發生的成本，在特定條件下可以合理地預測在未來某個時期或未來某幾個時期將會發生的成本。

（4）按計量單位可分為單位成本和總成本。

單位成本（unit cost）是指生產單位產品而平均耗費的成本。一般只要用總成本去除以總產量便能得到，是將總成本按不同消耗水準攤給單位產品的費用，它反應了同類產品的費用水準。總成本（total cost）是指企業生產某種產品或提供某種勞務而發生的總耗費，即在一定時期內（財務、經濟評價中按年計算）為生產和銷售所有產品而花費的全部費用。

（5）按與收益的關係可分為已耗成本和未耗成本。

已耗成本（expired cost）是指業已發生和耗費的成本。企業購置各項資產和生產產品或提供勞動必然發生一定的支出和耗費，這些代價已經發生，並按實際成本在會計帳面上作了記錄，這便構成了企業一定時期的已耗成本。如：銷售貨物或其他資產的成本及當期費用，它又可分為費用與損失。一項已耗成本，如果對某期間銷售的商品或提供的勞務具有直接或間接貢獻的，即屬費用；如對企業產生收入的活動毫無貢獻，則為損失。未耗成本（unexpired cost）是指企業尚未發生，但按正常經營狀況來看遲早要發生的成本。因為企業的成本是從企業持有的各類資產價值轉化而來的，如生產產品所發生的折舊費用、原材料費用和人工費用等等。

（6）按可否免除，可分為可避免成本和不可避免成本。

可避免成本（avoidable cost 或 escapable cost）是指通過某項決策行動可改變其數額的成本。也就是說，如果某一特定方案被採用了，與其相聯繫的某項支出就必然發生；反之，如果某

項方案沒有被採用，則某項支出就不會發生。不可避免成本（unavoidable cost）是指某項決策行動不能改變其數額的成本，也就是與某一特定決策方案沒有直接聯繫的成本。其發生與否，並不取決於有關方案的取捨。

（7）按性態可分為變動成本和固定成本。

變動成本（variable costing）是指那些成本的總發生額在相關範圍內隨著業務量的變動而呈線性變動的成本。直接人工、直接材料都是典型的變動成本，在一定期間內它們的發生總額隨著業務量的增減而成正比例變動，但單位產品的耗費則保持不變。固定成本（fixed cost）相對於變動成本，是指成本總額在一定時期和一定業務量範圍內，不受業務量增減變動影響而能保持不變的成本。有的學者按性態將成本分為變動成本、固定成本和半變動成本，其中半變動成本是指在一定業務量範圍內有固定成本性質，超過一定業務量後又具有變動成本性質的成本，或者反之。

（8）按發生與產品生產的關係，可分為直接成本和間接成本。

直接成本（direct cost）是指直接用於生產過程的各項費用。間接成本（indirect cost）是不與生產過程直接發生關係、服務於生產過程的各項費用。

直接成本與間接成本各有兩種含義。第一種是從成本與生產工藝的關係來講，它們是指直接生產成本與間接生產成本。直接生產成本是與產品生產工藝直接有關的成本，如原料、主要材料、外購半成品、生產工人工資、機器設備折舊等。間接生產成本是與產品生產工藝沒有直接關係的成本，如機物料消耗、輔助工人和車間管理人員工資、車間房屋折舊等。第二種是從費用計入產品成本的方式來講，它們是指直接計入成本與間接計入成本。直接計入成本是指生產費用發生時，能直接計入某一成本計算對象的費用。企業生產經營過程中所消耗的原

材料、備品配件、外購半成品、生產工人計件工資通常屬於直接計入成本。間接計入成本是指生產費用發生時，不能或不便於直接計入某一成本計算對象，而需先按發生地點或用途加以歸集，待月終才選擇一定的分配方法進行分配後再計入有關成本計算對象的費用。車間管理人員的工資、車間房屋建築物和機器設備的折舊費、租賃費、修理費、機物料消耗、水電費、辦公費等，通常屬於間接計入成本。停工損失一般也屬於間接計入成本。

（9）按理論層次可以劃分為宏觀經濟成本和微觀經濟成本。

宏觀經濟成本是從國民經濟的投入和產出關係視角考察，為維護擴大社會再生產而在生產要素上發生的資源耗費。

微觀經濟成本是從企業視角考察，企業為生產產品或提供勞務而發生的耗費，又可分為：生產性成本和勞務性成本。

（10）從價值鏈層次上可以將成本分為設計層成本、供應層成本、生產層成本和銷售層成本。

設計層成本是指設計階段根據技術、工藝、裝備、質量、性能、功效等方面的因素對某產品設定的目標成本。

供應層成本是指為準備生產產品而發生的資金耗費。

生產層成本是指產品生產過程中發生的各種資金耗費。

銷售層成本是指銷售產品的成本和為銷售產品而發生的各種資金耗費。

（11）基於管理層次上的成本可分為跨企業間組織管理成本、戰略管理成本、管理控制成本和作業管理成本。

跨企業間組織管理成本是基於跨組織系統所構建的企業聯盟或企業簇群進行管理決策時所發生的費用。

戰略管理成本是企業戰略成本管理的對象之一，是企業在構建戰略框架、實施戰略行動、創造長期價值的過程中產生的費用。

管理控制成本是在企業預測未來、執行計劃、控制過程、考評業績等管理行動中形成的成本。

作業管理成本是企業作業單元執行具體活動時所引起資源耗費的一種貨幣表現。

(12) 按功能層次可以將成本分為財務成本、管理成本和技術經濟成本。

財務成本是根據歷史成本原則和權責發生制要求，以及國家財會制度的規定，按各成本受益情況，採用一定的核算程序和計算方法所計算的成本。

管理成本是根據企業生產經營經濟決策、成本策劃、成本控制和業績評價等方面的要求所建立的成本指標體系。

技術經濟成本是為研究成本和技術、功能與質量的關係，滿足企業研究開發新產品、新工藝的需要所設計的成本指標。

同時還應當指出，基於不同的條件及不同的管理目的，還產生了各種不同的成本概念。例如，為開展預測、決策需要而應用的邊際成本（是指廠商每增加一單位產量所增加的成本，marginal cost）、增量成本（是指與價格以及銷售量的變動緊密相關的那些成本，incremental cost）、差量成本（也稱差別成本、差等成本，是指兩個方案的預計成本差異，differential cost）、機會成本（是指在面臨多方案擇一決策時，被捨棄的選項中的最高價值者是本次決策的機會成本，opportunity cost）概念，為進行控制、考核需要而應用的標準成本（是指在正常和高效率的運轉情況下製造產品的成本，standard cost）、可控成本（能為某個責任單位或個人的行為所制約的成本，controllable cost）、責任成本（是以具體的責任單位即部門、單位或個人）為對象，以其承擔的責任為範圍所歸集的成本，responsibility cost）、目標成本（是指企業在一定時期內為保證目標利潤實現，並作為合成中心全體職工奮鬥目標而設定的一種預計成本，target cost）

概念，等等。目前，國內外的成本概念已經發展到幾十種之多，組成了多元化的成本概念體系，使人們對成本的認識更加深刻。

(四) 成本的作用

成本的作用取決於它的經濟實質，是成本在整個經濟管理環境中產生的功用。它在企業生產經營中的作用概括起來有：

1. 成本是補償企業生產耗費的基本尺度。企業進行持續經營的必要條件是必須補償其在生產經營過程中所發生的各項耗費，成本則是補償生產耗費的基本尺度；同時，成本也是企業確定經營損益的重要依據，企業只有在抵補了生產耗費後，才有可能實現盈利。

2. 成本是制定產品價格的重要基礎。企業在制定產品銷售價格時，雖然要充分考慮生產需求、消費水準和社會價格等因素，但絕不可忽視企業本身的實際承受能力，即企業的實際成本水準及實際可以達到的成本目標。

3. 成本是進行經營管理和決策的重要依據。企業在進行生產、技術和投資等各項決策時，既要考慮各備選方案的預期收益，更要考慮與備選方案相聯繫的各種形式的預期成本，這樣才有利於決策方案的最優化。

4. 成本是反應企業工作效率與效果的綜合指標。成本指標是財務管理中的重要指標之一。如勞動生產率高低、原材料利用程度、固定資產使用效率、產品質量優劣、產量大小、定額管理好壞等都會通過成本指標直接或間接地體現出來。因此，成本是衡量企業綜合經營管理的重要指標。

二、信息成本的含義與特徵

(一) 信息成本的含義

同實物資產、人力資產、技術、財務資源及知識一樣，信息已成為經濟發展必不可少的生產要素。在多數情況下，信息

並不形成企業產品實體，這與人力不構成產品實體的道理是一樣的。信息產品的品種也紛繁多樣。從本質上說，任何可以被數字化（編碼成一段字節）的事物都是信息。信息對不同的消費者有不同的價值，不管信息的具體來源是什麼，人們都願意為獲得信息付出代價。信息提供者的許多策略都是基於消費者對特定信息產品的評價存在很大差異這一事實。人們之所以願意為獲取信息付出代價，還在於信息被用戶從市場上購買後會變成用戶的信息資本。同其他要素資本一樣，信息資本也具有增值性、週轉性和墊支性。人們獲取任何要素資本，都要支付資本成本。信息產品或信息資源變成企業、個人的信息資本，需要經過信息產品或信息資源進入市場交易的過程，企業、個人使用現金購買信息資源，使信息資源嫁接在財務資本上，從而變成信息資本——企業、個人經營過程中的要素資本之一。

信息是消費者必須在試用一次後才能對它進行評價的產品，因而信息是「經驗產品」。這是由信息產品的嶄新性、機密性和增值性所決定的。因此，信息產品經營者通常運用各種策略來說服謹慎的顧客在知道信息內容之前進行購買。一旦信息內容被解密、公開，被所有人知道，信息產品的使用價值就會減少或消失。

(二) 信息成本的類別

1. 信息教育投入成本

現實世界裡，信息幾乎無時不在無時不有，但直接有用的信息卻需要人們分析鑑別與消化吸收，是一種借助先進工具進行腦力勞動的過程，需要較高的勞動力素質。在當今的信息時代，信息能力已成了勞動力素質的重要標誌，信息教育如計算機硬件與軟件、數據庫、信息處理、信息存儲和信息檢索等技術的學習、研究與應用成了當今教育的熱點，其教育投入是成本投入之一。

2. 信息的固定成本

由於高科技的發展，無論是信息的生產，還是信息傳遞、信息獲取都需要購置和建立相應的通訊系統，計算機硬件系統以及程序、數據庫和其他軟件系統。隨著信息化的廣泛滲透，各行各業科技和知識含量將增加，經營管理複雜程度也將不斷加大，經濟主體運行穩健與否、效率高低、效益好壞在很大程度上取決於信息固定成本投入的高低。因此，信息固定成本成為了產業成本上升的主要成本項目。

3. 信息的注意力購買成本

赫伯特·西蒙曾說：信息的豐富產生注意力的貧乏。當今信息問題不在於信息的獲得困難，而是信息的過量和超載，注意力成為稀缺資源。要在無數的信息中將人們的注意力吸引到自己的特定產品上來，以獲得產品的最高效益，產品銷售主體不僅在產品的設計、文字和印刷上增加成本投入，而且還要大力借助大眾傳媒來大肆宣傳自己產品，因而，花費了大量的不斷增加的注意力購買成本。

4. 信息的獲得成本

面對如此複雜的需要和大量的信息，早期的最簡單的收集方式，即僅靠個人的看、聽、讀早已不再適用，機器系統雖能滿足對速度、批量和準確性的要求，但並非僅僅如此就夠了。信息不對稱從本質上是無法消除的，何況知識門類和深度都有著前所未有的發展，許多人儘管是某一方面的專家學者，但難成為熟知各方面的通才，而從事某行業多年的一般是該行業的行家裡手。於是經濟主體之間便因為分工和高效率的要求，產生了委託與代理的關係，信息委託方為節省時間、提高工作效率和減少決策的風險，一般會委託信息代理方搜索、獲取和分析信息。在這樣獲得信息的過程中，人們不僅要付出交易成本還要付出相應的信息獲得成本。

（三）信息成本的特性

信息成本的產生根源在於信息的收集、加工、存儲、利用等活動，與其他產品成本相比，它具有以下明顯的、相互聯繫的經濟特徵：

1. 信息個人本身就是一種稀缺的投入

信息通過個人的感覺器官進入大腦，而它在獲取和使用信息方面的能力是有限的，人們需要學習和使用新工具、新技能，才能發揮大腦的優勢，個人也會因此成為信息生產的一個固定投入因素，這一部分投入主要用於教育。個人信息成本的固定投入是信息成本的最為重要的經濟特徵。

2. 信息成本部分地屬於資本成本，具有不可逆資本投入的特徵

建立信息系統需要購買設備，掌握某種知識或技能需要初始投資，這說明了信息成本部分地屬於資本成本。這些投資表現出明顯的不可逆性，儘管可以把它轉移給他人，但不能徹底地轉移，因為它依然為原來擁有者所有。因此，信息的投資需求將會隨信息價值確定性的不同而不同，信息價值越不確定，對信息的投資需求越大的經濟主體一旦進行了投資，隨後連續使用它將比投資於新的信息越便宜。

3. 信息生產的固定成本高、複製的可變成本低

任何信息產品都需要投入大量的時間精力和高額的固定設備，即前期投入很高。然而，信息的複製成本很低，一旦第一份信息產品被生產出來，多拷貝一份的成本就幾乎為零。這種成本結構產生了巨大的規模經濟：生產得越多，生產的平均成本越低。

4. 信息成本在不同方向上各不相同

人們在未知領域中獲得信息要比在較為熟悉的領域中獲得信息花費更多的成本。經濟主體採用與自身能力和投資方向相一致的方法建立新的信息信道，要比應用其他方法經濟得多。

5. 信息成本與信息的使用規模無關

由於信息具有可傳遞性和共享性，不像其他生產要素那樣會在使用過程中被消耗掉，所以付出一次信息成本後，信息可以多次用於不同規模的有形和無形商品的生產及市場交易中。

（四）信息成本的構成

信息產品成本的主要特徵之一是它的生產成本集中在它的原始拷貝成本上。耗資數千萬元的電影巨片的成本大部分都花費在第一份拷貝產出之前。一本科學期刊中的論文需要作者花費一年或多年的時間，投入大量的智力、體力勞動並借助設備才能完成，而期刊的印刷則在很短時間內且花費較小的費用即可完成。一旦第一本雜誌被印刷出來，生產另一本雜誌的成本就很低了。隨著信息技術的快速發展，信息傳遞的成本也在不斷降低，這使得信息的原始拷貝成本占總成本的比重更大了。顯然，信息產品的生產成本很高，但是它的複製成本很低。也就是說，信息產品的固定成本很高，複製的變動成本很低。這種成本結構產生了巨大的規模效應：生產量越多，生產的平均成本越低。

信息產品的固定成本的絕大部分是沉沒成本——如果生產停止就無法挽回的成本。如果人們投資於一項實物資產比如房產，後來又改變主意不要它了，那麼可以通過出售房產來挽回部分損失。但是，如果拍了一部電影失敗了，那麼就沒有市場把影片賣出去了。信息產品的沉沒成本必須在生產開始之前預付。除原始拷貝成本很高外，信息產品的行銷成本也很高。在信息經濟社會中，顧客的注意力是一項稀缺資源，需要行銷者對信息產品銷售投入新的要素資本才能抓住潛在顧客的注意力。顧客價值信息逐漸取代公司股票價值信息而日益成為公司最重要的價值信息。

信息產品的變動成本也與一般實物產品的變動成本不同。受機器設備和自然資源的限制，以及會計上折舊費計提和分攤

的規定，實物產品的生產數量和成本總額一般是有限制的，不僅要遵守配比原則以及持續經營會計假設，還要考慮設備和個人的自然承受力。而信息產品的生產與核算則沒有這些限制。企業和市場對多生產一份信息產品是沒有限制的，如果你能生產一份拷貝，你就能以相同的單位變動成本生產 100 萬份拷貝或者 1,000 萬份拷貝。這種低增量成本和大規模生產經營運作能使信息產業的大型企業獲得超額利潤。信息產品的超低變動成本為信息產品生產者和行銷者提供了巨大的發展機會。

信息成本具有價值發現功能。信息越隱藏就越有價值，公開則無價值。在市場經濟中，競爭可產生價值和價格，但這是對一般實物產品而言的。而且，對於實物產品，人們通過基本的會計知識和經濟學常識就可推算出產品的成本和利潤。信息的價值和價格與實物產品不同，對其成本的估計會因人而異。信息能夠資本化並因使用者不同而產生不同的價值，這在於使用者與供應者之間信息不對稱的程度，這是信息成本價值發現功能的根本。正因為如此，人們都千方百計地提高信息意識，極為留心地吸收、搜尋信息並降低其代價。信息成本由使用者搜尋成本，購置使用成本，供應者生產成本，傳遞、發送或轉移成本等構成。不難看出，企業只有降低信息成本，強化信息資本的專用性，同時不斷地更新信息，才可能使信息保持資本化狀態，提高信息資本的價值貢獻率。

第二節　管理信息成本的本質與特徵

一、管理信息成本的內涵

　　國內外對管理信息成本的本質認識還很少，主要研究的是

信息成本。而信息成本的定義如同信息的定義一樣存在多樣性，不同學者站在不同的角度有不同的認識，有的從市場交易角度看，有的從企業性質看，有的從企業管理看，等等。

闕四清（2005）認為，所謂信息成本，就是指在市場不確定的條件下，企業為了消除或減少市場變化帶來的不利影響，搜尋有關企業交易的信息所付出的代價。現代社會是一個信息社會，市場經濟是一種信息經濟，信息也是一種稀缺的資源。信息成本是經濟學研究經濟活動、分析經濟成本的一個重要概念。在激烈的市場競爭中，企業交易信息的搜尋起著越來越重要的作用，企業的信息成本在總成本中的比重也將越來越大。主要原因有兩點：一是信息不完全，企業始終處於一個信息不完全的狀態之中，因此必須花大量的精力去搜尋盡可能多、盡可能準確的信息；二是信息不對稱，在市場競爭中，當市場的一方無法瞭解另一方的行為，或無法獲知另一方的完全信息時，就會出現信息不對稱情況。信息不對稱不僅包括一般狀態下自然存在的不對稱，還包括人為因素造成的信息失真。面對信息不對稱的情況，企業也需要花費大量的成本去搜集相關信息。

趙宗博（2002）提出，企業的信息成本是基於企業的性質要求，為搜尋、糾正效益目標所需要的信息而必需的成本支出。它是為企業效益目標提供確定導向而形成的對各種信息活動的投入。總體來看，企業信息成本分為直接成本和間接成本兩部分。直接成本從內容上看分為：①為尋找有效信息內容而發生的設計成本；②為收集和加工處理信息內容而發生的技術性成本；③為有效使用信息內容和信息技術設施而發生的信息人力資本的投入；④為營造公共利益與個人利益相協調的信息機制、信息環境而付出的成本等。而間接成本則是由直接成本派生出來的那部分成本。它在內容上主要包括：①路徑依賴及其負面成本；②彌補信息流動陷阱的成本，即信息供求嚴重失衡的情

況下企業被迫增加的信息投入；③由於操作技術不配套而加大的成本；④因為採用新標準而付出的調整成本；⑤因特網條件下的信息負面成本；⑥信息技術設備的無形消耗所造成的無形成本等。

馮巧根（2002）把信息成本作為管理成本的一部分，認為信息成本是從管理成本中細化出來的一個成本概念，它是指企業在信息加工和傳遞過程中花費的代價。從現實市場狀況來看，所有的市場都存在信息不完全的現象，要獲得市場信息，必須支付一定的信息成本。

於金梅（2003）認為信息成本是企業為獲得或重置信息而發生的各種耗費之和，包括信息生產成本、信息服務成本和信息用戶成本：①信息生產成本。在信息的生產過程中，生產者使用了一些信息材料、消耗了物質材料、投入了一定的勞動量，這些使用的信息材料、消耗的物質材料、投入的勞動量構成了信息產品的生產成本。具體包括：物質材料消耗費用，信息材料消耗費用，勞動力消耗費用和其他費用。②信息服務成本。信息服務是指信息產品擁有者以及信息設備擁有者出售信息產品、提供信息諮詢業務、提供信息交流條件的活動。信息服務成本與信息生產成本一樣，包括材料消耗、勞動力消耗和其他費用等。③信息用戶成本。是指信息用戶在獲取和利用信息產品的過程中所消耗的各種費用。除了物質材料消耗費用外，還包括購買信息產品和信息服務所支付的費用及時間成本。所謂時間成本是指用戶在獲取和利用信息產品的過程中花費的時間折算的費用，如等待服務時間、接受培訓時間等。

譚劍（2003）從行政參與角度認為，行政參與的信息成本由兩部分構成：①獲取信息的成本。信息的獲得是要付出成本的，它既包括獲取信息的直接耗費，也包括獲取信息的機會成本。②加工信息的成本。信息的獲取只是第一步，相對人所獲

取的信息往往是十分雜亂的，有時甚至是真假難辨，因此，對信息進行加工的過程必不可少。信息的加工實際上是一個通過「去粗取精」和「去偽存真」而形成完整的、真實的「信息鏈條」的過程。

賴茂生和王芳（2006）通過對交易成本的剖析後指出，信息成本是交易成本的重要組成部分。信息成本實際上是指交易過程中獲得信息的成本費用，是信息搜尋成本的擴展，但與信息作為商品的成本又有所不同。

從上述可以看出，學者們在定義信息成本時，大部分是基於交易的視角，個別是基於企業內部管理的視角。基於交易視角的信息成本與交易成本的內容基本相同，而基於管理視角的信息成本與交易成本存在較大的差異。視角不同源於信息用途不同，當然成本範疇和成本邊界也不一樣。但無論是哪一種信息成本的定義，都有著三個共同點：一是產生的環節相同，都是在信息收集、加工、傳遞、利用等過程中產生的；二是信息成本是一種現實成本或機會成本，包括實際的費用支出或損失，正如小威廉・J. 布倫斯指出的——成本是對處理事情過程中放棄的（或即將放棄的）東西的計量[1]；三是成本產生的根本目的相同，信息成本形成的動因是為了減少不確定性，追求信息價值，並且使信息價值超過信息成本。

管理信息成本是企業信息成本的一個部分，是基於管理視角的信息成本，它既包括管理信息的成本，又包括管理的信息成本。因此，本文認為，管理信息成本的概念有狹義和廣義之分，廣義的管理信息成本是指企業在管理過程中，為了減少決策結果的不確定性，收集、加工、儲存、傳遞、利用管理信息花費的代價和信息不完全產生的決策損失。包括：企業為收集、

---

[1] 小威廉・J. 布倫斯. 理解成本 [M]. 燕清聯合，譯. 北京：中國人民大學出版社，2004：3.

加工、儲存、傳遞、利用信息購買的設備、購建的設施，相關人員的工資福利支出，購買信息商品的支出，由於信息錯誤或不完全形成的損失，以及糾正決策失誤、改選決策方案的支出，等等。這些成本的發生是因為管理信息在人和物上產生的支出，或形成的機會成本。狹義的管理信息成本是指企業在管理過程中，為了減少決策結果的不確定性，收集、加工、儲存、傳遞、利用管理信息所耗資源的貨幣化表現。它主要包括外購信息商品的支出，管理信息系統的購置、建設、維護與營運成本和管理信息組織結構發生的成本。管理信息成本的本質內涵是基於管理的信息成本，本文在管理實務研究中主要從狹義的管理信息成本方面進行的。

二、管理信息成本的特徵

信息經濟學認為，收益是信息需求的前提，而成本則是信息供給的基礎。作為投入要素的信息，阿羅認為其成本有以下幾個特徵：

第一，信息成本部分地屬於資本成本，且屬於典型的不可逆投資。對於信息系統的各種設備和裝置的投資，以及對於掌握某種知識或技能的原始投資都可以很好地說明信息成本部分地屬於資本成本。

第二，在不同領域、不同行業中的信息成本各不相同。人們在未知領域中獲得信息，要比在較為熟悉的領域中獲得信息花費更多的成本；具有共同經驗或同一行業中的個人之間交流信息，比沒有共同經驗或不同行業的個人之間交流信息要簡單得多，也有效得多。

第三，信息成本與信息的使用規模無關。也就是說，信息成本的大小只取決於生產項目而不是其使用規模。

第四，信息成本的轉嫁性。許多類型的信息產品和服務，

如教育、圖書館、氣象信息，具有公用性和共享性，其成本由公民共同承擔；但同樣的納稅者所享有的信息產品和信息服務不同，甚至不享有也要交費，或者某些享有者可以不交稅或不交費。

根據管理信息成本的內涵，本文認為，管理信息成本屬於信息成本的一部分，除具有上述信息成本的特徵外，還有如下一些。

（1）區域性。管理信息成本的高低受環境、經濟因素的影響。一些地區的經濟、文化中心，擁有許多區位優勢，信息成本較優低；反之，非經濟、文化或政治中心，由於信息量較少，或有用信息較少，企業做出管理決策之前會發生更多的費用，或形成更大的代價。

（2）價值驅動性。管理信息成本產生的目的是為了追求效益，其形成動因是信息價值。企業通過信息價值的產生來實現信息成本的補償，並最終獲得信息收益。如果管理信息不會給企業帶來更大的價值或減少損失，管理信息成本就不會有發生的原動力。

（3）源於管理決策的信息需求。企業在管理過程中為了科學、有效地決策，需要搜尋、收集、加工、傳遞、儲存信息，在這一過程中必然會投入人力、財務和物力，也就必然會產生成本。因此，管理信息成本源於管理決策的信息需求。

三、管理信息成本的意義

「成本」一詞在管理和管理決策中有很多不同用法……收集、分析和描述有關成本的信息在解決管理問題時十分有用，各種組織和經理人員一直在關注成本，而控制過去、現在和將

加工、儲存、傳遞、利用信息購買的設備、購建的設施，相關人員的工資福利支出，購買信息商品的支出，由於信息錯誤或不完全形成的損失，以及糾正決策失誤、改選決策方案的支出，等等。這些成本的發生是因為管理信息在人和物上產生的支出，或形成的機會成本。狹義的管理信息成本是指企業在管理過程中，為了減少決策結果的不確定性，收集、加工、儲存、傳遞、利用管理信息所耗資源的貨幣化表現。它主要包括外購信息商品的支出，管理信息系統的購置、建設、維護與營運成本和管理信息組織結構發生的成本。管理信息成本的本質內涵是基於管理的信息成本，本文在管理實務研究中主要從狹義的管理信息成本方面進行的。

二、管理信息成本的特徵

信息經濟學認為，收益是信息需求的前提，而成本則是信息供給的基礎。作為投入要素的信息，阿羅認為其成本有以下幾個特徵：

第一，信息成本部分地屬於資本成本，且屬於典型的不可逆投資。對於信息系統的各種設備和裝置的投資，以及對於掌握某種知識或技能的原始投資都可以很好地說明信息成本部分地屬於資本成本。

第二，在不同領域、不同行業中的信息成本各不相同。人們在未知領域中獲得信息，要比在較為熟悉的領域中獲得信息花費更多的成本；具有共同經驗或同一行業中的個人之間交流信息，比沒有共同經驗或不同行業的個人之間交流信息要簡單得多，也有效得多。

第三，信息成本與信息的使用規模無關。也就是說，信息成本的大小只取決於生產項目而不是其使用規模。

第四，信息成本的轉嫁性。許多類型的信息產品和服務，

如教育、圖書館、氣象信息，具有公用性和共享性，其成本由公民共同承擔；但同樣的納稅者所享有的信息產品和信息服務不同，甚至不享有也要交費，或者某些享有者可以不交稅或不交費。

根據管理信息成本的內涵，本文認為，管理信息成本屬於信息成本的一部分，除具有上述信息成本的特徵外，還有如下一些。

（1）區域性。管理信息成本的高低受環境、經濟因素的影響。一些地區的經濟、文化中心，擁有許多區位優勢，信息成本較優低；反之，非經濟、文化或政治中心，由於信息量較少，或有用信息較少，企業做出管理決策之前會發生更多的費用，或形成更大的代價。

（2）價值驅動性。管理信息成本產生的目的是為了追求效益，其形成動因是信息價值。企業通過信息價值的產生來實現信息成本的補償，並最終獲得信息收益。如果管理信息不會給企業帶來更大的價值或減少損失，管理信息成本就不會有發生的原動力。

（3）源於管理決策的信息需求。企業在管理過程中為了科學、有效地決策，需要搜尋、收集、加工、傳遞、儲存信息，在這一過程中必然會投入人力、財務和物力，也就必然會產生成本。因此，管理信息成本源於管理決策的信息需求。

三、管理信息成本的意義

「成本」一詞在管理和管理決策中有很多不同用法……收集、分析和描述有關成本的信息在解決管理問題時十分有用，各種組織和經理人員一直在關注成本，而控制過去、現在和將

來的成本是每個經理工作的一部分。① 信息技術的發展，推動各種組織朝信息化方向發展，在制定和執行決策前，都會進行信息收集與處理。因此，管理信息成本在知識經濟條件下有著重要的意義。

1. 管理信息成本是廠家制定價格和形成壟斷的一種控制因素

在信息不完全的市場上，價格制訂者不能完全掌握競爭對手們的所有價格信息及其變動趨勢信息，因而他所服從的價格制定原則必然來自信息成本的自由競爭。對於消費者來說，市場價格若很少變化，則用於價格信息搜尋的成本將隨之減少。但價格制訂者付出一定的成本掌握這個信息後，會擴大價格的變化幅度，從而使價格出現離散趨勢。此外，管理信息成本的投入能使企業在新產品的開發和新技術的應用方面領先於其他企業，同時又能使企業在銷售方面優於其他方面。因此，管理信息成本與邊際成本的結合將使那些規模較大的，在信息投資方面更為成功的，易於獲得信息的企業佔有更多的市場份額和利潤。因此，管理信息成本的存在成為形成壟斷以及影響壟斷形成的一種控制因素。

2. 企業降低或減少管理信息成本的行為動機推進了信息服務業的發展

隨著信息產業的快速發展，資源配置和產業結構也發生了深刻變化，經濟主體為了尋求相對信息優勢的競爭而獲取機會利益，不僅對生產性信息和非生產性信息提出了巨大需求，而且隨著社會分工的深化，產品花色品種的激增，信息流動速度的加快，經濟主體對所需求的信息的質量和傳遞速度等要求也大幅度提高了。在這種情況下，各經濟主體僅靠自身的信息部

---

① 小威廉·J. 布倫斯. 理解成本 [M]. 燕清聯合，譯. 北京：中國人民大學出版社，2004：3.

門來提供所需要的各種信息已變得低效率和不必要。於是，為減少或降低企業管理信息成本，各經濟主體在把自身精力集中於獲取一些關鍵性信息的同時，也把大部分生產經營所需要的信息需求轉向專門的信息服務機構，從而直接激發了對信息服務業的需求，推進了信息服務業的發展。

3. 管理信息成本的變化是促進管理決策方式改變的重要力量

管理活動不僅僅是建立在物質基礎上，更是建立在信息基礎上的。無論是宏觀經濟管理部門還是微觀企業或個人，任何層次的管理決策都需要信息，而為收集或獲取信息的系列活動是有成本的，這些成本可以通過市場媒介得以降低，市場媒介的協調作用是通過雙向的信息流動來實現的，以協調生產與消費之間的決策，社會分工的發展又進一步促使信息媒介組織獨立於生產廠商。管理信息成本的下降也在逐漸改變交易決策方式。管理信息成本的下降使得聯繫更加容易，各主體可以通過網絡等各種形式獲取更多的決策信息，增加自己在談判中討價還價的能力，並且企業還可以通過內部管理信息系統平臺形成管理決策結果。

4. 管理信息成本是推動企業組織結構變革的重要因素

傳統社會組織將所有的決策權都交給了決策者，由於組織中知識的分散性，每一個最高決策者都會面臨組織結構中的控制和決策問題。由於決策者的智力或溝通能力的局限性，最高決策者不可能擁有做出每項具體決策所需要的所有信息。來自基層的信息源如果都是由決策者收集、整理和分析的，就勢必需要大量的成本。這些成本不僅表現在經費的支出上，而且還表現在信息的延遲和隨之而來決策的遲緩上。因此，計劃經濟要比市場經濟付出更多的管理信息成本。同時，管理信息成本的減少要求進一步強化委託—代理的管理模式，組織之間更加

依託信息技術，組織內部機構也由傳統的專制的金字塔狀更加趨向於民主的快捷的扁平化。

5. 管理信息成本有利於政府職能的改進和管理力度的增強

信息不對稱和信息成本的產生，在市場行為中的具體表現便是管理信息用戶花費的時間和費用，花費的時間越多費用越高，管理信息成本也就越大；管理信息的收集並不是越多越好，當信息用戶的調查超過一定的限度後，其管理信息成本就會高於他所購買商品的「消費者剩餘」價值，也即高於獲取信息所增加的收益，這是市場行為中存在著委託—代理關係中的敗德行為、商業詐欺行為、信息產品的盜版行為等經濟機會主義的重要原因。要消除信息不對稱和管理信息成本帶來的機會主義，只從微觀的消費者角度研究其決策顯然是不夠的，還需從宏觀的政府角度進行研究，除了改進政府管理職能，加強教育和提高市場透明度外，還需要政府的宏觀調控，加強法制建設和知識產權保護以及強化執法力度。

四、管理信息成本與管理成本、交易成本

成本是商品經濟的價值範疇，是商品價值的組成部分。人們要進行生產經營活動或達到一定的目的，就必須耗費一定的資源（人力、物力和財力），其所費資源的貨幣表現及其對象化稱之為成本。它有幾方面的含義：成本屬於商品經濟的價值範疇；成本具有補償的性質；成本本質上是一種價值犧牲。隨著商品經濟的不斷發展，成本概念的內涵和外延都處於不斷的變化發展之中。管理信息成本是一種特殊的成本形態，它與管理成本和交易成本之間存在著一定的聯繫和區別。

（一）管理信息成本與管理成本

管理成本是企業為有效管理、合理配置管理這一特有稀缺

資源而付出的相應成本①，或企業在投入了管理這種稀缺資源所付出的代價②。企業的管理成本主要由四個方面組成：內部組織管理成本、委託代理成本、外部交易成本和管理者時間的機會成本。③ 其中，內部組織管理成本是指現代企業利用企業內部行政力量這只「看得見的手」取代市場機制這只「看不見的手」來配置企業內部資源，從而帶來的訂立內部「契約」活動的成本。委託代理成本是指由委託代理關係的存在而產生的費用。現代企業在購買或租用生產要素時需要簽訂合同，而在貨物和服務的生產中雇傭要素的過程則需要有價值的信息，這兩者都涉及真實資源的消耗，這種真實資源的消耗被定義為外部交易成本。企業的外部交易成本可分為搜尋成本、談判成本、履約成本。管理者時間的機會成本是指因管理者在企業管理工作上投入時間而產生的成本，也就是指管理者的時間資源因為用於管理而不能用於其他用途的最大可能損失。

　　管理信息成本是基於企業管理的信息成本，屬於信息成本中的一種。有的專家認為，信息成本是從管理成本中細化出來的一個成本概念，是企業管理成本的一部分④。但對管理成本和管理信息成本的內涵進行分析後會發現，兩者的關係並非如此。管理成本是企業基於管理活動所形成的成本，包括的內容很多，既有內部組織成本和外部交易成本，還有委託代理成本和機會成本。而管理信息成本有廣義和狹義兩種，廣義的概念包括內部管理信息組織結構發生的成本、購買信息商品發生的成本、

---

　　① 馮巧根. 管理成本、信息成本和運行成本初探［J］. 財會月刊, 2002 (12): 9-10.
　　② 段雲龍. 降低管理成本的經濟學思考［J］. 現代企業, 2003 (8): 11-12.
　　③ 欒天. 論企業的管理成本［J］. 機械管理開發, 2005 (3): 113-114.
　　④ 馮巧根. 管理成本、信息成本和運行成本初探［J］. 財會月刊, 2002 (12): 9-11.

管理信息系統發生成本和管理信息的機會成本和決策損失，狹義的概念主要包括廣義概念的前三項內容。因此，我們可以看出，管理成本包含了部分管理信息成本，兩者又有所區別：管理信息成本中的信息商品成本、管理信息結構成本對應屬於管理成本的外部交易成本和內部組織成本，而管理信息系統成本、管理信息的機會成本和決策損失則不屬於管理成本的範疇。管理成本和管理信息成本的相同點有兩個：一是產生的動因相同，都是管理決策；二是實質相同，都是一種貨幣表現。兩者的差異也有兩個方面：一是內涵不同，所包含的內容也不同；二是對企業的影響不同，管理成本對任何一個企業都會產生重要影響，而管理信息成本對企業的影響程度有大有小。

（二）管理信息成本與交易成本

交易成本理論是新制度經濟學的重要組成部分，它源於科斯（Coase, 1937）的《企業的性質》，科斯認為交易成本是通過價格機制組織生產的、最明顯的成本，就是所有發現相對價格的成本，市場上發生的每一筆交易的談判和簽約的費用及利用價格機制存在的其他方面的成本。在1991年接受諾貝爾經濟學獎的演講中，科斯簡短地總結到：談判要進行、契約要簽訂、監督要實行、解決糾紛的安排要設立，等等，這些費用稱為交易成本。此外，從廣義的角度看交易成本就是制度成本，它是從契約過程的角度闡述交易成本的存在，比較直觀且可操作性強。從社會的角度來看，交易是人與人之間經濟活動的基本單位，無數次的交易就構成了經濟制度的實際運轉，並受到制度框架的約束。因此制度經濟學者們認為交易成本是經濟制度的運行費用，由此提出交易成本包括制度的制定或確立成本、制度的運轉或實施成本、制度的監督或維護成本、制度的創新和變革成本。

威廉姆森（Williamson, 1975）將交易成本區分為搜尋成本

（商品信息與交易對象信息的搜集）、信息成本（取得交易對象信息和與交易對象進行信息交換所需的成本）、議價成本（針對契約、價格、品質討價還價的成本）、決策成本（進行相關決策與簽訂契約所需的內部成本）、監督交易進行的成本（監督交易對象是否依照契約內容進行交易的成本，例如追蹤產品、監督、驗貨等）、違約成本（違約時所需付出的事後成本）。達爾曼（1979）則將交易活動的內容加以類別化處理，認為交易成本包含：搜尋信息的成本、協商與決策成本、契約成本、監督成本、執行成本與轉換成本。從本質上說，有人類交往互換活動，就會有交易成本，它是人類社會生活中一個不可分割的組成部分。結合管理信息成本的概念我們可以知道，管理信息成本部分屬於交易成本的範疇，如外購信息商品的成本、搜尋管理信息的成本，這既是交易成本，又是管理信息成本。威廉姆森在上面所提及的信息成本僅僅指基於交易視角的信息成本，而不是廣義的信息成本。雖然管理信息成本是基於管理的信息成本，是企業信息成本的一部分，但管理信息成本與交易成本之間並不是一種簡單的包含關係，無論是概念、內容上，還是視角、動因上，兩者都是有區別的。

第三節　管理信息成本的產生：基於信息流程視角

一、管理信息流程與管理信息成本

　　管理信息成本的產生與管理信息的獲取、利用過程密切相關。管理信息是信息中的一種，它與一般的信息流程基本相同。對企業來說，管理信息一般要經歷「管理信息收集—管理信息存儲—管理信息傳遞—管理信息加工—管理信息利用—管理信

息反饋」這一複雜的過程。

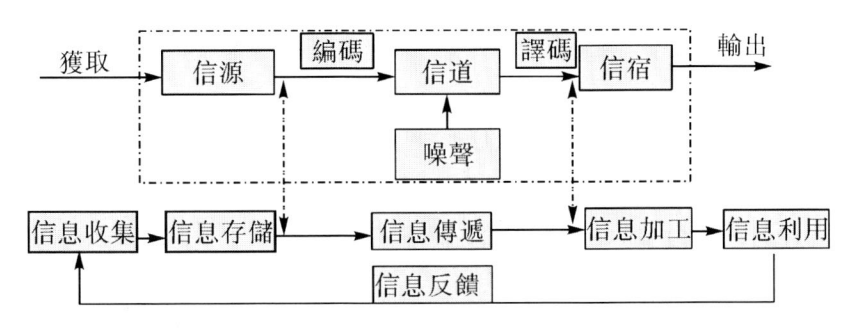

圖4-1 管理信息流程的一般模式與處理過程

註：虛線框表示管理信息流程的一般模式；兩虛箭頭之間表示管理信息傳輸過程。

圖4-1所示，從管理信息的獲取到管理信息的輸出過程中，包含了管理信息存儲、傳遞、加工過程，還有管理信息收集、利用、反饋，都是管理信息流程的重要組成環節。每一個環節都是因管理信息而產生，都涉及管理信息成本問題。因此，管理信息成本產生和形成於管理信息流程，伴隨著管理信息的收集、存儲、傳遞、加工、利用和反饋，管理信息成本也產生於管理活動，滲透於營運作業，歸集於成本系統。

二、管理信息收集與管理信息成本

管理信息收集是根據特定的目的和要求將分散在不同時域的有關管理信息累積起來的過程。管理信息收集是管理信息資源能夠得以充分開發和有效利用的基礎，也是管理信息產品開發的起點。

（一）管理信息收集的程序

由於不同行業、不同管理目標要求不同。因此，管理信息收集的具體步驟和程序也有所不同。但從管理信息收集工作來看，一般有下面一些基本程序（圖4-2）。

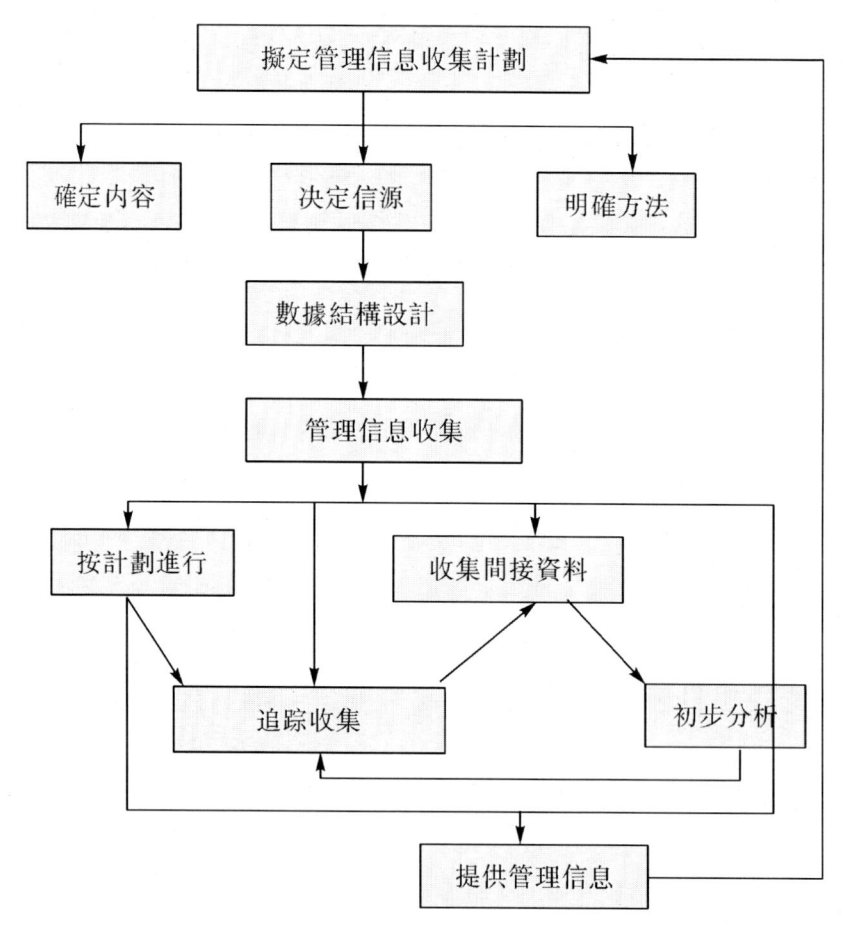

圖4-2　管理信息收集程序

1. 制定管理信息收集的計劃

不管進行何種管理信息的收集，都需要制定一個收集工作計劃，以便指導整個管理信息收集工作。制定管理信息收集工作需要解決幾個問題：一是確定收集管理信息的內容，企業要根據管理決策的需要來確定收集管理信息的內容；二是選擇管理信息的來源，企業可以據此決定到何處去搜集、獲取適合需要的管理信息；三是明確管理信息收集的方式或方法，不論是

採用直接到經濟活動現場進行調查，還是間接地從文獻資料中時行二次性收集的方式，企業都可以根據具體情況進行選擇。

2．數據結構的設計

管理信息往往是以數據形式反應出來的，收集的原始管理信息很大部分都是各種各樣的數據。為了便於以後的加工、存儲、傳遞等項工作，企業在進行管理信息收集之前，就要按管理信息收集的目的和要求，設計出合理的數據結構，並按這種數據結構去收集各種經濟數據。

3．管理信息的收集

經過前兩個方面收集管理信息的必要準備，再進行管理信息的具體收集。這一收集過程分為幾個階段：第一，按照收集計劃的要求去收集；第二，發現問題，尋找原因，追蹤收集；第三，進行調查時收集、利用間接資料；第四，對收集的管理信息進行初步分析。

4．提供管理信息收集的資料

這是管理信息收集的最後一步，也是管理信息收集工作的具體成果。它要求管理信息收集者將獲得的管理信息以文字等形式整理出來，提供給管理信息加工者（或加工部門）。管理信息資料可以是調查報告、資料摘編、統計報表、情況匯報、研究報告、圖書圖像等。究竟採用什麼形式，要以收集的管理信息具體內容出發，並要將管理信息資料與收集計劃進行對比分析，如果不符合要求，還要繼續進行補充收集。

（二）信息收集與管理信息成本

弗里德曼在《世界是平的》一書中指出，管理信息搜尋（informing）的意思是創建和部署屬於自己的供應鏈的能力——即管理信息、知識和娛樂的供應鏈。從實質上看，供應鏈的部署過程就是管理信息的收集過程，這一過程不是自動的、無代價的。從前面管理信息收集的程序可以得知，企業在獲取管理

信息的過程中，必然會付出一定的代價，這一代價的貨幣表現就是管理信息成本。無論是制定管理信息收集計劃、設計數據結構，還是具體的管理信息收集、提供管理信息資料，都會產生成本費用。這些成本費用的具體項目和來源可能有所不同，比如，制訂計劃的費用可能包括人員工資福利、會務費等，管理信息具體收集費用包括人員工資福利、交通費、購買管理信息商品費、餐費、住宿費、禮品費等，數據結構設計的費用包括人員工資福利、設計材料費、軟件購置費等，提供管理信息的費用包括報告打印費、圖書圖像購置費、軟硬件購置費等。總體看來，管理信息收集成本主要包括參與收集人員的工資福利、購置輔助設備費、交通活動費、管理信息商品費、通訊費和其他費用六大部分。

三、管理信息存儲與管理信息成本

管理信息存儲，就是將經過加工整理的管理信息資料進行立卷、分類、編號，以科學的方法集中保管，以備以後使用。由於管理信息在傳遞過程中表現為一種知識形態，具有連續性和繼承性的特點，因此可以不斷累積和延續。所以，它的存儲具有很高的經濟價值。

（一）管理信息存儲的介質與保護

1. 管理信息存儲的介質

管理信息存儲的介質，也就是管理信息的載體。根據管理信息存儲的方式不同，存儲介質是不一樣的。管理信息存儲分為手工存儲和計算機存儲。手工處理管理信息資料是一種很傳統的管理信息存儲方式，管理信息經過立卷、編號、排列，建立管理信息檔案，以紙制卡片、文件或書本的形式存放在指定的地點。因此，手工存儲的介質主要是紙張。計算機處理管理信息資料具有更多的靈活性，它根據管理信息的性質和需求，

將所儲存的管理信息組織成各種不同形式，如數據庫、模型庫、方法庫等，以供利用。計算機管理信息存儲系統的主要功能部件是存儲器，包括主存儲器（主存或內存）和輔助存儲器（輔存或外存）兩種。其中，主存儲器包括存儲體、選址部件、地址寄存器、數據緩衝寄存器和讀寫控制線路等基本部件；輔助存儲器分為磁表面存儲器和光存儲器，磁表面存儲器如磁帶、磁盤（又含軟盤和硬盤），光存儲器如光盤。

2. 管理信息存儲的保護

隨著計算機管理信息網絡的迅猛發展和日益廣泛的應用，人類對它的依賴程序也越來越高，管理信息的保密性、完整性和可用性對經濟生活的影響也越來越大。目前，計算機網絡成為管理信息的主要載體，管理信息系統及其網絡資源面臨著嚴重的安全威脅，因此如何保障計算機管理信息的保密性、完整性和可用性成為企業關注的焦點。要使存儲管理信息的安全性、完整性和可用性有保障，企業管理信息保護機制。管理信息存儲的保護性機制包括制度建設、人員培訓、設施構建、軟硬件購置等。

（二）信息存儲與管理信息成本

管理信息存儲是管理信息處理的一個環節，涉及管理信息存儲行為、存儲介質、管理信息保護等。在管理信息存儲活動中，一是需要人員的參與，二是必須存在管理信息載體，三是應建立管理信息保護機制，在這些活動、內容或事項中，費用的產生不可避免，比如購買存儲器或紙張需要費用，購置軟件和硬件需要費用，管理人員需要工資及培訓費用，等等。管理信息存儲中這些費用，即管理信息存儲成本，是企業管理信息耗費的資金，屬於企業的管理信息成本。管理信息存儲成本主要由存儲介質及附屬物購置費用構成，如購買光盤、磁盤、磁帶、紙張及檔案袋、文件櫃等費用。因此，管理信息存儲成本

一般隨存儲介質的變化而變化，與管理信息量的增加呈階梯式變化，即管理信息量在一定範圍內成本不變，超過一定量又會增加。比如，一個 U 盤的容量為 1G，成本為 100 元，那麼在 0~1G 範圍內，介質成本都不變，管理信息存儲成本為 100 元；當管理信息量變為 1~2G 時，就需要購買一個新的 U 盤，此時管理信息存儲成本總額變為 200 元（圖 4-3）。

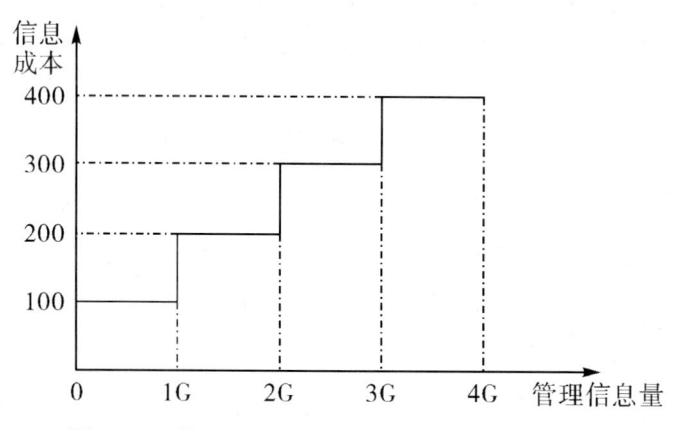

圖 4-3　管理信息存儲成本與管理信息量的關係

四、管理信息傳遞與管理信息成本

管理信息傳遞是指將管理信息從信源經過信道傳輸到信宿的過程。它是企業管理信息利用的重要環節，對企業經營管理有著重要的作用。只有經過管理信息傳遞，才能實現管理信息的價值，發揮管理信息的作用，才能成為決策的依據、控制的基礎、組織的手段、指揮的工具、聯結的紐帶。

（一）管理信息傳遞的手段與安全

1. 管理信息傳遞的手段

（1）書面傳遞。書面傳遞是許多場合普遍採用的方法。如，企業編印內部資料或公開發行的報刊，傳遞各種管理信息；通過編寫專題調研報告、可行性報告、管理信息專題研究等向管

理者傳遞機密、重要而系統的管理信息；印發企業內部文件傳遞人事安排、產品質量、安全生產等管理信息。

（2）會議傳遞。企業通過召開或參加各種專業會議，傳遞和交流管理信息。

（3）電信傳遞。電信傳遞包括電報電話傳遞，有線傳真傳遞，電視、電影、錄像、廣播傳遞，還可以通過其他如電視傳真、光導纖維、激光信號、通信衛星等先進方法來傳遞。

（4）實物傳遞。利用樣品、實物、圖片和幻燈片等為載體傳遞管理信息。

（5）網絡傳遞。隨著網絡技術的發展，網絡成為了管理信息傳遞的重要手段，包括內部網絡和因特網。企業通過電子郵件很快就可將信息送達對方手中，通過網絡視頻會議可以與遠距離的參會者同臺討論，通過網絡可以及時、大量地瀏覽到各種管理信息。

2. 管理信息傳遞安全

管理信息安全性主要有兩個方面：管理信息的保密性和認證性。保密的目的是防止他人破譯系統中的機密管理信息；認證的目的有兩個，一是驗證管理信息發送者是真的而不是冒充的，二是驗證管理信息的完整性，在處理過程中沒有被異化、竄改、亂碼等。手寫簽名和數字簽名是確保管理信息傳遞安全的兩種主要措施。手寫簽名要求在紙制文件、合同、表格等規定處寫上管理信息接收者姓名，數字簽名是電子管理信息形式的一種簽名方法。

（二）信息傳遞與管理信息成本

管理信息傳遞是將管理信息以不同的方式從管理信息源傳輸到管理信息接收者的過程，包括管理信息輸出、管理信息傳導、管理信息接收、管理信息安全等。管理信息傳遞可以是「人—人」系統，也可以是「人—物—人」系統，或者「人—

物」、「人—物—物」、「物—人」、「物—物—人」等系統。在管理信息傳遞系統中，主體是人和物。因此，管理信息傳遞所產生的成本主要是人工成本與物資成本，人工成本包括管理信息輸出人和接收者的工資、福利等費用，物資成本包括網絡建設費、網絡維護費、各種報告報刊與文件印製費、電話傳真與電視購置費等。另一部分管理信息傳遞成本是為確保管理信息安全而產生的費用，如購買保密軟件的耗費，制定低制簽名表的成本等。管理信息傳遞成本中大部分是網絡構建中的軟件購買或開發費用、電腦電視或光纖購置費用，它們形成的是固定成本。

因此，管理信息傳遞成本具有一個明顯的特點，即高固定成本與低變動成本。管理信息傳遞成本中信道建設成本占絕大多數，它一般在構建初期就已形成，並很少發生變動。每次管理信息傳遞的變動成本很低，如每一次傳真的費用，每一個電話的費用，每一次發郵件的費用，每一個文件的費用，這些成本因管理信息傳遞時間的長短或管理信息傳遞量的大小而存在極小差異。

五、管理信息加工與管理信息成本

企業獲取和存儲管理信息的最終目的是要利用管理信息解決實際問題。決策是利用管理信息解決問題的一個重要方面，沒有管理信息不能做出正確決策，但有了管理信息也並不一定就能作出正確決策。因為，面對前所未有的「信息爆炸」，管理信息具有複雜性，如不對管理信息進行加工處理，就難以作出有效的決策。只有通過管理信息加工，剔除無價值或無效用管理信息，才能提煉出對決策有用的管理信息。

（一）管理信息加工

將管理信息加工成為能對決策起指導作用的知識，往往需

要經過「管理信息選擇、預處理、轉換、數據分析與處理、處理結果解釋與評價」這一過程，該過程有時是複雜的、艱難的、循環往復的。

1. 管理信息選擇

管理信息選擇主要是從已有管理信息資源（如數據庫）中選擇相關數據，創立一個目標數據庫，獲得簡潔的、對決策有用的管理信息。管理信息選擇要求確定目標管理信息、選擇策略、參加人員、樣本容量以及獲取相關背景知識。

2. 管理信息預處理

從不同環境收集的目標管理信息可能存在許多不確定內容，如字段值標記錯識、有特殊語義的數據值和空值，管理信息處理人員必須對這些內容進行確認，將輸入錯識而導致或受某種外界因素干擾而有意識提供的錯誤數據（或稱為「噪音」），以及不支持期望模式的特殊語義類數據，在管理信息預處理時予以剔除。

3. 管理信息約簡與變換

管理信息約簡是通過某種方法降低算法的搜索空間，減少變量數目或對象數目。管理信息變換是按不同的管理信息分析與處理方法有不同的輸入要求，對管理信息進行編碼，使其成為為符合要求的格式。

4. 管理信息分析與處理

管理信息分析與處理是應用相關算法從預處理過的數據中尋找數據中隱含的、對管理信息利用有價值的模式，包括確定管理信息處理類型、選擇處理方法、分析運行效率。

5. 管理信息評估與維護

管理信息加工的目的是提供對決策有用的管理信息，因此，通過管理信息評估與維護來確定處理結果的可信度和依賴度十分必要。它要求經過結果篩選過濾掉超量管理信息，經過測試

數據集來評估確定管理信息的可信度，經過結果維護來保證結果與動態數據變化的一致，經過結果整合使管理信息效用最優化。

（二）信息加工與管理信息成本

管理信息加工需要按一定的程序，經過一定的步驟，形成對決策有用的管理信息。當企業在進行管理信息加工過程中時，從管理信息選擇、預處理、約簡與變換、分析與處理，到最後管理信息的評估、維護、整合，都會耗費一定的人、財、物力，產生成本費用，即管理信息加工成本。現代企業管理信息加工成本主要是人力資源耗費和加工設備購置，其他的費用很少。管理信息加工成本是企業利用管理信息前為提高管理信息利用效率、增加管理信息利用效益、實現有用決策而產生的管理信息處理成本，它是為獲得簡潔、有效的管理信息而付出的代價。

六、管理信息利用與管理信息成本

企業對管理信息的利用主要是將管理信息應用於具體的管理決策活動中，管理信息利用過程中產生的成本包括兩個方面：一是利用管理信息時的人工成本和活動成本，二是管理信息無效或不全給企業產生的損失，這部分相當於管理信息失真成本。比如 M 公司計劃對某項產品生產進行投資，管理信息部門已對收集的信息進行了加工等處理，現將最後的產品價格高低、市場容量、投資總額、支撐技術等信息提交董事會進行討論以供決策，董事會利用該信息開了多次會議，則這些多次會議的會務費就屬於管理信息利用成本。並且，如果形成了一定的決策方案後，M 公司在實施時發現收集的信息不充分或出現了錯誤，由此給企業帶來的一定的損失，這也是管理信息成本，屬於管理信息失真產生的成本。

從企業管理信息利用過程中產生的成本內容上可以看出，

利用管理信息的成本在確認和識別上存在一定難度。其中，利用管理信息的會務費易與管理信息傳遞的成本混淆，兩者之間不好區分；管理信息失真產生的決策損失本身是一種隱性成本，但也有可能是一種機會成本，這也不好確認和計量。

第四節　管理信息成本的構成與識別：三維立體觀

一、管理信息成本構成：三維立體觀

管理信息成本是企業的重要成本之一，其構成影響著企業成本數量，也成為企業成本管理的重要內容。對管理信息成本的構成，可以從三維立體角度進行識別，即決定企業管理信息成本的元素包括三項內容：長度、寬度和厚度。長度是指企業收集、加工、存儲、傳遞等處理管理信息時間的長短。在其他條件一定的情況下，管理信息活動時間越長，對管理信息成本的影響越大，管理信息成本的總量也會增加，反之，時間越短，管理信息成本越小。寬度是指企業管理信息成本構成的各種管理信息成本項目的多少，比如設備費、人員工資、基建費、培訓費用、管理費用及其他費用等。僅從成本構成上看，成本項目的多少決定了管理信息量的大小，項目越多，成本越高，反之，項目越少，成本越低。厚度是指每一個成本項目費用的高低。因此，影響企業的管理信息成本的因素是管理信息處理的時間長短、費用項目個數的多少和項目費用的高低三項內容（如圖4-4）。

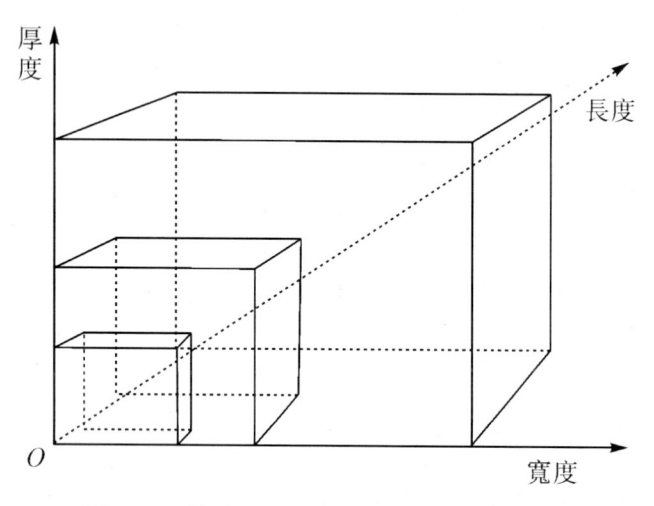

圖4-4 基於三維立體的管理信息成本構成

從圖4-4可以看出，管理信息成本的長度、寬度和厚度決定了管理信息成本數量的大小，它們之間的關係可以按公式（4-1）進行表示。

$$y_{mic} = f(x_1, x_2, x_3) \tag{4-1}$$

其中，y_{mic}表示管理信息成本，x_1，x_2，x_3分別表示時間長度、項目寬度和費用厚度。

例如，甲企業準備投資生產C產品，為了瞭解競爭對手乙企業的生產經營情況，派出兩個管理信息部門人員收集乙企業的相關信息，共用3天時間，發生的費用有主要有電話費和人員補助兩項，假設：電話費0.6元/分鐘，3天內共撥打電話50分鐘，人員補助每人30元/天，則管理信息收集的成本為：

$$y_{mic} = f(x_1, x_2, x_3) = (0.6 \times 50) + (30 \times 2 \times 3) = 210（元）$$

該管理信息成本的時間長度有兩個，通話時間50分鐘和收集時間6（2×3）天；費用厚度有兩個，一是電話費0.6元/分鐘，二是人員補助每人30元/天；項目寬度也有是兩個，電話費和人員補助。

在現實社會中，費用厚度一般是確定的，它對管理信息成本的影響也是固定的，而時間長度和項目寬度卻因管理信息作業的不同而存在差異。因此，本文主要討論了項目寬度和時間長度與管理信息成本的關係（管理信息成本的類型和時間性分析）。

二、管理信息成本的類型：管理信息成本的寬度

（一）國內學者對管理信息成本的劃分

對管理信息成本的類型的認識，國內外學者的研究中幾乎都沒有，而主要是將信息成本從不同角度作了不同的劃分。

靖繼鵬（1994）認為，信息成本分為信息生產成本和流通費用；馬費成（1997）從信息的生產和利用角度，將信息成本劃分為生產成本、用戶成本和外在性成本。

趙宗博（2002）提出，企業信息成本分為直接成本和間接成本兩部分。企業的信息成本當中，直接成本從內容上看分為因為尋找有效管理信息內容而發生的設計成本、為收集和加工處理管理信息內容而發生的技術性成本、為有效使用管理信息內容和管理信息技術設施而發生的管理信息人力資本的投入、為營造公共利益與個人利益相協調的管理信息機制和管理信息環境而付出的成本等。而間接成本則是由直接成本派生出來的那部分成本，主要包括：①路徑依賴及其負面成本；②彌補管理信息流動陷阱的成本，即管理信息供求嚴重失衡的情況下企業被迫增加的管理信息投入；③由於操作技術不配套而加大的成本；④因為採用新標準而付出的調整成本；⑤因特網條件下的管理信息負面成本；⑥管理信息技術設備的無形消耗所造成的無形成本等。

於金梅（2003）認為，信息成本包括信息生產成本、信息服務成本、信息用戶成本。①信息生產成本是指在信息的生產

過程中，生產者使用了一些信息材料、消耗了物質材料、投入了一定的勞動量。這些使用的信息材料、消耗的物質材料、投入的勞動量構成了信息產品的生產成本。具體包括：物質材料消耗費用、信息材料消耗費用、勞動力消耗費用和其他費用。②信息服務成本。信息服務是指信息產品擁有者以及信息設備擁有者出售信息產品、提供管理信息諮詢業務、提供管理信息交流條件的活動。信息服務成本與信息生產成本一樣，包括材料消耗、勞動力消耗和其他費用等。③信息用戶成本是指管理信息用戶在獲取和利用信息產品的過程中所消耗的各種費用。除了物質材料消耗費用外，還包括購買信息產品和信息服務所支付的費用及時間成本。所謂時間成本是指用戶在獲取和利用管理信息產品的過程中花費的時間折算的費用，如等待服務時間、接受培訓時間等。

朱珍（2003）指出，信息成本包括信息教育投入成本、信息的固定成本、信息的注意力購買成本和信息的獲得成本四類。

莊明來教授（2004）在論述了信息成本計量的複雜性時指出，信息成本包括顯性成本和隱性成本，顯性成本包括信息搜尋成本、信息處理成本，隱性成本包括隱蔽信息成本、信息失真成本、信息制度成本。

周正華等（2006）認為信息活動範圍大、成本項目多，為便於其成本計量，根據不同的標準，從不同角度對成本進行了劃分：①按照信息的生產和利用過程，把信息成本劃分為信息生產成本、信息服務成本和信息外在成本。②按照成本的計入方式，把信息成本分為直接成本和間接成本。直接成本是指能直接計入某種管理信息產品或服務的成本。間接成本是指不能直接計入某種管理信息產品或服務，而應採用一定分配標準分配計入某種信息產品或服務的成本。③按照成本的性態，把信息成本劃分為變動成本和固定成本。變動成本指在相關範圍內，

其成本總額隨著信息生產量或服務量的增減而成比例增減的成本。固定成本指在一定產量或服務量範圍內與產量或服務增減變化沒有直接聯繫的成本。④按信息的技術特性，把信息成本分為信息技術產品成本和信息服務產品成本。信息技術產品成本是指為開發、生產管理信息產品而發生的硬件和軟件成本，硬件成本主要是計算機及其外圍輔助設備、網絡互聯設備和通訊設備等的購置成本；軟件成本主要包括計算機操作系統軟件、計算機應用軟件、管理應用系統等的取得成本。信息服務產品成本是指信息仲介或信息服務商為提供管理信息而發生的相關支出；對信息使用者而言，信息服務產品成本是為獲取管理信息而付出的代價。

胡元木（2005）按信息資源生產經營和利益的主體不同，認為信息流成本可以劃分為信息資源的生產成本、信息資源的服務成本、信息資源的用戶成本和信息資源的完全成本。

（二）管理信息成本的類型：課題研究的觀點

管理信息成本由於自身的特點決定了類型劃分的困難，管理信息成本的類型具有複雜性和多樣性。

1. 管理信息流程與管理信息成本的類型

從管理信息流程我們知道，管理信息成本產生於管理信息流程的各環節和各活動中。因此，根據管理信息流程可以將管理信息成本分為管理信息搜尋成本、管理信息存儲成本、管理信息傳遞成本、管理信息加工成本、管理信息利用成本。管理信息搜尋成本是企業收集管理信息過程中投入的人、財、物力資源，管理信息存儲成本是企業存儲管理信息的材料費、設備費等，管理信息傳遞成本主要包括信道建設費和時間成本，管理信息加工成本是對管理信息進行選擇、預處理、分析、評估、整合等過程中發生的費用，管理信息利用成本主要指企業在利用管理信息的過程中產生的費用和管理信息失真產生的損失，

包括直接損失、糾正支出等。

　　根據管理信息流程來劃分管理信息成本在理論上比較簡單明了，容易理解。但這也存在一個較大的問題，即有一些成本費用相互交織，難以區分，無法進行分配和歸集。如管理信息人員費用，他們既可能參與了管理信息收集又進行了管理信息傳遞，但該部分費用難以在這兩個環節中進行分配；另外如企業購買的電腦，它具有多用途，或打字，或收集管理信息，或發送郵件，或存儲資料，而電腦的費用也難以在這些活動上進行分配。

　　2. 管理層次與管理信息成本的類型

　　企業管理活動具有多級層的特點，從橫截面來剖析企業價值創鏈上的活動，可以分為四個層面：跨企業間組織管理、戰略管理活動、管理控制活動和作業管理活動（圖4-5）。第一層次是跨企業間組織管理①，由於跨組織信息系統（電子數據交換）的出現，以及跨組織理論的興起，跨企業間組織管理已成為現代組織管理的重要部分，它是整個「價值星系」內「恆星」企業、「行星」企業之間的一種管理，它不限於一個企業，而是企業聯盟或企業簇群。第二層次是戰略管理活動，它決定著企業未來發展的方向，是企業高層管理所關注和從事的主要

---

① 西南財經大學羅珉教授在《跨組織信息系統研究述評》一文提出，跨組織信息系統以信息與通訊技術為基礎，特別是以網際網絡為基礎，跨越組織疆界來實現兩個或多個組織之間的信息流動，其主要目標是使用電子數據交換系統（EDI）進行有效的交易處理，是讓買賣雙方進行溝通、意見分享、廣告競標、交易、管理庫存等商業行為的網絡平臺，例如傳送訂單、票據和支付等。這個網絡平臺表現出合作（collaboration）、協調（coordination）與溝通（communication）等三個方面的特性。這個信息系統可以提升公司的生產力、彈性與公司的競爭力。實質上也可以看出，跨組織信息系統是企業信息系統的一種部分，是企業管理的一個工具。因此，本文提出「跨企業間組織管理」這一概念，不同的企業通過跨組織信息系統可以構建起一個網絡組織，進行組織間合作、協調與溝通，實現信息共享，創造共同價值最大化。

工作，包括分析外部環境帶來的機遇或挑戰，構建企業核心競爭力，制定和執行長期戰略等。第三層次是管理控制活動，它是企業落實戰略的過程，是戰略目標實現的保障，管理控制工作一般由公司中層管理承擔，包括制定年度計劃並落實，實行全面預算，職能管理與組織協調，傳遞管理信息與溝通，績效評價等。第四層次是作業管理活動，這是公司作業任務有效完成的過程，是管理控制活動的具體化和基礎工作，是一種日常性管理活動。

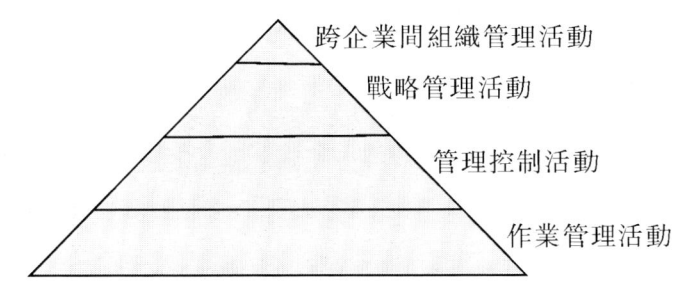

圖4-5 現代企業管理層次

公司不同層面的管理人員關心的問題側重點不同，跨企業間組織考慮的是「價值星系」內整體利益或價值最大化問題；最高管理當局關心企業的整體與長遠發展問題；中層管理者關心計劃執行和管理效益問題；作業層執行人員關心任務完成和工作效率問題[①]。這些問題的揭示與解決，需要通過管理信息來反應，而管理信息的形成需要投入，並且會產生成本。「任何決策者和管理者都應對成本負責。企業管理者均以不同的方式參與成本管理，他們大部分具體從事資本投資決策、預測、定價、生產或服務管理工作。所有這些企業管理工作和成本會計密切相關，而成本管理有關的工作任務佔據了任何層次管理者的大

---

① 陳良華. 基於泛會計概念下成本計量研究 [M]. 北京：中國人民大學出版社，2005：182-185.

部分時間。」① 因此，根據管理活動的四個層次，可以將管理信息成本分為跨企業間組織管理信息成本、戰略管理信息成本、管理控制信息成本和作業管理信息成本。由於一些先進的公司開始運用系統來考慮產品（服務）的生命週期和客戶（供應商）關係，以所形成的戰略同盟為成本管理創造機會，導致成本管理開始突破個別組織的限制，開始涉及跨組織或組織之間的成本和資源管理，這可以用已經出現的一個詞來描述供應鏈成本管理的成果，那就是跨組織成本管理（Interorganizational Cost Manangement，ICM）②。羅賓·庫珀和瑞金·斯萊格穆德（1999）把跨組織成本管理描述為相互依賴的合作關係，並將其定義為協調供應商網絡中的公司行為以使網絡中總成本得以降低的一種結構性方法。③ 跨企業間組織管理信息成本作為企業成本的一個重要組織部分，是企業成本管理的對象之一，也是跨組織成本管理的重要內容。因此，跨企業間組織管理信息成本是基於跨組織信息系統所構建的企業聯盟或企業簇群進行的管理決策之上，因信息需求所發生的成本。戰略成本管理是運用成本管理技巧，以提升企業的戰略地位並同時降低企業成本的一種「價值創造行為」，是高級成本管理的修正④。戰略管理信息成本是企業戰略成本管理的對象之一，是企業在構建戰略框架、實施戰略行動、創造長期價值過程中產生的管理信息費用。戰略管理信息成本是企業成本單元之一，可以通過調整企業價

---

① 凱瑟琳娜·斯騰詹，喬·斯騰詹. 成本管理精要 [M]. 呂洪雁，譯. 北京：中國人民大學出版社，2004：1.

② 凱瑟琳娜·斯騰詹，喬·斯騰詹. 成本管理精要 [M]. 呂洪雁，譯. 北京：中國人民大學出版社，2004：137.

③ ROBIN COOPER, REGINE SLUGMUDER. Interorganizational cost mangement, Porland: Productivity Press, 1999: 22.

④ 凱瑟琳娜·斯騰詹，喬·斯騰詹. 成本管理精要 [M]. 呂洪雁，譯. 北京：中國人民大學出版社，2004：149.

值鏈上的管理信息成本結構,以達到獲取持久成本優勢的目的。邁克爾·波特指出,影響公司成本結構的有十種驅動因素,包括規模經濟、學習、生產能力利用模式、聯繫、相互關係、整合、時機選擇、自主政策、地理位置和機構因素。他認為沒有哪一個因素是唯一決定因素,往往相互作用會決定一種特定的成本行為。因此,戰略管理信息成本也必然受這十大因素及其相互作用的影響。戰略管理信息成本具有顯著的全局性、效力長期性等特點。管理控制信息成本是一種典型的戰術性成本,它更強調過程管理。管理控制信息成本是企業預測未來、執行計劃、控制過程、考評業績等管理行動中產生的成本。作業管理信息成本是企業作業單元執行具體活動時所發生的成本。這表示,為實施某項具體管理活動而產生的管理信息成本可以歸集於具體的管理作業上。理論上講,作業層的管理信息成本計量模式設計最為簡單,可以按每一項管理作業活動的要求對應記錄一條管理信息成本。實際上,由於管理活動的複雜性和多樣性,管理作業與生產作業有時存在交叉,管理信息成本的分配模式不好設計,成本分配額難以精確(後面將詳細論述)。

3. 成本源與管理信息成本的類型

管理信息成本的產生源於不同的途徑,有的源於管理信息組織結構,有的源於管理信息系統,還有的源於外部信息資源,甚至管理信息失真給企業帶來的損失也是一種成本。因此,根據成本的來源,可以將管理信息成本分為管理信息結構成本、管理信息系統成本、管理信息流成本和管理信息失真成本(表4-1)。管理信息結構成本是基於企業管理信息組織結構產生的成本,包括管理信息組織結構中的人員薪酬、活動費用等;管理信息系統成本是企業構建由硬件、軟件、數據等資源組成的實體系統時產生的成本;管理信息流成本是企業管理決策之間,由於管理信息不對稱而對外購買信息商品、信息服務及搜尋信

息產生的成本；管理信息失真成本是管理信息失真給企業帶來的損失或糾正支出。

表 4-1　　　　從成本源看管理信息成本的種類

類型 成本源	管理信息 結構成本	管理信息 系統成本	管理信息 流成本	管理信息 失真成本
成本來源 與途徑	管理信息組織中員工薪酬、制度建設支出等	計算機管理信息系統的應用	外購信息商品、信息服務及搜尋信息的支出	管理信息失真產生的損失

以成本源為標準對管理信息成本的劃分，是從整個企業的角度思考的，是從廣義的管理視角對管理信息成本的認識。因此，此種分類是以後內容主要研究的對象。

三、企業管理信息成本的構成與識別

企業的管理信息活動貫穿於企業的內部管理決策的整個活動中，我們可以從兩個層面去理解：一是從業務活動中分離出來的相對獨立的管理信息活動，包括提供管理信息資源、管理信息產品的服務和管理信息技術活動；二是指不能脫離業務活動，與企業外部交易活動和內部管理活動交織在一起的管理信息活動，如數據和文件的處理、管理信息交流與傳播等成本。基於企業成本源和管理信息活動的理解，管理信息成本分為管理信息流成本、管理信息系統成本、管理信息結構成本和管理信息失真成本四大類。

（一）管理信息流成本的構成與識別

管理信息流成本主要源於獲得信息資源過程中發生的購買成本、搜尋成本等。企業的管理信息資源包括從外部購買的管理信息產品或服務。這裡所說的管理信息產品通常是指圖書資料、研究報告等，不包括計算機硬件和軟件這一類管理信息產品，由於它們和企業管理信息技術的應用密切相關，因此統一

包含在管理信息系統成本中。

1. 管理信息流成本的構成

購買的管理信息產品或服務是指管理信息資源的購買費用，以及接受管理信息諮詢服務及管理信息資源外包服務的費用等。

管理信息流成本可按公式（4-2）來計算：

管理信息流成本＝外部管理信息資源的購買成本＋管理信息資源外包費用＋管理信息搜尋成本　　　　　　　　　　　（4-2）

下面對管理信息流成本的各構成部分作進一步說明。

(1) 外部管理信息資源的購買費用

在很多企業，尤其是大、中型企業，一般都有專門的部門或人員進行圖書資料的收集（購買）、整理、加工和提供使用等工作。這些工作的耗費構成了管理信息資源的購買費用，這些費用包括圖書資料購買或網絡數據庫租用費用、管理信息管理和存貯費用以及相應的人員工資等。

(2) 管理信息資源外包費用

當外部信息市場較為成熟時，企業的某些管理信息資源需交由更專業化的隊伍完成，如國內的電信營運商將公司規劃報告外包給專門的電信研究單位完成。通常的管理信息諮詢費用也是一種典型的管理信息資源需求外包費用。企業外包管理信息資源需求，需要根據合同支付相應的費用，除此之外，為了管理外包合同還必須付出相應的外包管理費用。

(3) 外部管理信息搜尋成本

企業在做出管理決策前，為了減少決策結果的不確定性，必須獲取豐富的信息。企業除購買、外包外，還可以自己進行信息的搜尋。通過網絡、報紙等信息載體，或問卷調查等各種方式獲取管理所需的信息，但這一過程需要資金或勞動投入，並且會產生成本。例如金伯利—克拉克公司為為決策是否生產一種新的一次性尿片花了1,000萬美元用作市場調查的經費，

用於尋找該年成為母親的 350 萬美國人中的四分之三的地址，然後直接向她們進行調查。管理信息搜尋成本由此可見一斑。

2. 管理信息流成本的特點

（1）管理信息流成本很容易成為沉沒成本

所謂沉沒成本（sunk cost）指資本預算中已經投入而不可回收的支出。從決策相關性來看，沉沒成本是決策非相關成本。無論是購買的圖書資料，還是企業的一些研究報告，都可能存在不被利用或無法利用的風險，因此，其成為沉沒成本的風險大於一般的物質產品。

（2）管理信息流成本具有較強的外部性

這是指在外部信息市場成熟的條件下，可以依賴外部信息市場獲取相應的管理信息、資源，從而使企業成為管理信息的消費單位。因此，外部管理信息流成本基本表現為購買管理信息服務的價格，從而具有較強的外部性。

（3）制度對管理信息流成本有較大的影響

制度可以在一定程度上約束管理信息優勢主體的機會主義行為，以法律制度為例，在一個法制健全的社會，顧客搜尋有關產品質量管理信息的成本可以降低，因為在這樣一個社會，凡是銷售假冒偽劣產品都會受到法律制裁。由此可見，合理的制度有利於降低整個社會的管理信息流成本，這也使管理信息成本的控制不能完全依賴單個企業自身。

（二）管理信息系統成本的構成與識別

管理信息系統是指基於計算機與通信網絡技術，對信息進行收集、存儲、檢索、加工、傳遞、控制與反饋的人機系統，旨在實現組織特定的管理、控制、決策等目標。管理信息系統成本是指企業在擁有管理信息系統時所花費的全部費用。這裡既包括購買的費用，也包括使用過程中耗費的一切人力、財力和物力。

1. 管理信息系統成本的構成

管理信息系統成本劃分為直接成本和間接成本兩大類。管理信息系統直接成本用來度量企業管理信息技術的直接支出，包括硬件和軟件費用、運行成本和管理成本這三大類；管理信息系統間接成本主要是指終端用戶在操作過程中帶來的生產力損失和故障時間影響。

其成本計算公式如（4-3）所示：

管理信息系統成本＝硬件和軟件費用＋運行成本＋管理成本＋終端用戶操作生產力損失成本＋故障時間成本　　　（4-3）

（1）硬件和軟件費用

硬件費用包括硬件購買和租用的費用以及相應的折舊費，這裡的硬件費用還包括硬件升級、備用硬件和耗材的費用。軟件成本是指所有購買和租用的軟件的費用，由企業自身開發的軟件費用不列入此類。硬件和軟件費用又分為兩個部分，一部分是終端用戶因工作需要而購買或租用的硬件和軟件產品；另一部分是管理信息系統管理人員為實現管理信息系統功能而購買或租用的與管理信息系統相關的硬件和軟件，如網絡管理和開發工具。硬件和軟件費用的構成見表4-2。

表4-2　　　　　硬件和軟件費用的分類表

二級類目	三級類目	類目含義註釋
管理信息系統硬件費用	購買費用	每年用於購買支持管理信息系統服務器、客戶機、外圍設備和網絡硬件的費用
	折舊費	所購買的管理信息系統設備的年度折舊費
	租用費	租用支持管理信息系統的硬件設備費
	升級費用	包括對硬盤、處理器、內存等的升級費用
	備用硬件費用	備用的支持管理信息系統的硬件費用
	耗材費	用於管理信息系統的耗材費。包括磁盤、可寫光盤、備份磁帶、墨粉盒等。這個費用裡不包含打印機紙張的費用

表4－2(續)

二級類目	三級類目	類目含義註釋
管理信息系統軟件費用	網絡、系統、存儲和資產管理軟件費用	為控制分佈式計算環境需要而購買的軟件的費用
	服務桌面管理軟件費	為提供服務桌面管理而購買的軟件的費用
	培訓軟件和計算機基礎培訓軟件費用	培訓軟件費用
	測試/其他軟件費用	不包括在上述軟件中的其他軟件的費用

（2）運行成本

運行成本包括技術支持費用、計劃和過程管理費用、數據庫管理費用、桌面服務管理費用四大類（見表4－3），如果信息技術功能外包出去，則指按合同支付的相應的費用。

表4－3　　　　運行成本的分類表

二級類目	三級類目	類目含義註釋
客戶端服務器日常網絡技術服務	二級問題解決	解決介於一般技術問題和高級技術問題之間的問題所耗費的人力或按合同支付的費用
	三級問題解決	解決高級技術問題所耗費的人力或按合同支付的費用
	交易和計劃	對網絡通信基礎結構上的負荷進行監控、計劃和平衡所耗費的人力或按合同支付的費用
	性能協調	對服務器、網絡系統和應用程序進行監控、計劃和平衡所耗費的人力或按合同支付的費用
	用戶管理（邏輯添加和改變）	控制用戶進入網絡和應用程序資源的成本，包括添加新用戶或改變用戶配置等
	操作系統支持	用於管理操作系統的成本
	維護	維護服務器、客戶機、網絡設備、打印機等所耗費的人力或按合同支付的費用
	軟件配置	為了配置新的軟件或對已有軟件進行升級所耗費的人力或按合同支付的費用

表4-3(續)

二級類目	三級類目	類目含義註釋
	應用程序管理	包括商業應用程序在內的應用程序管理所耗費的人力或按合同支付的費用,包括控件的配置、訪問管理等,此類目不包括應用程序的開發和操作系統的配置
	硬件配置/重置	對已有的網絡方案進行重新配置所耗費的人力或按合同支付的費用
	硬件安裝	安裝新的硬件,包括服務器、外設等所耗費的人力或按合同支付的費用
	磁盤和文件管理	用於優化本地和服務器在線存儲和文件系統的費用
	存儲容量計劃	為確保足夠的可用容量所耗費的人力或按合同支付的費用
	備份和存檔	對網絡和桌面數據備份等所耗費的人力或按合同支付的費用
	倉庫管理	管理中樞磁盤或磁帶檔案庫所耗費的人力或支付的合同
計劃和過程管理	帳目管理	管理信息系統和業務單元之間的關係所耗費的人力或按合同支付的費用,包括業務單元匹配、應用程序和基礎結構需求、項目管理等
	系統調查、計劃和產品管理	明確基礎結構的需求等所耗費的人力或按合同支付的費用
	購買前評估	在購買前對各種硬件進行測試和評估,包括採購部門或法律部門對此支持所耗費的人力或支付合同的費用
	安全和病毒防護	採取安全措施預防病毒等所耗費的人力或按合同支付的費用。
	業務恢復	包括備份和存儲程序、磁帶管理、記錄保存等業務恢復措施,並對業務恢復小組進行管理和組織所耗費的人力或按合同支付的費用
數據庫管理		為實現數據庫管理所耗費的各種費用,數據庫管理任務包括索引管理、複製、日誌管理、數據恢復、優化以及其他維護任務
桌面服務管理(零級/一級技術支持)		零級支持是指通過電話或系統調用來處理問題,但是沒有最終解決問題;一級技術支持是指通過電話、電子郵件和在線通訊方式解決問題

從運行成本來看，實質上將信息技術運行過程作了一個詳細的分解，例如首先將技術服務費用分為四個層面，包括對客戶機、服務器、網絡的技術服務和通過桌面的服務。技術問題的解決難度是可以分級的，從零級技術問題到第三級技術問題的解決難度逐步增大。對於一個信息技術管理規範的企業，運行費用可以完全參照此種方式進行計量。

（3）管理成本

管理成本是向管理信息系統組織和管理信息系統提供管理服務的直接費用。管理成本主要包括財政與管理成本以及管理信息系統和終端用戶培訓成本（見表4-4），信息技術管理成本不一定來自信息技術部門，例如信息技術資產的審核可能需要財務部門或後勤部門的參與，計算機基礎課程的培訓也可能直接由人事部門或教育培訓部門組織。這是識別信息技術管理成本時應注意的。

表4-4　　管理信息系統的管理成本分類表

二級類目	三級類目	類目含義註釋
財政與管理	中、高層管理人員	包括MIS主管和管理信息組織主管的工資支出
	管理信息系統管理助理	直接輔助中、高層管理人員的工資支出
	資產管理	管理折舊記錄和租借合同所耗費的人力或按合同支付的費用
	預算和回收管理	對中樞管理信息系統、業務單元管理信息系統或部門管理信息系統的資產和運行費用進行管理等所耗費的人力或按合同支付的費用
	審核	對管理信息系統合同、關係、資產記錄進行審核並使之與已出拾的政策相符所耗費的人力或按合同支付的費用
	購買、獲取和合同管理	與終端用戶或管理信息產品供應商簽定購買合同所耗費的人力或按合同支付的費用
	備份和存檔	對網絡和桌面數據備份等所耗費的人力或按合同支付的費用

表4－4(續)

二級類目	三級類目	類目含義註釋
	倉庫管理	管理中樞磁盤或磁帶檔案庫所耗費的人力或支付的合同
管理信息、系統培訓	管理信息系統課程開發	開發管理信息系統培訓課件和管理信息系統基礎教程的費用
	管理信息系統培訓	管理信息系統培訓費用
終端用戶培訓	終端用戶課程開發	開發終端用戶培訓課件和基礎教程的費用
	終端用戶培訓	終端用戶培訓費用

(4) 終端用戶操作生產力損失成本

終端用戶操作生產力損失成本主要是指終端用戶在使用過程中由於種種原因不能實現業務活動而造成的生產力損失。終端用戶的成本見表4－5。

表4－5　　終端用戶操作生產力損失成本分類表

二級類目	類目含義註釋
同事支持	出現問題時不是由專門的技術支持人員幫助解決，而是由一個或多個「非正式的技術專家」解決，這種方式常常會增加問題的解決費用
臨時學習/支持	臨時性學習包括閱讀手冊、使用在線幫助、試驗以及其他學習方法，臨時性學習付出的成本比正規培訓要高，如果正規培訓太少，將導致臨時性學習成本的增長
正規培訓	終端用戶參加計算機培訓所花費的時間
文件和數據管理	終端用戶執行文件系統維護、組織、優化、備份和恢復所花費的時間
應用程序開發	終端用戶開發應用程序（一般不是很重要的應用程序）所耗費的人力
游戲因素	工作時間終端用戶利用計算機進行非業務活動，如玩游戲和網絡衝浪等

(5) 故障時間成本

故障時間成本是指在故障發生時間，因不能使用計算機所帶來的生產力損失。故障時間又包括計劃中的故障時間和計劃

外的故障時間，計劃中的故障是指由於定期維護系統而造成無法正常使用的情況；計劃外的故障是指突發性的故障，包括電子郵件的使用故障、網絡故障、數據庫故障等。

2. 管理信息系統成本的特點

（1）管理信息系統成本具有分散性。由於計算機應用的普及，管理信息技術已滲透到企業活動的每一個角落；另外，隨著計算機網絡技術的飛速發展，分佈式數據庫系統的應用也越來越廣泛。這些因素都造成了管理信息系統成本的分散性特點，而且在精確識別方面也有一定難度。

（2）管理信息技術產品具有較強的鎖定效應，給管理信息技術應用帶來巨大的轉移成本。以數據庫為例，當從一種數據庫轉向另一種數據庫時，一方面，增加了數據轉換的成本，而且在這種數據格式轉換中，很有可能丟失管理信息，給用戶帶來風險；另一方面，新的數據庫的使用也增加了培訓成本，用戶需要一定的時間去適應新的系統，學習新的操作方法。

（3）在管理信息系統成本中，隱性成本含量較高，而且不易識別。隱性成本具有不確定性、不易察覺性以及不穩定性等特徵。管理信息系統成本中有很多成本都具備這些特徵，如間接成本中的生產力損失成本、故障時間成本都是隱性成本。除此之外，管理信息技術服務成本也具有一定的隱蔽性。

（三）管理信息結構成本的構成與識別

企業管理活動是指按照一定的規律、原則、程序和方法，對企業的人力、財力、物力等各種資源及其經濟活動過程進行計劃、組織、指揮、控制和協調以取得最佳經濟效益的過程。從系統的觀點來看，管理過程就是管理信息的收集、傳遞、加工和判斷決策的過程，而這一過程通常的表現形態就是管理信息流程。管理信息流程直接反應和控制著物流的運動方向、運行速度、運動規模和目標實現。企業管理信息流程有內源管理

信息流程和外源管理信息流程之分，外源管理信息流程發生在企業對外交易活動中，內源管理信息流程則與企業內部管理活動密切相關。

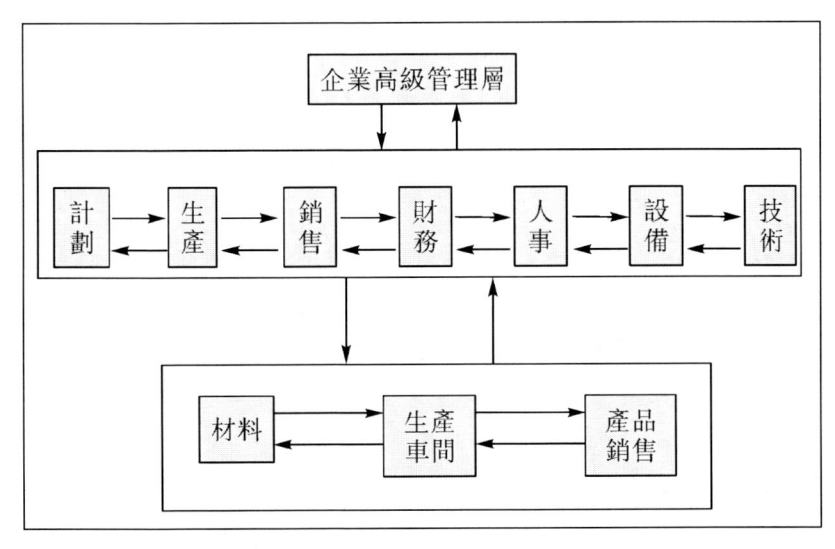

圖 4-6　企業內源管理信息流程模型

企業內源管理信息流程有縱向的管理信息流程和橫向的管理信息流程（見圖 4-6）。縱向管理信息流程是指自上而下或自下而上的管理信息流動。例如，廠部的決策向下傳遞，生產指標逐級向下分解，這是自上而下的管理信息流動；而各個生產崗位、班組的生產情況，車間的生產進度逐級向上匯總，產品銷售情況逐級向上匯報，則是自下而上的管理信息流動。橫向流程是指企業內部各種人員之間，班組之間，車間之間，職能科室之間從橫的方向進行管理信息傳遞。企業內部管理信息流縱向、橫向地交叉進行，組成了企業內部的管理信息網絡。

為促進管理信息在各系統之間規範、有效、有序地流動，必須建立科學合理的管理信息組織結構。基於管理信息組織結構發生的成本，就形成了管理信息結構成本（management information organization cost）。因此，管理信息結構成本是企業為加強管理信息的控制與管理、運用與傳遞而產生的費用。

1. 管理信息結構成本的構成

在企業內部產生和傳遞的管理信息主要是數據和文件，如統計數據、財務數據等，企業內部管理信息傳遞的方式有多種，口頭傳遞、電話傳遞、電子郵件傳遞以及以會議的方式傳遞等。管理活動中的管理信息結構成本可按公式（4-4）計算：

$$\text{管理信息結構成本} = \text{數據處理成本} + \text{文件處理成本} + \text{檔案管理成本} + \text{會議成本} + \text{通訊費用等}$$

(4-4)

下面管理是對管理信息結構成本主要項目的說明。

(1) 數據處理成本

包括各部門搜集、整理、加工數據的成本，統計、財務部門為決策需要而進行的數據分析、製作報表的成本。

(2) 文件處理成本

各種類型文件的編寫、發送、傳達、整理的費用，文件處理成本不僅僅產生於行政辦公部門，還包括各種商業文件的處理。

(3) 檔案管理成本

一般企業都有自己相應的檔案管理部門，這些檔案管理部門主要負責搜集各業務部門的檔案，對其進行整理並提供給企業使用。因此檔案管理成本包括檔案整理的耗材費和人力支出。

(4) 會議成本

與外部交易活動中的會議成本相對應，企業內部管理活動中的管理信息成本是指企業內部為了管理信息交流或自上而下傳達管理信息的需要而召開的各種類型的會議所付出的費用。企業內部會議成本一般可根據公式（4-5）來計算：

$$\text{會議成本} = \text{會議室租金} + \text{會議設備折舊} + \text{其他會議費用}$$

（茶水、資料等）$+ \sum$ 與會人員平均小時工資 × 會議時間 $+ \sum$ 會議前後相關工作人員平均小時工資 × 所花費的時間 + 會議前後準備、傳達的通訊費用 + 與會人員的差旅費　　（4-5）

(5) 通訊費用

企業內部為傳遞管理信息而花費的各種通訊費用，包括網絡使用費、電話費和移動通訊費等。

2. 管理信息結構成本的特點

(1) 企業的組織結構對管理信息成本的影響較大

管理信息結構成本受組織結構影響較大，傳統的垂直式組織結構是一種包含許多層次的金字塔結構，這種等級分明、層次較多、官僚主義明顯的組織結構很容易造成管理信息交流的迂迴和不暢，出現管理信息冗餘，造成較高的管理信息成本；而扁平化組織，則可有效地控制管理信息冗餘的情況，可以打破層級式組織結構所形成的壁壘，可以更快捷更方便地獲取管理信息，從而在一定程度上降低了管理信息傳播和交流的成本。

(2) 管理信息成本與信息技術成本息息相關

在計算機引起的管理變革中，傳統的管理信息處理方式發生了根本性改變，而且也大大降低了數據處理和文件處理的費用。因此，信息技術使用成本的高低一般表現為信息技術使用效率的高低，這與管理信息結構成本一般呈負相關。

(四) 管理信息失真成本

1. 管理信息失真成本的含義

所謂管理信息失真，即管理信息不符合實際情況或對實際情況反應不完全。而管理信息失真成本就是由於管理信息不符合實際情況或對實際情況反應不完全而給企業現在和未來的管理決策活動帶來的耗費或損失。

管理信息失真成本應包含於管理信息成本中，屬於管理信息成本的一部分。管理信息失真成本的分類是多種多樣的，依

據不同的標準可分成不同的類型：從造成管理信息失真的原因來看，應分為企業內部和企業外部管理信息失真形成的成本；從管理信息失真發生的頻率看，可分為經常性和偶發性的管理信息失真成本；從管理信息失真的可控性來看，可分為可控制的和不可控制的管理信息失真成本等。

2. 企業管理信息失真的原因

企業管理信息失真的原因是多種多樣的，有企業內部的因素，也有企業外部的影響。

（1）在企業內部，管理信息失真可從不同角度來認識。第一種情況是自上而下的管理信息失真。一項企業高層領導下達的指令，經過層層傳遞到達最下層的員工時，可能已經改頭換面，失去了初衷。這是由於一個人接受一項管理信息並把它傳達下去時，往往不是原模原樣的，而是加入了自己的理解和態度，尤其是當這個人對所要傳達的管理信息不熟悉時，錯漏可能更大。另外，如果接收者與管理信息內容在利益上不一致或是有衝突，管理信息的接收者則有可能在允許的條件下，按照自己的利益取向修改或截取管理信息。如此一級一級地傳下去，管理信息失真會被逐級放大，即使最高層做出的決策完全正確，到下邊也可能面目全非了。

第二種情況是自下而上的管理信息失真。一般來說，管理信息在自下而上傳遞過程中，是逐級濃縮、匯總的。當基層管理信息到達企業最高決策層時，原來大量的管理信息就變成了幾張報表，有時甚至是幾個數字。這個過程中，大量有用的管理信息被丟失，一些本來能夠反應深層矛盾的管理信息被掩蓋起來了。此時，下級可從本人或從本單位的利益出發，在管理信息收集、管理信息傳遞等環節上，對真實管理信息進行取捨或加工，並以此來影響高層管理者的決策。

第三種情況是企業裡橫向或相關單位之間的管理信息傳遞

失真。企業是一個各部門協調運作的有機整體，企業裡的各職能部門必須不斷地進行管理信息的溝通才能保證其高速發展。但由於部門間的管理信息交流不像自上而下或自下而上的管理信息傳遞那樣有行政力量的制約，各部門或個人有時會出於自身的利益提供虛假管理信息甚至是封鎖管理信息。

（2）企業外部的管理信息失真原因有三種：①從空間上來看，由於企業外部空間廣闊、情況複雜，企業要在這樣的環境裡搜尋有用的管理信息，其失真是難以避免的；②從時間上來說，企業及其外部世界都處於不停的運動之中，企業經常是花費了很大成本、剛剛辛辛苦苦收集到的管理信息，卻由於外部情況的變化而變得毫無價值；③在當今知識經濟時代，企業之間的競爭日益表現為獲取管理信息的較量，其中表現之一就是企業之間經常在打管理信息戰。因此，一個企業在市場中所獲取的管理信息，往往存在很大的缺陷，要麼管理信息不完全，要麼管理信息有錯誤。

由於管理信息失真成本中相當一部分是隱性成本或機會成本，無論是識別還是計量都存在很大的難度，並且沒有統一的標準，因此管理實務研究中很少涉及。

第五章
管理信息成本相關理論分析

管理信息成本具有豐富的內涵和外延，在研究中，除了研究管理信息成本本身外，也應對與其相關的理論進行分析，包括管理信息的成本與價值分析，管理信息成本三維中的時間維度分析，管理信息成本對企業組織結構的影響分析。

第一節　管理信息價值與成本的一般分析

價值與成本是什麼關係，學者們已基本形成共識：價值的創造依賴於有價值的資源，這部分有價值的資源即是成本；成本可以看作是價值工程（engine of value）；成本是價值創造的源泉，資源以成本的形式完成價值創造；成本是產生收入的驅動力。[1] 在研究成本時不可避免地要研究價值。因為，成本管理是為使組織重要的利害關係人的利益最大化而對財務及人力資源進行的有效管理[2]。本文雖以「管理信息成本」為研究對象，但仍然需要對管理信息的價值做必要探討。

一、管理信息價值

信息價值是指貨幣化了的使用價值。經濟學家們站在不同的角度，對信息價值的表現形式以及影響價值的因素進行了分析，並且提出了決策信息和市場價格信息的價值衡量方法。

1. 決策信息的價值

阿羅認為，在分析決策信息時，從信息需求角度，將信息

---

[1] 凱瑟琳娜·斯騰詹，喬·斯騰詹. 成本管理精要 [M]. 呂洪雁，譯. 北京：中國人民大學出版社，2004：5.
[2] 凱瑟琳娜·斯騰詹，喬·斯騰詹. 成本管理精要 [M]. 呂洪雁，譯. 北京：中國人民大學出版社，2004：5.

商品的效用價值定義為有信息和無信息兩種情況下擁有一定資產的決策者進行優化決策時所得到的最大期望效用的差額。他還證明了在效用函數採取對數形式的條件下，信息商品的效用價值等於該信息商品所包含的信息量。

杰克赫什雷弗與約翰·G.賴利分析了個人在以下兩個選擇之間如何作出最優選擇：①立即採取最終行動；②先獲取信息以作出更好的最終決策。他們分析：接收到任何一條特定信息 m，一般都會導致對概率信念的修改，進而導致選擇不同的最終行動。信息的價值是從最優行動的修正中得到期望收益的增加，即從管理信息中得到的期望效用的增加。

用 $X = (1, \cdots, x)$ 表示一組可供選擇的最終行動，$S = (1, \cdots, s)$ 表示一組現實狀態，個人的行為選擇和自然的狀態選擇相互作用決定了一個相關結果 C_{xs}。在採取最終行動時，每個人都會選擇有最高期望效用的行動 x：

$$\max U(x) = \sum V(C_{xs})$$

其中，$V(c)$ 是基本效用或偏好比例函數。

將上式進一步改寫，最高的期望效用為：

$$\max U(x;P) = \sum v(P_s \cdot V(C_{xs}))$$

其中，P_s = 狀態 s 的無條件概率。

現在給定信息 m，令 $P_{s,m}$ 等於給定信息 m 條件下，狀態 s 的條件概率，信息的價值可定義如下：

$$Wm = U(x_m;P_{s,m}) - U(x_0;P_s)$$

其中 x_0 為沒有接收到信息時所採取行的最優行動，它是根據先驗概率計算出來的。

設 C_s 表示與狀態 s 相應的收入，這一狀態是在接到信息後採取最佳行動時得到的，而 C_o 是在最好的無信息行動時的收入，那麼信息的價值就等於有無消息服務時的期望效用之差，表示如下：

$$P = C_s - C_o$$

2. 市場信息的價值

喬治·斯蒂格勒對信息價值的衡量建立在他所創立的搜尋理論基礎上，他認為信息的價值可用購買行為中買主預期成本的減少來表示：

$$V = \sum_{m=1}^{r} \frac{r!}{m!(r-m)!} \lambda^m (1-\lambda)^{r-m} \Delta C_m$$

其中，r 代表賣主人數，m 為搜尋次數，λ 為任意一個賣主的信息被任意一買主接收到的概率，ΔC_m 為每次搜尋時預期成本的減少。

在斯蒂格勒看來，每搜尋一次所得的預期成本的節省可以近似地看作是信息的價值，這實際上是搜尋產生的價值。

格羅斯曼和斯蒂格利茨（1980）認為，信息價值與掌握信息的人數有關，而不單純與搜尋該信息的收益有關。在市場不穩定的條件下，信息靈通的市場參與者將比信息不靈者佔有更大的市場優勢。但是，信息靈通的市場參加者所掌握的信息的價值，與掌握同樣信息的市場參加者的人數成反比。因此，仍會有人對信息收集感興趣，他們會持續搜尋直到邊際收益等於邊際成本。

3. 管理信息價值與成本

從前面對信息價值的論述我們可以看出，經濟學家們無論是對決策信息的價值還是對市場信息的價值進行衡量時，都有一個很重要因素被忽略了，那就是信息成本。他們在研究決策信息價值時考慮的是有信息條件下與無信息條件下的收入之差，並且是一種完全理想狀態下，即有信息後最佳行動的收入與無信息下最好行動的收入。對市場信息的價值研究也僅是從成本節約角度進行研究，把預期成本的節約作為信息價值，而沒有考慮信息收益問題，沒有考慮信息收益與信息成本比較後的選擇問題——這才是信息真正的價值體現。

信息能客觀反應事物或事項的性質、狀態、外觀、色彩、影響等，具有一定的自然屬性和社會屬性。在企業管理決策中，管理信息的價值具有明顯的經濟屬性。管理信息的經濟價值體現在兩個方面：一是盈利的增加，二是損失的減少。

（1）盈利的增加

假設沒有管理信息的條件下，企業決策的收入為 R_0，成本為 C_0，則：

$$P_0 = R_0 - C_0$$

其中，P_0 為沒有獲取某一條管理信息條件下的收益。

加入管理信息 m 時，企業決策的收入為 R_m，成本為 C_m，則：

$$P_m = R_m - C_m$$

或　　$P_m = P_0 + \Delta P$

或　　$P_m = (R_0 - C_0) + (\Delta R - \Delta C)$

其中，P_m 為有管理信息 m 條件下的收益，ΔP 為管理信息 m 增加的收益，ΔR 為管理信息 m 增加的收入，ΔC 為管理信息 m 的成本。

（2）損失的減少

假設沒有管理信息的條件下，企業決策損失為 L_0；加入管理信息 m 後，企業決策損失為 L_m，則管理信息的價值為 $L_0 - L_m$。

管理信息的價值僅從某一個方面進行反應是不全面的，應既要體現給企業帶來盈利的增長，還要反應讓企業產生損失的減少。因此，只有將管理信息成本與收益進行對比分析，才能真實地反應出管理信息的價值。

二、管理信息效益

管理信息效益可以分為直接經濟效益與間接效益（包括社

會效益),直接經濟效益是投資方應用管理信息後直接帶來的貨幣價值,是能直觀評估的。間接效益主要是:

(1) 為決策者提供及時準確的管理、財務、計劃、人事等信息,以便為決策提供依據,加強和完善管理,若是政府機構則有利於提高辦事效率,做到辦事公平、公開、公正,提升政府的形象,而對於企業則可提升企業的社會形象,凝聚力量,增強企業或組織的競爭能力。

(2) 增強決策者對社會、市場的反應能力和適應能力,杜絕和減少決策失誤現象,提高決策人員的管理水準和辦事效率,使他們有更多的時間利用信息系統提供的數據,加以評估和研究,促使投資方的管理工作更加標準化、規範化。

(3) 對於企業,則通過信息系統,增強了與製造商、供應商、客戶之間信息互換溝通能力,使企業的生產經營能力進一步提高。製造商、供應商、客戶對企業的依賴程度增加,由此會為企業帶來更大利潤。

第二節　基於期權理論的管理信息價值分析

一、管理信息價值的評估

(一) 對管理信息的兩種評價

評價就是進行價值評估。價值作為一個關係範疇,既依賴於客體,又依賴於主體,不同管理信息的使用價值對於不同的個人、群體、社會、人類有不同的價值。討論價值必須明確價值主體。

管理信息價值也是一種使用價值,管理信息的價值或效用在於它能夠滿足企業解決內部管理問題的需要;管理信息的取

得同時也必須花費必要的勞動。對管理信息效用的評價一般是以個別企業為主體的評價，同一種管理信息對不同的企業具有不同的效用。這種評價是具體的，稱為個別評價。對管理信息的勞動價值的評價則一般是以社會作為評價主體，由政府進行宏觀調控之用，作為交換價值可以決定其市場價格，稱為社會評價。作為一個企業組織，常常從效用的角度對一定管理信息進行評價，並與其社會評價進行比較，以確定管理信息項目的投資和管理信息產品與服務的購買和生產決策。下面主要討論管理信息的效用價值評估。

(二) 管理信息的效用

從使用者的角度看，管理信息的效用是決策者利用管理信息的主觀感受，是對決策者解決問題需要的滿足程度；從管理信息本身來看，管理信息的效用是指管理信息本身的屬性，是它的有用性。管理信息與物質產品、能源不同，是一種非實物使用價值。管理信息的利用與物質產品的使用不同，它是一種精神、腦力、智力活動，是人們對客觀世界認識的選擇活動。如果沒有了管理信息，企業的選擇活動就無法進行；而有了管理信息，企業就有了選擇的權利，我們稱管理信息為企業管理決策活動提供了選擇權。企業利用管理信息進行的選擇活動可以分為兩類，一類是與解決問題的收益或效益相關的，是包含著一定物質利益的選擇活動；另一類是具有精神與美學價值的或者是雖然與解決問題有關，但是無法衡量其收益的選擇活動。後一類大致只能進行定性的評價；前一類則可以進行定量評價，它需要具備下面幾個條件：① 對於一定的主體，產生決策和選擇的機會，能為主體所利用；② 由於管理信息的利用而導致收益和成本的改變；③ 選擇活動所具有的時限；④ 主體具有評價的目標和方法；⑤ 要求主體具有一定的管理信息處理能力，能夠吸收相應的管理信息。管理信息如果不具備以上的條件，企

業的選擇活動就難以利用，或者難以進行價值評估。

(三) 管理信息價值的選擇權評估與期權評價模式

管理信息為企業決策活動提供的選擇權（option）與金融期權（也是 option，有人也譯作選擇權，這裡採用期權的譯法）既有區別，又有聯繫。金融期權是其購買者通過支付期權費（premium）所獲得的在規定期限內按雙方約定的價格（稱為行權價格，exercise price）購買或出售一定數量某種證券組合或金融資產（稱為基礎資產，underlying assets）的權利的合約。不論該基礎資產的實際價格如何，期權的權利人可以行使這一權利（稱作行權），也可以放棄這一權利而無任何義務。金融期權的價值評估已經有成熟的期權定價理論和方法。

對於可以定量評價的選擇活動，我們通過對其施加一定的限制條件將它等價成一種金融期權，從而可以採用期權定價方法來評價管理信息選擇權的價值。目前國外已有研究認為，決策支持系統（Decision Support System，DSS）的價值就在於提高管理信息處理能力，決策支持系統的價值可以用期權模型進行評估。

先以一個企業為例。它在自己的經營範圍內，有機會（或條件、權利、自由）實行某一方案，相應地需要支付一定的成本，從而也能夠獲得相應的收益。這可以等價為擁有買賣一定數量金融資產的權利（或擁有一種期權）。但是當他獲得相關的市場信息以後，他有可能實行另外一種方案，這相當於他擁有了另外一種期權。由於他有了市場信息，從而使他得到具有一定價值的市場選擇的機會，可能獲取巨大的收益。這種額外的收益就是他實行兩種方案的價值之差，也就是兩種期權的價值之差。這就是管理信息帶來的選擇權價值，或者說是管理信息的價值。比如，當市場上某種商品的需求量突然增大的時候，上述企業開始有意識地進行市場分析，從中得到了某種商品的

需求與庫存以及價格的相關管理信息，表明該商品具有價格上漲的趨勢，企業就可以採取進貨的方案，這就擁有了增加庫存的選擇權———「進貨期權」。當然這種選擇權必須是具體明確的：①具有一定的持續時間，即時限；②行權所需的成本情況；③行權可能得到的收益情況。成本和收益一般是執行進貨期權以後發生的，具有一定的可變性和概率性。這時就要把它們等價成一種風險性現金流，可以計算出它們的期望現值。據此，可以給出管理信息的期權評價模式，如圖 5－1。

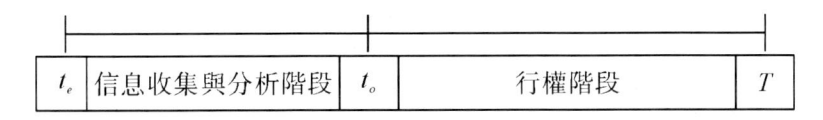

| t_e | 信息收集與分析階段 | t_o | 行權階段 | T |

圖 5－1　管理信息的期權評價模式

從某一種觸發事件（如需求量的突然增大，用 t_e 表示）開始，到企業明確認識到他們有一種新的期權存在（時間 t_o），是企業有目的地收集與分析相關管理信息的階段。而從 t_o 到時限 T 是其行權階段。這樣獲得管理信息的成本就產生了新的期權，這種期權已經是和金融期權等價了。

二、基於期權理論的管理信息價值分析

設觸發事件發生的時間為 t_e，選擇者接收到觸發事件的管理信息後，首先是自覺或不自覺地開始收集與分析管理信息，並且需要經過一段時間信息活動以後才能認識到這一客觀的期權，因此這一期權是選擇者對有關管理信息進行收集分析的結果。如果在他已有信息及期權的基礎上再獲取有關的管理信息，則會增加期權的價值與行權時間。因此，管理信息的作用一是增加了期權的數量，二是增加了行權的時間。

從以上管理信息價值的期權模型分析可知，獲得管理信息前後的期權價值之差就是管理信息的價值。這樣管理信息價值

就可以用期權定價的方法進行評估。有關管理信息的價值 VI 就是未獲得管理信息之前期權價值（OVN）與獲得管理信息之後的期權價值（OVI）之差，即 $VI = OVI - OVN$。式中 OVI 代表擁有管理信息時期權的價值，OVN 代表沒有管理信息時期權的價值。

期權價值的計算如下。按照期權定價方法的假設，若該期權的基礎資產可以等價為一個風險性現金流，並且該基礎資產的價值（或價格）z 服從普通維納過程（一般認為這是最常見的情形），即對於任意一個微小的時間增量 Δt 來說，有：① $\Delta z / z$ 相互獨立；② Δz 服從於零均值正態分佈，其方差線性正比於 Δt。則期權的價值為 $OV = BN(d_1) - CN(d_2)$。其中 $d_1 = \dfrac{\ln(B/C) + 0.5\sigma^2 t}{\sqrt{t}}$，$d_2 = d_1 \cdot \sigma\sqrt{t}$；$N(\cdot)$ 是標準正態分佈函數的累計概率；$t = (T - t_o)$ 是行權時間，t_o 是行權開始時間，T 是期權的時限；BN 為期權行權所產生的風險性收益現金流的期望現值；CN 為期權行權所需要的不確定性成本現金流的期望現值；$\sigma^2 = \sigma_b^2 + \sigma_c^2 - 2\sigma_b \sigma_c \rho_{bc}$，$\sigma_b^2$ 和 σ_c^2 分別是 B 或 C 在單位時間內的變化率的方差，ρ_{bc} 是 B 和 C 之間的相關係數。

從這一結論可以看出，影響 OV 的因素只有四個：B、C 和 σ、t。B 的增加對 OV 的影響是正效應；C 對 OV 的影響則是負效應。σ 和 t 的增大也都會增加 OV 的值。在大多數情況下，成本比較容易確定，而且常常是確定的數，因而有 $\sigma_c = 0$。需要注意，由於 σ 和 t 的存在，OV 常常是大於其淨現值 $NPV = B - C$ 的，並且在其 NPV 值越小時，這一差別越明顯。而管理信息的價值就是取得管理信息前後上述 OV 值之差。以上情況是假設企業得到的管理信息是獨有的。如果別的企業也得到了這一管理信息，市場上就會出現競爭，這時的企業的「進貨期權」價值降低。因為這時候成本 C 上升，而收益 B 則下降，情況會有較

大的變化。這些變化取決於市場競爭的狀況，「期權價值」將會依據競爭狀況發生一些變化。這些變化大致有：①競爭行為產生（進貨量或者生產量的增加值）的概率分佈，一般可以認為是服從於參數為 λ 的泊松分佈；②競爭行為產生後可能引起的收益減少，可以用相當於無競爭時收益的倍數 k（$0 \leqslant k \leqslant 1$）來表示，由於這一倍數取決於市場結構，故而也稱為市場結構系數；③競爭可能引起的成本的增加；④由於競爭引起的價格降低和需求量的增大。

因此，管理信息的期權價值主要取決於以下幾個因素：①管理信息的時效性；②管理信息中有關期權價值變化的部分，即收益、成本及其分佈參數（可變性）、市場結構、競爭活動的概率、時限等；③對管理信息分析處理的能力。在考慮有競爭情況和因素的時候，「進貨期權」價值 OV 的計算過程要複雜一些。

第三節　管理信息成本的時間性分析

自 20 世紀 80 年代以來，企業競爭和經營環境的變化，促使競爭模式從基於價格的競爭向基於質量、品種的競爭轉移，現在又進一步轉移為基於時間的競爭，時間成為對競爭最有利的資源。「時間競爭」最早是由斯托克（1988）所提出，其在《哈佛商業評論》發表了一篇具有里程碑意義的文章——《時間：下一個競爭優勢資源》[1]。在這篇文章裡，斯托克從日本企業競爭優勢的演進過程中看到了時間對於企業的「前景」，提出了基於

---

[1] G. STALK. Time: the next source of competitive advantage [J]. Harvard Business Review, 1988 (7/8): 41-51.

時間競爭的概念。基於時間的競爭是一種獲取競爭優勢的戰略，其競爭重點是壓縮產品研發、生產和銷售在內整個生產運作中每個環節的時間，以獲取競爭優勢。在市場競爭日益激烈的今天，產品生命週期越來越短，顧客要求的回應速度越來越短，因此基於時間的競爭也就顯得越來越重要。對於中國企業來說，時間競爭也已經提到了經營者的面前，如著名企業家張瑞敏對海爾員工說：新經濟時代對企業來講，制勝的武器就是速度，而這個速度，就是最快地滿足消費者的個性化需求。時間成為繼價格、質量、品種後企業最重要的競爭資源，與時間相關的成本逐漸在企業成本中占據了重要地位（崔松，2007）[1]。基於時間競爭的公司由於能夠快速地回應顧客需求，從而獲得了比競爭對手更大的利潤、市場份額和更低的成本。但是，在實踐中許多企業由於一味地加快研發或交貨速度，卻不考慮市場的需求和企業的成本狀況，而陷入了「時間陷阱」之中。

一、時間與成本的關係

目前，關於時間與成本關係的研究主要集中在具體項目或某一經營過程上，大量的研究結果也表明兩者往往存在相互折中的關係。為此，在研發、流程以及供應鏈等諸多問題上管理者必須在時間和成本之間做出選擇。但來自世界各地的基於時間競爭的經驗表明，時間的縮短並不必然導致成本的增加，時間的縮短反而有助於成本的降低。如斯托克和豪特（1990）認為，在大多數組織內部，時間越少則花費的成本也越少[2]。羅赫爾和克羅亞（1998）認為通過三個步驟同時縮短了時間和減少了成本：消除

---

[1] 崔松. 企業成本的新拓展——時間成本 [J]. 管理研究, 2007（1）: 8-9.
[2] G. STALK, M. HOUT. Redesign organization for time-based management [J]. Planning Review, 1990, 18（1）: 4-9.

非增值作業；增值作業的並行性和次序性；減少增值作業的時間[1]。鮑爾和豪特（1998）認為由於時間競爭公司由於採用了無耽擱、無錯誤、無瓶頸和無存貨的運作思想，從而降低了成本。托尼和梅內蓋蒂（2000）則認為時間與成本的關係存在負相關關係，但是即時制和並行技術等新的管理方法和技術的採用，可以促使整個時間—成本曲線向下方移動，從而在同時壓縮時間和降低成本。在以時間為中心的管理思想下，速度的提高與成本的降低並不是對立的，速度的提高有助於成本的降低。反之，單純的成本縮減都會對速度造成負面影響，特別是在傳統的以成本降低為目標的管理模式下，成本的降低往往會以犧牲速度為代價（斯托克和豪特，1990）。因此，隨著競爭從價格轉向質量、品種和時間，在成本與質量、品種、時間等競爭要素之間的關係上，人們已經發現質量與成本、品種與成本之間具有內在的一致性，並不像人們通常認為的那樣存在相反的關係。

二、管理信息成本的時間性分析

在信息經濟時代，時間在企業管理決策中非常重要。管理決策所需信息的搜尋、收集、傳遞、加工、存儲和利用時間的長短極大地影響著決策成本的高低，影響著決策效率的高低和決策效果的好壞。因此，時間是影響管理信息成本的重要因素。

（一）傳統方法下管理信息成本的時間性分析

在某一具體項目或經營過程中時間和成本之間存在相互替代關係（崔松，胡蓓，陳榮秋，2006）[2]。本文認為，從企業內部管理決策的角度看，時間和成本的關係在其他條件一定的情況

---

[1] S. ROHUR, L. CORREA. Time‐based competitiveness in brazil: whys and hows [J]. IJOPM, 1998, 18 (3).

[2] 崔松，胡蓓，陳榮秋. 時間競爭條件下的時間與成本關係研究 [J]. 中國工業經濟，2006 (11): 76-82.

下，兩者也存在這種權衡關係，這可以用時間—成本曲線來表示（見圖 5-2）。在圖 5-2 中，橫軸表示企業在獲取、處理管理信息的時間，縱軸表示運作所花費的成本；C_o 和 T_o 分別表示企業在獲取、處理管理信息中所需的最低成本和時間。A 點代表了企業低成本競爭時的時間與成本組合，B 點代表企業在時間競爭時的時間與成本組合；A→B 表示了企業可以通過持續地加大物資投入來減少時間從而實現時間競爭的需要。

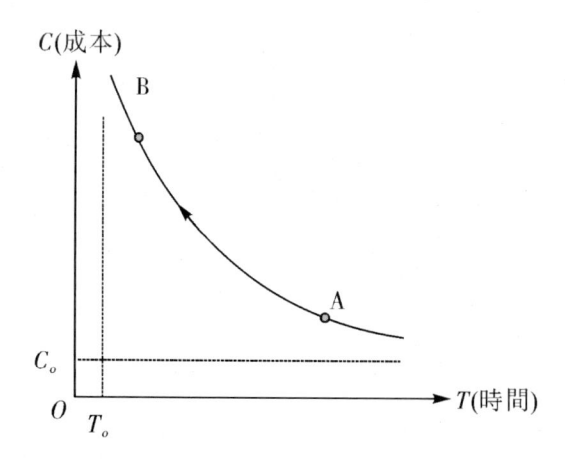

圖 5-2　傳統方法下管理信息成本與時間的關係

在此，對傳統的時間與管理信息成本的含義做出如下擴展和解釋：

（1）資源投入劃分為兩類：時間投入和成本投入。由於目前的競爭條件下，時間已經被看做與金錢、資產等同重要的競爭資源（斯托克，1988）。我們可將企業生產所需的資源分為時間和能用貨幣度量的傳統資源（如勞動力、資本等）兩類，其中物資資源用成本來表示。

（2）時間和成本兩類資源投入可以相互替代。在管理信息處理過程中的時間與成本存在權衡和替代關係。例如，在管理信息收集中，企業可以用更多的人力投入來節約搜尋的時間，或者

當人力資源不足時，則可用時間資源來替代（即延長項目完成時間）。這種替代關係使得一個企業可以通過投入更多的成本來縮短用於管理決策的時間，或者用更長的時間來降低投入的成本，即在一定限度內，兩者是可以相互替代的。

（3）時間和成本的投入有一個最低的成本值和時間值。任何管理信息處理都需要同時消耗一定的時間和物資資源，不可能只投入物資資源而無運作時間，也不可能時間延續很長而不需要消耗任何的物質資源，時間和成本的投入都有一個最低的成本值和時間值。

（4）物資資源對時間的邊際替代率遞減。隨著時間的壓縮，壓縮同樣的時間需要的物資投入會越來越大。由於邊際替代率遞減，時間—成本曲線的形狀應是凸向原點的。

（二）基於現代技術下管理信息成本的時間性分析

在傳統方法下，時間和成本可以被看做相互替代的兩種資源，時間—成本曲線所表示的權衡關係實質上反應了企業對時間—成本關係在既定條件下的管理能力。這種管理能力與企業的技術狀況、文化以及管理水準相關。若公司採用了基於時間的新技術或新方法後，公司對時間—成本的管理能力增強時，就會同時在縮短信息處理時間的情況下減少成本。

由於現代技術改變了企業的時間—成本的管理水準，從而使時間—成本整個曲線發生移動，見圖 5-3。現代技術的採用使得公司可以在原有的成本條件 C_A 下實現從時間 T_A 縮短到 T_B，獲得時間壓縮的好處；公司還可以在保持原有的速度條件 T_A 下，將成本從原有的 C_A 降低到 C_A'，從而獲得低成本的好處。當採取現代技術後會導致曲線向下移動，這種移動並不是原有的時間與成本之間的權衡被打破，而是提高了公司的時間—成本的管理決策能力，使原有的時間—成本可能性邊界向下移動，從而使時間和成本比原有的水準都降低了。

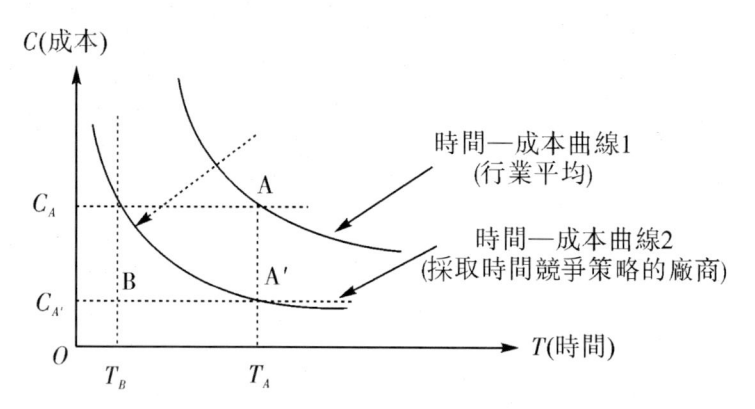

图 5-3　基於現代技術下管理信息成本與時間關係

　　通過上述分析我們可以看出：時間與成本之間的權衡關係實質上是在既定技術、管理水準條件下，企業對時間與物資兩種可以相互替代的資源進行選擇的結果，反應了企業對時間—成本之間關係的經營管理能力。在傳統方法下，管理信息成本與時間是兩種可以相互替代的資源，存在此增彼長的關係；基於現代技術條件下會造成時間—成本曲線的下移，這種移動並不是原有的時間與成本之間的權衡被打破，而是提高了公司對時間—成本關係的管理能力，提高了企業加工處理信息的效率，提高了企業的管理決策能力，使得管理信息成本與時間不再呈反向變動關係，而是同向變動，即管理信息獲取、處理的時間越長，所產生的成本也越大；反之，管理信息獲取、處理的時間越短，所產生的成本也越小。

第四節　管理信息成本、信息技術、企業組織結構的理論分析

一、管理信息成本的信息技術影響力分析

信息技術的發展，對經濟社會生活的各個層面都產生了巨大的影響，對企業而言，因信息技術的運用引致的「信息化革命」已全面爆發，企業生產、管理、行銷、服務等各種活動都因信息技術而改變。因此，信息技術也改變了企業的成本結構和降低的方向：一方面，企業可變成本大量地沉澱為固定成本；另一方面，企業成本降低可能是縱向一體化形式的，也可能是橫向一體化形式的。基於企業內部管理決策所產生的管理信息成本，源自企業管理信息化，包括了大量信息技術的運用而產生的成本。信息技術對管理信息成本的影響涉及管理信息流成本、管理信息結構成本和管理信息系統成本三個方面。

信息技術對管理信息流成本的影響主要是互聯網技術通過信息集成、信息共享、分類索引三種主要方式發揮作用：①信息集成。在傳統經濟下，消費者的個體需求難以達到廠商的經濟規模，導致很多的個性化需求因不符合廠商利潤要求而被拒絕，而對離散的需求進行收集的成本在互聯網出現以前是比較高昂的，信息仲介服務的擴展受到空間的限制。而信息技術的出現意味著全球範圍內的需求可以被集成，大規模定制生產方式得以實現，在這個意義上，信息技術降低了信息搜尋成本，減少了管理信息流成本，創造了新的需求。②信息共享。信息搜尋理論中的搜尋成本是一個常量，其前提假設是各個消費者是獨立地並且在單時期內搜尋信息，不存在一種信息共享機制，

價格分佈的知識也是沒有相關性的。N個消費者將各自進行k次搜尋，再將搜尋到的價格信息共享，即相當於每個消費者進行了Nk次搜尋，搜尋成本$c' = c/N$。在互聯網經濟中，信息的自由流動降低了經濟運行的「剛性」，網絡的外部性使社會福利增加。根據著名的梅特卡夫法則（the law of Metcalfe），網絡的價值等於其節點（node）數量的平方，隨著網絡規模的擴張，其外部性以二階比率增加。可見，通過互聯網實現信息共享（例如電子布告欄等），大大降低了管理信息流成本。③分類索引。施蒂格勒在他的論文中引用了中世紀禁止在給定集市範圍或非集市時間買賣製定商品，從而提高市場效率的例子，來說明分類索引的方式對降低搜索成本的意義。互聯網搜索引擎通過條件和關鍵字設定，使得消費者獲取商品信息的效率明顯提高，一些互聯網上的第三方價格比較代理（例如Buy. com）可以幫助消費者自動搜尋最低價格的商品，從而將搜索成本降低到極小額的代理費水準。

對管理信息結構成本的影響是信息技術對企業組織結構和方式變革產生作用。傳統企業內部組織結構可以說是一座金字塔，從董事長、董事會、總裁、（高級、中級、低級）經理層直接到監工和工人，縱向層次很多。20世紀80年代的美國公司平均的層次超過13層，最多達27層。這意味著管理信息上下往返要走很長路徑，存在許多扭曲和滯後的情況，滋生公司官僚的土壤相當厚實，結果使企業管理成本居高不下。信息技術的運用改變了企業內工作的組織方式和信息傳播方式，產生出知識擴散及人們在工作場中互相合作的新渠道，工作中也需要更強的靈活性和適應性，從而要求對企業的生產、服務管理流程進行再造，即由階層型變為水準型的開放式結構。企業內部決策的層次減少，管理的幅度增加，專業化生產水準和核心能力提高，決策越來越適應客戶的需求，既增加了企業運行的效率和

活力，又避免了工業經濟時代常規運行中基礎設施和固定成本的投入，從而降低了企業的運行成本。但是，在企業因信息技術的運用而改變了組織結構並提高其效率的過程中，管理信息結構成本可能會展現新的表現形式：第一，企業需要理清原有的組織結構，適應信息化的要求，制定結構變遷的目標，然後花費人力和資金來實施組織結構的變革。第二，變革調整了既定的權力分佈形式。權力再分配，必然會衝擊企業管理層乃至普通員工中的利益。利益衝突時刻伴隨著企業信息化的進程，形成很大的內耗和阻力，並且很可能演變成一顆定時炸彈。第三，業務流程的改變以及管理方法的變革，意味著工作方式和技能的變化，人們必須按照新的規則行事。企業擔負著促進和支持的責任，需要花費較多的時間和資金提供給員工心理諮詢和新技能培訓，員工也要在工作之外付出時間和精力學習。此外，項目上線後隨之而來的適應期是不可避免的。

對管理信息系統成本的影響源於管理信息技術軟硬件的選擇和運用/維護。企業信息化需要建設大量的信息基礎設施和進行人才培訓，並且存在一定的不確定性等，這些都增加了企業的成本。除信息基礎設施和人才培訓成本外，還有其他相關成本。一旦企業向某種特定的管理信息化系統中投入各種補充和耐用的資產時，就會產生鎖定。鎖定程度的高低與早期的投入有關。投入越多，則鎖定程度越高。從長期來看，技術更新和產品升級是必然趨勢。但選擇何時升級，升級到哪一代產品的決定權在企業手中。更新管理信息化系統的成本通常是驚人的。在整個企業範圍內改變軟件環境的代價十分昂貴。一項研究表明，像 SAP 這樣的企業資源計劃系統的安裝成本是軟件購買成本的 11 倍。其他的成本還包括基礎設施升級、諮詢、重新培訓等費用。因此，信息技術的運用使企業管理信息系統成本無論是構成上還是總額上都在增加。

從以上可以看出，信息技術對管理信息成本的影響各有不同，對企業成本而言，可謂是把雙刃劍：一方面，信息化的確能降低企業的管理信息成本，如管理信息搜尋成本、管理信息結構運行成本；另一方面，它也會增加企業管理信息成本，如管理信息系統軟硬件成本、管理信息結構變革成本。

二、管理信息成本與企業組織結構理論分析

信息成本是當前信息經濟社會中影響企業效率的重要因素。（吳京芳，2001）管理信息成本是企業基於內部管理決策的信息成本，其產生的因素是企業內部管理決策活動中信息的不對稱性（包括獲取信息時間的不對稱和信息內容的不對稱）和獲取信息的不完全性。在信息不對稱狀態中，一方掌握了更多的信息，而另一方要想獲得此信息則要花費一定的代價。當信息分佈比較對稱，信息成本非常低時，通過市場配置資源是最優選擇；當信息成本高昂時，在組織內部進行交易，可以比市場分配資源更有效率。在信息獲取不完全條件下，企業為提高管理效率，減少決策結果的不確定性，需要通過一定的組織形式去獲取信息，並加工、存儲、傳遞和利用信息，這一過程也必然會產生信息成本。當然，不同的企業組織結構在這一過程的效率是不一樣的，產生的成本大小也不同。因此，組織結構與管理信息成本之間有著極其密切的聯繫。

新古典經濟理論認為，在完全理性的假設條件下，企業獲知各種信息不需要時間和成本，信息成本為零，並且企業外部的制度安排是外生給定的，企業的組織結構就變成了無須考察的東西。實際上，這一完全信息假設難以成立，所有的市場都存在信息不對稱和信息不完全現象，要獲得完整信息，必須支付一定的信息成本。因而，對企業組織結構的考察就變得非常有必要。

20世紀70年代以來興起的信息經濟學認同新古典經濟學的成本—收益分析範式，但對於完全理性的假設進行了修正。他們認為：①獲取信息是有成本的，產生信息成本的大部分因素是信息不對稱，一方掌握了更多的相關信息，而另一方要想獲得此信息要花費一定的代價，有時這種代價是相當大的。因此，擁有較多信息的一方會產生機會主義傾向，這是道德風險存在的根本原因。在信息獲取手段不是十分暢通的條件下，取得外部市場的生產和交易信息所要花費的成本十分高昂，要瞭解本企業內部的情況也是非常困難。為了提高企業運行效率，建立有效的組織結構就非常必要了。在這種條件下，金字塔式層級管理組織機構是有效率的。②當信息分佈比較對稱、交流免費或不昂貴，即信息成本近似等於零時，不管初始產權是如何分配的，通過市場配置資源總是最優的選擇。在這種市場中，各企業可以獲得生產和交易的全部信息，並且能夠及時瞭解企業內部信息，以至於不需要花費太多信息成本就可以實現信息的完全分配。但這是一種比較少見的狀況，在現實生活中很少發生。

　　通過以上的分析，可以得出以下的結論：當管理信息成本高昂時，將外部收益或者機會內部化，在組織內部通過金字塔式層級組織管理機構進行交易，可以比市場分配資源更有效率。這是因為：第一，由於內部組織的激勵機制傾向於合作，削弱了機會主義傾向，因此也削弱了利用信息不對稱來謀取自身利益的動機，減少了搭便車和道德風險等現象。第二，內部組織中相對於市場來說相對較低的監督和控制成本也有利於消除信息不對稱現象的條件，將降低機會主義的概率。第三，內部組織在評估成員的績效方面有一定的優勢，即信號識別和信號傳遞機制是暢通的，這種優勢不僅能夠識別出有經驗、有能力的成員，並能夠對其實施合理的激勵，而且能夠消除內部成員

「搭便車」的機會主義傾向①。

三、管理信息成本是推動企業組織變革的重要因素

20世紀90年代以來，企業的組織結構處於積極的全面變化之中，金字塔式的層級組織模式被分散化組織方式替代，企業的組織結構趨向於向扁平式方向發展。儘管企業間兼併、重組不斷，但以往的恐龍式組織方式已經越來越不適合形勢發展的需要了。這是自泰羅的科學管理理論出現以後的最強烈的組織變革。

導致這一變化的外部原因和內部原因是什麼？經濟學家分析後認為，外部環境的變化是導致企業組織變革的主要因素。斯科特·莫頓（Scott Morton, 1991）認為引發企業組織變革的因素包括：經濟全球化、經濟發展步伐加快、產品開發週期縮短、企業間競爭加劇。這些因素的出現並占據主導地位，使原有的組織結構不再能夠適應需要，必須變革組織。斯卡姆·彼得（熊彼特，1994）認為市場範圍的擴大和新供應商、新客戶、新競爭者的介入以及產品產量的增加會形成日益騷動的環境，迫使企業變革組織結構，所以他又將這種影響稱為「創造性的破壞」。

縱觀20世紀90年代以來的企業組織結構變化，可以說是信息技術的發展最深刻地改變了企業經營環境，信息革命、計算機技術和網絡技術的應用普及已經成為推動的組織變革的內在動力。信息技術手段的應用與普及，導致信息加工和傳輸的成本降低、信息傳輸過程中損耗減少，發生扭曲的概率降低，這些都可歸結為管理信息成本降低的表現。運用信息技術產生的管理信息成本的變化是導致企業內部和外部環境發生變化的重

---

① 吳京芳. 信息成本與企業組織變革趨勢 [J]. 船舶工業技術經濟信息，2001（5）：36-41.

要因素，是企業組織結構變革的根本原因。這是因為，信息革命、計算機技術和網絡技術出現之前，信息的加工和傳遞過程比較複雜。一方面，企業外部信息的收集和處理成本較高；另一方面，企業內部信息傳遞渠道也不是十分暢通，不同層次和部門之間信息流通效率較差。於是，在管理信息成本十分高昂的情況下，為了維持組織順利運行，減少僱員數量和組織層次是行不通的。當企業發展到一定程度時，必然導致規模擴大超出臨界規模經濟點，造成效率損失。尤其是在環境發生變化之後，如果不能及時適應變化了的市場競爭環境和顧客需求，企業經營狀況便會惡化。這就是為什麼信息革命、計算機技術和網絡技術出現以來，企業組織結構隨環境的變化出現重大變化的原因所在。

現代組織理論認為，信息技術對組織變革的影響更多地體現在信息成本上。因此，信息技術的進步對企業組織結構變革的影響是可以通過管理信息成本而起作用的。一方面，信息技術使信息在市場中的分佈更加對稱和均勻，並由此降低了管理信息成本，使具有較少等級的企業組織更具有競爭力；另一方面，信息技術使分散化的組織得以發展，因為這種組織的資源配置效率高於等級組織，因此更有競爭力。分散化組織形式的資源配置效率高於等級組織的原因在於：分散化組織可以將有限的、固定的信息交流渠道替換成眾多的、有彈性的信息交流渠道，這些交流渠道可以分為縱向交流渠道和橫向交流渠道，交流渠道的擴大促進了信息的傳播，使組織內成員能夠更對稱地掌握信息，從而降低了管理信息成本。同時，從等級組織向更分散化的組織形式的轉變將滿足僱員個人自治和個人負責的需要，提高僱員的能動性，增加組織事業的凝聚力。

從以上的分析可以看出，正是由於管理信息成本的下降才引發了企業組織結構的變革，並使企業邊界的擴大和組織變革

成為可能。經濟全球化和經濟發展的速度加快、產品開發週期縮短，導致市場規模擴大。在經濟全球化進程加快的前提下，新供應商、新客戶、新競爭者的介入、產品產量的提高，又形成了企業組織結構變革的內在壓力。而傳統企業組織結構又不適應對降低管理信息成本、提高管理信息使用效率的要求。在這種情況下，企業就有必要通過重新安排成本效率的結構，通過組織結構變革，建立起適應信息革命要求的全新的組織結構，以此來實現外部收益的內部化。

四、基於信息技術的企業組織結構變革及其對管理信息成本的影響

信息技術帶來的管理信息成本的降低推動了企業組織結構的網絡化與無邊界趨勢，甚至更趨向於市場化的組織結構（程險峰，2002）。而企業組織的變革與創新對企業管理信息成本也會產生重要影響。

（一）無邊界組織及其對管理信息成本的影響

新技術在組織結構變革中的影響形成了無邊界的趨勢。無邊界組織實質是企業各部門的職能和界定依然存在，但部門間的邊界模糊化，組織作為一個整體的功能得以提高，已經遠遠超過各個組成部門的功能。無邊界組織的目的在於使各種邊界更易於擴散和滲透，打破部門之間的溝通障礙，更有利於信息在各部門的傳遞並實現對稱分佈，利於各項工作在組織中順利開展和完成。阿什克納斯（2005）強調組織交流的水準層次，突破水準邊界而設計能夠穿越部門邊界的工作流程結構，使信息和資源隨工作流程在部門之間順暢流動和快速交接，把分割的職能重新融為一體。① 他認為分散化組織可以通過半自治的、

---

① 羅恩·阿什克納斯. 無邊界組織 [M]. 姜文波，譯. 北京：機械工業出版社，2005.

共同制定決策的特定的工作團隊來實現。在信息技術高度發達的企業中,信息技術的應用使團隊這種組織形式運行成為可能。企業通過建立無邊界組織,將產品或服務作為核心,把注意力放在供貨方式和市場開拓上,從外部選擇可靠的供應商並與之建立夥伴關係,使之成為自己的一部分,與之共享數據庫、技術、信息和資源,從而節約內部管理信息成本。

(二) 網絡化組織及其對管理信息成本的影響

網絡化組織突破了傳統組織的縱向等級和橫向分工,將組織的成員以網絡的形式相互連接。網絡化組織的最大特性就是鬆散和動態的連接,以任務為中心。目前,已有一些高新技術企業在探索網絡組織的具體實施形式,通過探索建立網絡組織,促進了信息流通。其具體做法是:建立扁平化的組織結構,公司總部負責對企業統一宣傳、支持和指導,總部下面一般採用事業部。組織結構扁平化具體體現在財務和決策兩方面:總部負責在年初時與各部門制定任務要求,分、子公司自主進行日常管理和項目運作,年底上繳利潤,面向戰略的決策由集團總部作出,面向市場的具體決策由分、子公司自主作出。在運行方式上,充分發揮外包企業、虛擬企業的作用,進行虛擬運作,有利於企業集中優勢資源進行科技創新,提高科技競爭力。網絡化組織也可以降低企業管理信息成本,同時可以實現信息交流的極大化。

(三) 市場化組織及其對管理信息成本的影響

如前所述,低管理信息成本條件下傾向於選擇市場化組織,因此,許多企業內部的行動可以採取市場化的形式。採用市場化組織可以將一個企業分割成若干小的單位,它們之間只有臨時的、契約化的關係。假如某單位需要某個產品或服務,組織內就有幾個單位能夠提供此產品或服務,每個單位基於其技能、交易記錄、產品或服務獲得的難易程度、競爭動態提出自己的

競價，供購買單位選擇。與無邊界組織和網絡化組織相比，市場化組織的不同之處在於：前兩種組織形式在變革後仍舊是一個獨立的單位，它與外界保持著清晰界限；而市場化的形式模糊了組織和外部的界限，難以分清是組織形式還是市場形式。因此，市場化組織只是一種理想模式，它對企業管理信息成本的條件要求非常高，企業必須存在極低的管理信息成本，而這與現實往往不符。

第六章
管理信息成本會計論

凱瑟琳娜·斯騰詹和喬·斯騰詹（2004）指出，成本會計的目標是提供確切的成本信息，以正確地分析目標並且也有助於管理決策①。管理信息成本會計的目的既包括記錄、監督、報告和提供有益於決策的信息並提高決策者洞察力的信息，又包括反應經營管理層的受託責任。因此，管理信息成本會計既涉及促進成本結構完善、提升企業盈利能力的成本會計，又涉及報告企業財務狀況、經營成果、現金流量與所有者權益變動的財務會計。但無論是哪一個會計系統，管理信息成本計量都是重要環節，在每個會計系統中都居於核心地位，誠如葛家澍（2006）教授所說：會計確認的全過程中，包括第一步確認——運用復式簿記正式記錄和第二步確認——通過財務報表匯總並傳遞信息，都不能離開計量。②

第一節　管理信息成本計量的必要性、複雜性與可能性

　　進入21世紀以後，信息時代這股潮流使得企業經營環境發生了巨大變化，經營環境的變化推動著管理科學的發展，管理科學的發展對成本計量提出了更高的要求。管理信息成本是企業管理決策中因信息取得、加工、使用等過程所發生的支出或形成的損失，是有別於質量成本、環境成本、風險成本、產品成本等成本的一種新的成本形態，為加強成本控制和實現信息價值，對其進行會計計量十分必要。雖然管理信息成本存在複

---

　　① 凱瑟琳娜·斯騰詹，喬·斯騰詹. 成本管理精要 [M]. 呂洪雁，譯. 北京：中國人民大學出版社，2004：19.
　　② 葛家澍，徐躍. 會計計量屬性的探討——市場價格、歷史成本、現行成本與公允價值 [J]. 會計研究，2006（9）：7.

雜性，但對其進行計量也是可能的。

一、管理信息成本計量的必要性

進入20世紀90年代後，管理領域出現了大量與信息技術緊密相關的新思維、新方法和新體系。如業務流程再造（BPR）、企業資源計劃（ERP）、供應鏈管理（SCM）、客戶關係管理（CRM）、電子商務（E-Commerce和E-Business）、虛擬組織（VO）等。這些信息化與管理變革相結合的產物，對傳統組織形式和管理思想造成了極大的衝擊。不少企業通過信息化成功實現了管理變革、技術和經營創新，以其強大的核心競爭力迅速崛起。信息化可以為企業創造競爭優勢甚至形成核心競爭力的事實，使人們認識到信息已成為企業的重要資源，是企業尋求生存和發展的一個重要機會。但是信息化給企業帶來機會的同時，也對其提出了嚴峻的挑戰，因此獲得成功需要付出巨大的代價。西方工業國家的企業信息化不成功的比例大約佔50%。企業信息化項目實際投資平均超過預算達240%，時間平均超過計劃170%。中國政府一直大力推進企業信息化的建設，已取得長足的進步。據調查，中國計算機擁有量在全世界46個國家和地區排名中為第12位，然而在信息滿足企業管理需求程度上排名卻是倒數第三。所建立的管理信息系統中約有70%~80%左右是不成功的[1]，許多企業面臨著「對信息化的投資如何收回？」、「如何避免信息化黑洞？」、「ERP成功機率等於0！」、「是ERP害得我們企業破了產！」等等問題。據統計，2006年中國中小企業信息化建設投資整體規模達到1,427.7億元，比2005年增長了16.5%，預計2008年市場規模將達到1,869.2億元，

---

[1] 張志敏，張慶昌. 信息資源會計：企業信息化效益計量和評價的新思路[J]. 四川大學學報：哲學社會科學，2003（1）：23-28.

未來三年整體規模將達到近5,000億元的驚人數字。在企業信息建設化過程中，一方面是大量的信息成本投入，但另一方面卻是大量的失敗案例。因此，必須加強企業信息化過程中成本投入的計量，對信息化投入進行詳細和系統的計量、分析和評價，為管理者提供正確的成本信息，以便於決策和參考。

二、管理信息成本計量的複雜性

1. 管理信息成本的特點決定了管理信息成本計量的複雜性。信息向人類提供的是知識和智慧，因而管理信息成本的主要部分應當是活化勞動費用。K. J. 阿羅認為，信息成本與一般商品成本相比，具有四個主要特點：一是個人本身也是一種信息投入；二是信息成本部分地表現為資本，典型地表現為一種不可逆的投資成本；三是信息成本在不同領域和過程中各不相同；四是信息成本與使用規模無關。

由此可以看出，管理信息成本既然將個人看做一種信息投入，那就必然要涉及人力資源成本的計算，而人力資源取得、開發、離職成本以及人力資源使用成本等計算的複雜性不言而喻。管理信息既然是一種不可逆的投資，也就不免要對作為投資的信息謹慎行事，以免「血本無歸」。不同領域與不同過程的管理信息成本高低不同，也就表明管理信息成本與其存在的環境是緊密相關的，管理信息成本計量要受其存在環境的制約。亞當·斯密指出，具有共同經驗或同一行業中的人們之間交流信息，比沒有共同經驗或不同行業的人們之間交流信息要簡單得多，也有效得多。由此可見，管理信息成本在不同領域與不同過程中存在高低差別。而所謂的「信息成本與使用規模無關」，則體現了管理信息的生存規律，即管理信息的不滅性導致了管理信息成本與決策數量不相關，而與決策項目相關。

2. 信息搜索成本向信息處理成本轉移，加大了管理信息成

本計量的難度。托馬斯・達文波特和約翰・貝克在《注意力經濟》一書中記載，15世紀一個讀者所能接觸到的全部書面材料信息還不如今天《紐約時報》星期日版所包含的事實性信息多。每年在美國辦公室之間流轉的文件有 1,600 億份之多。面對越來越多的龐大的信息群，曾有人認為，世界經濟會因信息過剩而開始衰退，大多數企業將被淹沒在信息汪洋中，無法分清有用或無用、有意義或無意義的信息，無法逃脫錯誤的決策，無法理解競爭者、消費者和投資者。這從另一側面表明管理信息的搜索方法必須日趨多樣化，否則就無法在信息的汪洋中獲得企業所需管理信息。毫無疑問，管理信息的搜索成本與管理信息量成正相關關係：管理信息量越大，信息搜索成本就越高。

越來越多的跡象表明，企業通過網絡搜索到大量的相關信息並不很難，棘手的是，如何根據各用戶或企業各部門的需要對原始信息進行梳理和取捨。這就是人們常說的信息搜索成本向信息處理成本轉移。面對不同用戶的管理信息加工，其各自的處理費用不可能相同。因而，對各種處理費用按加工對象進行歸集與分配也就難以迴避。而對於信息服務商而言，其面對的也許是成千上萬的用戶，不可能將處理費用平均分攤給每一用戶。究竟採用何種成本計算方法才科學、合理，也就成為管理信息成本計量的關鍵問題之一。

3. 管理信息採集的多樣性使成本計算方法難以選擇。由於管理信息商品的價格更多地取決於市場上的供求關係，而不是取決於管理信息商品管理的價值，同時，信息商品價格又往往受制於該商品的稀缺性和獲利可能性，這就必然出現越是稀缺的管理信息商品，其價格可能會越高，越是可能大量獲利的管理信息，其價格也可能會越高。實踐表明，對於信息服務收費，一般又以費用價格為主、效用價格為輔。如此種種，也就使管理信息價格在反應其價值時遠比物質商品更為複雜和多樣。

另一個尚待解決的問題是，目前各國實行的按信息服務次數，或者信息傳輸距離、傳輸速率的計費辦法乃是沿用工業商品交易思維的方式。從長遠來看，在不影響信息質量的前提下，信息服務理應採用一次計費（讓用戶在一定時間內隨便使用）的方式。倘如此，便可能在很大程度上改變信息服務收入與費用配比方法。同時，無論企業購買信息或是提供信息服務，信息服務付（收）費採用在規定時間內一次支付（收入）方式都對管理信息成本影響很大。

信息仲介的出現也增加了管理信息成本計量的難度。所謂信息仲介，是指那些收集關於消費者行為的數據並分析包裝，然後將結果出售給需要進行行銷和客戶歸檔的企業。企業向信息仲介購買其信息的價格也就是信息仲介的銷售價格，信息價格一般取決於市場的需求，因而也使企業所購買信息的價格時高時低，給管理信息成本計量帶來一定的困難。

4. 管理信息成本的隱性特徵使某些項目的成本難以確認。並非所有管理信息的成本都可以被確認，管理信息成本的隱性特徵往往使其難以被確認，由此我們就要面對這樣一個問題：如何區分管理信息成本中的可確認性與不可確認性。

(1) 隱蔽信息成本。在資本市場上，當存在投資者與企業信息的不對稱性時，投資者可能有兩種選擇：一是拒絕投資；二是將資金投入承諾高投資收益率的不良企業，也即人們所說的「逆向選擇」。這樣就形成了企業的隱蔽信息成本。儘管隱蔽信息成本的大小對投資者十分重要，其不對稱信息的微小變動可能引發相當大的企業成本，但隱蔽信息成本的計算猶如水中撈月，企業只能通過瞭解投資者的信息特徵來降低信息交易成本和傳遞成本，進而使隱蔽信息成本降低。

(2) 信息失真成本。對管理信息使用者而言，信息失真產生的決策損失比傳統工業中提供廢品所帶來的損失更大。管理

信息一旦用於管理決策，並且決策方案已被執行，就不可能像一般商品那樣允許退換，因為管理信息的作用是一個單向過程。無論是企業管理信息部門收集的管理信息，還是信息服務商提供的管理信息，都不可能保證信息永遠都不失真，如果證明所提供的信息是失真的，除信息服務商應當對由此引起的損失承擔責任外，企業自身也必須承擔一部分損失。企業承擔的損失有時是無形的、無法計量的。

（3）信息制度成本。德魯克針對當今「信息爆炸」和信息公開範圍問題，提出企業必須建立自己的信息制度。他認為，不建立信息制度，紛繁複雜的信息就會影響企業的發展。信息制度成本不可避免要發生，但有關制度的制定、建立、執行、監督等一系列成本卻難以確認。

三、管理信息成本計量的可能性

諾貝爾經濟學獎得主 K. J. 阿羅指出，人們可以花費人力及財力來改變經濟領域（以及社會生活的其他方面）所面臨的不確定性，這種改變恰好就是信息的獲得。這表明，獲得信息是為了改變不確定性，也表明信息的獲得是要付出代價的。他同時指出，把信息作為一種經濟物品來加以分析，既是可能的，也是非常重要的。斯蒂格勒教授則認為，除非存在完全集中的市場，否則無人能知道各賣主（或買主）在任一給定的時點所定出的所有價格。這使得企業必須進行信息搜尋，並為此付出代價。卡爾‧夏皮羅教授在《信息規則》一書中指出，信息的生產成本很高，但是複製成本很低。他同時認為，信息生產的固定成本的絕大部分是沉沒成本，即一旦生產停止就無法挽回的成本。

從成本計量的角度來看，管理信息成本的計量對象是基於管理決策所發生的信息成本，而其計量單位應當是貨幣。這是

因為，管理信息成本與傳統成本具有共同之處，即只有以貨幣為計量單位，才能將與管理信息生產、傳遞不同的經濟業務活動綜合地反應或再現出來。同時，目前管理信息成本與傳統成本並存於企業中，不可能另起爐竈地為管理信息成本單獨設置非貨幣計量單位。倘若如此，企業便處於兩難之困境了，即無法選擇計量單位和無法確定判斷標準。

第二節　管理信息成本的計量屬性

計量是會計的一個基本特徵，會計計量是會計系統的核心職能。計量是根據特定的規則把數額分配給物體或事項。[1] 會計計量就是以數量關係來確定物品或事項之間的內在數量關係，並把數額分配於具體事項的過程；[2] 或會計計量就是要解決何種屬性予以計量及採用什麼單位進行計量的問題[3]。美國會計學家莫斯特（K. S. Most）把史蒂文斯的定義應用於會計理論，認為會計計量主要有兩個構成要素[4]：①必須定量的特性（或屬性）；②為定量該特性所需採用的尺度。財務會計準則委員會（FASB）也指出會計計量有三點條件：一是時間因素，二是數

---

[1] S. S. STEVENS. On the theory of seals of measurement [J]. Science, 1946, 103 (2686): 677-680.

[2] YURI IRIJI. Theory of accounting measurement [M]. American Accounting Association, 1979: 29.

[3] 莫里斯·穆尼茨. 會計基本假設 [M]. 紐約：美國註冊會計師協會, 1961.

[4] K. S. MOST. Accounting theory [M]. Ohio: Grid Publishing, Inc., 1982.

量因素，三是單位因素①。簡而言之，即在適當之時，以特定的單位作出的數量表示。葛家澍教授和林志軍教授（2002）曾指出，從表現形式看，會計主要包括兩大部分：資產計價（asset valuation）和收益決定（income determination）②，但無論是「要用貨幣數額來確定和表現各個資產項目的獲取、使用和結存」的資產計價，還是「通過對收入、費用和淨收益等要素的衡量、比較，才可能提供企業會計一定期間內經營過程和經營成果的定量信息」的收益決定，整個過程都是「一種計量形式」。管理信息成本是企業新形態的成本，是企業會計計量的對象之一。因此，管理信息成本的計量主要包括三部分內容：一是計量屬性，二是計量結構，三是計量方法。本文的管理信息成本計量主要論述計量的結構與方法，以及計量屬性，它們融合了管理會計計量與財務會計計量的基本思想。

一、計量屬性的一般認識

會計計量是在一定的計量尺度下，運用特定的計量單位，選擇合理的計量屬性，確定應予記錄的經濟事項金額的會計記錄過程。會計計量是由計量尺度、計量單位、計量屬性和計量對象所組成的一個系統（趙德武，1997）③。其中，計量屬性是指計量客體的特徵或外在表現形式。不同的計量屬性，會使相同的會計要素表現為不同的貨幣數量，從而使會計信息反應的財務成果和經營狀況建立在不同的計量基礎上，即建立在選用不同的會計目標上。但是，經濟的發展需要多種多樣的會計信

---

① 葛家澍，林志軍. 現代西方會計理論［M］. 廈門：廈門大學出版社，2002：132.

② 葛家澍，林志軍. 現代西方會計理論［M］. 廈門：廈門大學出版社，2002：115.

③ 趙德武. 會計計量理論研究［M］. 成都：西南財經大學出版社，1997：13.

息，使會計目標呈現多元化的趨勢。因此，如何選擇計量屬性，形成能夠達到會計目標的計量模式，是會計研究和實踐的重要問題。

迄今為止，人們提出了五種普遍認可的計量屬性，即歷史成本、現行成本、公允價值、可實現淨值和未來現金流入量現值。這五種計量屬性並不是同時提出的。傳統會計的目的在於向投資人、債權人提供有助於理解企業經營成果和財務狀況的會計信息，所以，只有歷史成本是從15世紀使用復式簿記以來始終作為計價依據的一種計量屬性。其餘四種計量屬性，都是在本世紀為適應經濟的多樣化和複雜化提出來的。就其具體原因而言，主要有以下幾點：

（1）物價變動的現實，向歷史成本提出挑戰。在通貨膨脹時期，物價的持續上漲嚴重動搖了會計的歷史成本計量基礎，表現為：會計報表的真實性和可靠性大大降低，根據會計報表作出的經營或投資決策會導致嚴重的失誤；不能保持企業的實物資本和經營能力。因此，為確保會計目標的實現，產生了物價變動會計，它提出了三種計量模式供採用：①以歷史成本為計量屬性，結合使用後進先出法、加速折舊法等可以消除通貨膨脹影響的會計方法；②一般物價水準會計，以歷史成本為計量屬性，會計報表的數字按一般物價指數予以調整；③現時成本會計，以現行成本為計量屬性。

（2）會計職能的延伸，豐富了會計計量屬性的內容。現代經濟要求企業管理現代化，從而要求會計人員提供有助於經營決策的會計信息，因此會計計量面向企業現在和未來的經濟活動，需要使用現行成本或未來現金流入量現值。

（3）會計的國家化、國際化對會計計量提出了國際化的要求。國際貿易和國際投資活動不斷擴大，客觀上要求比較和協調各國的會計制度。特別是在跨國集團內部，子公司只有在具

有可比性的財務報告的基礎上，才可能編製出總部的合併財務報告。比較和協調會計制度，必然涉及對會計計量屬性國際化的要求。

二、市場價格是管理信息成本計量的基礎

在交易市場上，商品的價值量總是要向以貨幣表示的價格量轉化的，因此，貨幣在交易中承擔了兩個職能：一方面，把貨幣作為計量單位，這時的貨幣，不是也不需要是現實的貨幣，而是觀念上的貨幣，通常為各國各地區法定流行的貨幣；另一方面，用貨幣作為計量價值量即價格量的尺度，通常指在活躍市場上購買一項資產或清償一項負債的價格，即市場價格或交換價格[①]。可見，市場價格存在於市場交易或事項中，是交易或事項標的物的價值體現。

市場價格與計量屬性之間存在什麼樣的關係？葛家澍教授等（2006）認為，市場價格是所有計量屬性的基本概念，其他計量屬性如歷史成本、現行成本、現行銷售（脫手）價格都來自市場價格，市場價格是初始計量的基礎。在企業財務會計中，企業持有的資產、負債和淨資產以及引起它們變化的交易和事項，只能借助於市場價格（及其轉化形式）才能保證進行同質的量化描述。市場價格是會隨著時間經常發生變化的，按照時態，市場價格可分為過去的、現在的和未來的三種。過去的市場價格在會計中的反應是：過去已經發生的交易和事項，在其發生時，買賣雙方所達成的按那時的相同商品在活躍市場上的報價，或參照這一報價在雙方自願的基礎上所作調整的成交金額。這種成交金額在會計上會轉化為歷史成本，即過去的市場價格轉化為會計的歷史成本。可變現淨值的獲取也要依賴於資

---

① 葛家澍，徐躍．會計計量屬性的探討——市場價格、歷史成本、現行成本與公允價值 [M]．會計研究，2006（9）：7－8．

產現在或未來所能實現的市場價格，在此基礎上扣除相關成本、稅費，即現在或未來的市場價格是獲得可變現淨值的基礎。誠如葛家澍教授等指出的，從廣義上看，以過去的市場價格為基礎或由其轉化而來的歷史成本，由現行市場價格轉化而來的現行成本（買入價）和脫手價格（賣出價）都屬於公允價價值。它意味著：交易雙方基於自願而並非被迫，是各自認為有利的價格。市場價格是會計的一切計量屬性的基礎。市場價格是會計計量最公允的估計。張為國教授等（2000）也有類似的論述，在市場經濟中，市場價格是可以觀察到的，由市場價格機制所決定的，市場交易各方承認和接受的。歷史成本就是過去的市場價格，現行成本是當前的市場價格，它們都是用於會計計量，由市場價格轉化的形式。①

　　管理信息成本包括管理信息結構成本、管理信息系統成本、管理信息流成本和管理信息失真成本，每一種成本的計量都必須以市場價格為基礎的。管理結構成本中的人工成本、業務成本等是以過去的市場價格為基礎的；管理信息系統成本中的軟硬件成本在不同的狀態下選擇的市場價格標準不一樣，可能是過去的市場價格（如管理信息設備的帳面餘額），也有可能是現在的（如管理信息設備的提取減值時）或將來的市場價格（如接受捐贈的、無活躍市場的管理軟件）；管理信息流成本一般是以過去的市場價格（如購買管理信息商品的成本）為基礎；管理信息失真成本主要指由於管理信息失真而給企業管理所帶來的損失或糾正支出，這些成本的計量，既可能以過去的市場價格為基礎（如糾正支出），又可能以現在或未來的市場價格為基礎（如損失量的估計）。針對管理信息成本的計量可以選擇不同的計量屬性，這實質上都是不同市場價格的選擇。

----

① 張為國，趙宇龍. 會計計量、公允價值與現值——FASB 第 7 輯財務會計概念公告概覽 [J]. 會計研究，2000（5）.

三、管理信息成本計量應遵循的原則

(一) 管理信息成本計量應遵循的原則

1. 權責發生制原則。從本原則出發，為獲取管理信息在本期發生的成本費用，不論款項是否支出，均應計入本期的管理信息成本；凡不屬於本期管理信息負擔的費用，即使款項已經支付，也不能計入本期管理信息成本。

2. 配比原則。按照本原則，本期發生的成本費用，如果在本期不能受益，其成本費用不應計入（至少不應全部計入）本期損益，應在以後受益期內分期攤銷。這裡的配比原則只能是期間配比，不可能實現對象配比，因為管理信息的特殊用途，決定了管理信息成本發生後不一定會形成價值；即使創造了價值，在現行計量模式下也難以準確反應，更難實現與成本的配比。

3. 相關性原則。在傳統會計的框架中，會計計量既重視會計信息的可靠性，又重視會計信息的相關性。但在可靠性和相關性發生矛盾時，更多的時候選擇了可靠第一。而管理信息具有很強的對象性。在社會生產經營過程中，各經濟主體有相對的獨立性，它們內部的調控信息只有在內部「信道」中傳遞。因此，計量時要把具體的管理信息、具體的市場和具體的應用環境聯繫起來。

4. 未來收益原則。資產是由過去的交易、事項形成並由企業擁有或控制的，預期會給企業帶來經濟利益的資源。傳統會計對資產的確認是基於過去的交易、事項的發生，但對於管理信息而言，並非都由過去的交易、事項所形成，因此只能根據它所提供的未來經濟利益來衡量。

5. 協同原則。傳統會計對於資產的確認是基於會計主體和單個資產假設來進行的。但管理信息的價值並不表現為主體是

否擁有或控制它，而必須經過恰當的協同效應的分析和市場比較才能確認。所以，其確認應該是一種非主體化的協同原則和市場評估標準。

6. 風險原則。在充滿風險和不確定性的市場環境中，為保證會計信息的可靠性，計量時應充分考慮謹慎性原則。而管理信息的確認是基於未實現的未來利益的，對它的確認應採用風險原則，以便把企業在充滿風險和不確定性的市場環境中可能實現的財富和經營風險充分表現出來。

（二）運用管理信息成本計量屬性應遵循的基本原則

1. 同質性。即會計計量結果應與會計對象、會計報表項目以及會計主體的實際財務狀況、經營成果及現金流量情況保持一致。

2. 可驗證性。即不同會計人員對同一會計事項進行計量時應得到相同的結果，相互之間可以驗證。

3. 一貫性。即會計計量方法前後期應盡量保持一致，不得隨意變更；如果變更，則應在報表附註中披露變更的原因以及變更導致的累計影響金額。

4. 充分相關性。會計計量結果盡量滿足「現有的和潛在的投資者、雇員、貸款人、供應商和其他的債權人、顧客、政府及其機構和公眾」等一系列信息使用者的需求。

5. 相對可靠性。會計計量結果應「沒有重要差錯或偏向並能如實反應其所擬反應或理當反應的情況而能供使用者所依據」。

6. 合法性。會計計量過程應符合國家有關法律、法規、政策等規定，防止違規操作。

四、管理信息成本計量屬性的比較與選擇

（一）管理信息成本的計量屬性比較

對計量屬性的種類，無論是理論上還是實務方面，都已形

成共識，共有五種計量屬性，即歷史成本、現行成本（或重置成本）、公允價值、可實現淨值（或可變現淨值）和未來現金流入量現值。它們各有特點和局限性，而且為滿足不同的要求而產生，在達到多元化會計目標的計量過程中，各有利弊。

（1）歷史成本。指取得資源的原始交易價格，因而具有可靠性，並且其計量的實踐經驗和理論很豐富。但是，在物價變動明顯時，其可比性、相關性下降，收入與費用的配比缺乏邏輯統一性，經營業績和持有收益不能分清，非貨幣性資產和負債出現低估，難以真實揭示企業的財務狀況。

（2）現行成本。指在本期重置或重購持有資本的成本，又稱重置成本。這種計量屬性能避免價格變動的虛計收益，從而反應真實財務狀況，並客觀評價企業的管理業績。但是，確定重置成本較困難，無法與原持有資產完全吻合，從而影響信息的可靠性；其次，它仍然不能消除貨幣購買力變動的影響，也無法以持有資本的形式解決資本保值問題，使以後的生產能力難以得到補償。

（3）公允價值。它是指在公平交易中，熟悉情況的交易雙方自願進行資產交換或者債務清償的金額。在中國2006年2月頒布的《企業會計準則——基本準則》中對其使用有這樣一個描述：在公允價值計量下，資產和負債按照在公平交易中，熟悉情況的交易雙方自願進行資產交換或者債務清償的金額計量。公允價值計量的使用，受控於兩個條件，一是公平交易，不存在特別或特殊關係；二是熟悉情況的、自願的當事人。但運用過程中，公允價值的最終確定會受公平的標準的選取、市場參與者的主觀感受、相關人員的職業判斷能力等諸多因素的影響。

（4）可實現淨值。指資產在正常經營狀態下，帶來的未來現金流入或將要支出的現金流出，又稱預期脫手價格。這種計量屬性能反應預期變現能力，體現了穩健原則，但它不適用於

所有資產。

(5) 來現金流入量現值。指資產按預期未來現金流入的貼現值計量的一種屬性。這種計量屬性考慮了貨幣時間價值，與決策的相關性最強，但其未來現金流入量現值是不確定的，與決策的可靠性最差。

所以，對五種計量屬性進行最優選擇，會因為其各自的利弊而難以進行。但無論它們各自具有什麼樣的優缺點，這五種計量屬性同樣適用於管理信息成本的計量過程，不同的管理信息成本內容在不同的狀態下可以選擇不同的計量屬性，從而實現管理信息成本控制目標。

(二) 管理信息成本計量屬性的選擇

會計目標是會計信息系統的運行方向，不同的目標要求選擇不同的計量屬性作為計量基礎。當然，在現代經濟或者說高度的市場經濟中，很難基於會計目標和會計計量的直線聯繫進行一一對應的選擇。面對錯綜複雜的經濟行為，單一計量屬性構成的計量模式無法實現各方提出的多元化信息（包括成本信息）要求。因此，單一的計量屬性、單一的會計目標，不能滿足各方面會計信息使用者的需要，在對管理信息成本進行計量時，必須多計量屬性共用，在不同系統中各有側重，形成一個管理信息成本計量屬性模式。

在進行計量屬性的選擇時，只有使多種計量屬性共存並相互配合，才能夠實現多元化管理信息成本控制目標。因此，企業可以採用這樣的計量屬性模式：基於財務會計系統的計量以歷史成本為計量基礎（即使用歷史成本財務報表）；基於財務分析及管理會計的計量可採取歷史成本和其他計量屬性並存擇優選用。這種計量屬性模式的實現有賴於以下幾個方面的要求：

(1) 歷史成本模式是信息系統運行的主體模式，即企業的任何管理信息成本資料的輸入都應以歷史成本計量，對成本信

息的加工整理可視當期的使用者需要，分別採用不同屬性計量；歷史成本計量的管理信息成本在帳簿和每期基本財務報表中列示，其他計量信息分別在項目決策分析、可行性方案等財務報告或附表資料中給予揭示，以滿足管理決策者的特殊需要。

（2）其他屬性的並存、擇優以滿足信息使用者的要求為目標，視宏觀經濟環境、市場環境、行業特點、企業經營性質、戰略目標等因素而定。比如，對上市公司而言，投資者（包括潛在投資者）的信息要求，是會計信息系統最關注的目標，公司提供的管理信息成本信息應是以歷史成本計量的和部分現行成本計量的管理信息成本信息，而將現行市價、可實現淨值計量的管理信息成本信息，則以投資可行性分析報告的形式提供給外部潛在投資者。對非上市公司而言，管理者的意願更受會計信息系統的關注，因而管理信息成本的揭示應以首先滿足決策層有關經營管理的要求為目的。總而言之，並存擇優不是指每一報告期要使用每一種計量屬性，而是指在所有屬性都可以使用的前提下選擇本期關注信息要求的計量屬性來計量管理信息成本。

（3）會計人員分工合作，維持管理信息成本系統的運行，共同完成多元化目標。財務會計人員負責歷史成本計量的三大財務報表的提供，管理會計人員在此基礎上，為滿足其他個別信息需求而工作。有條件實現會計電算化的企業，可以提供歷史成本、現行成本計量的兩套財務報表，更好地為信息使用者服務。

第三節　管理信息成本的計量模式與方法

一、管理信息成本計量的結構

(一) 管理信息成本計量的四類變量結構

通過前面相關內容①分析我們可以知道，基於成本源的企業管理信息成本包括四個部分，即管理信息流成本、管理信息系統成本、管理信息結構成本和管理信息失真成本。因此，可以得到如下公式 (6-1):

$$TCi = Cr + Cs + Co + Cf \qquad (6-1)$$

其中，TCi 表示管理信息總成本，Cr、Cs、Co、Cf 分別為管理信息流成本、管理信息系統成本、管理信息結構成本和管理信息失真成本。

基於成本源的管理信息成本的四個變量構成與基於管理層次的管理信息成本構成相互交融（圖6-1）。基於管理層次的管理信息成本包括四個變量：跨企業間組織管理信息成本、戰略管理信息成本、管理控制信息成本和作業管理信息成本。其分析的順序是自上而下：跨企業間組織管理信息成本——戰略管理信息成本——管理控制信息成本——作業管理信息成本。跨企業間組織運用網絡分析、價值鏈分析工具，分析「價值星系」中管理信息成本的相關性和決策有用性；公司戰略層次運用價值鏈分析工作，進行「成本鏈」相對成本優勢分析；管理控制層制定管理信息成本預算，進行成本過程控制分析；作業層計算特定對象成本，利用成本動因分析進行成本改善。然而，

---

① 本文第四章關於管理信息成本構成部分。

管理信息成本計算的順序恰恰相反，應是自下而上：作業層進行原始成本記錄和成本計算；管理控制層利用成本基礎信息匯集進行成本預算控制；而公司戰略層則利用作業層與管理層的成本信息進行戰略決策與分析；跨企業間組織則利用前三項管理形成的成本信息進行企業間組織內的協作管理決策分析。

```
┌──────────────┐      ┌──────────────────┐
│ 管理信息結構成本 │⇔    │ 跨企業間組織管理信息成本 │
└──────────────┘      └──────────────────┘
                                ⇧
┌──────────────┐      ┌──────────────────┐
│ 管理信息系統成本 │⇔    │   戰略管理信息成本   │
└──────────────┘      └──────────────────┘
                                ⇧
┌──────────────┐      ┌──────────────────┐
│ 管理信息流成本  │⇔    │   管理控制信息成本   │
└──────────────┘      └──────────────────┘
                                ⇧
┌──────────────┐      ┌──────────────────┐
│ 管理信息失真成本 │⇔    │   作業管理信息成本   │
└──────────────┘      └──────────────────┘
```

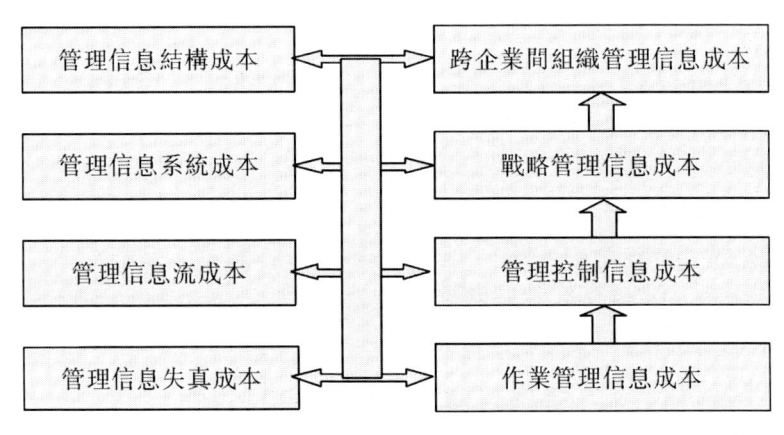

圖6-1　管理信息成本變量結構

註：圖中各成本之間不是一一對應關係，而是相互交融關係。

(二) 開放式的管理信息成本系統結構

陳良華（2002）教授曾指出，未來成本計量模式應該突破會計帳戶系統，在帳戶系統之外構建一個開放系統[①]。管理信息成本是一種新的成本形態，根據上述基於成本源的四類變量可知，作業層次的成本系統是基礎。作業管理信息成本既要考慮成本計量的正確性和可行性，又要考慮前三個更高管理層次的需要。開放式的管理信息成本系統結構要求：①合理設計成本對象。一般成本對象是多維的，包括服務、項目、作業、計劃等。作業管理信息成本對象數量確定要謹慎，因為增加一個成

---

① 陳良華. 企業成本計量模式研究 [J]. 經濟理論與經濟管理, 2002 (10)：56-60.

本對象，系統數據處理量將是級數倍增加。②根據不同的成本對象決定直接成本和間接成本。管理信息成本中的直接成本和間接成本是動態的。直接成本可採取追溯法直接計入特定成本對象，間接成本則需要分配計入。③科學劃分成本等級，確定匯總邏輯系統。根據不同的成本動因確定合理的成本等級，並進行匯總，有利於不同層次管理者分析成本。④價值鏈分析工具，確定間接成本庫數量和尋找合適成本動因。設計合理的成本庫有利於進行成本動因分析，有利於找出價值鏈上不增值或低效活動，採取措施降低管理信息成本。另外，在正常情況下應將成本動因作為管理信息成本分配基礎。⑤選擇合理的成本計算制度。實際工作中，單純的成本計算制度不常用，大多是混合成本計算制度。

（三）一體化的管理信息成本計量結構

H. 托馬斯·約翰遜和 S. 卡普蘭（H. T. Johnson & Robert S. Kaplan, 1987）指出，目前的成本會計系統試圖滿足三個目標：①將部分期間成本分配到產品，以便能及時編製財務報表；②為成本中心管理者提供過程控制信息；③為產品和經營管理者提供一個產品成本估計數據。然而，由於財務會計的思想已占主導地位，傳統的成本會計系統由於依賴帳戶系統，傳統的管理成本計量模式依服於財務會計的帳務體系，因此存在著結構性的先天缺陷，只有第一個目標能完成得較好，卻無法很好地滿足多目標要求，難以及時、準確和真實地提供用於管理決策的成本信息。因此，一體化的管理信息成本計量結構要求管理信息成本計量系統突破財務會計系統的束縛，實現財務成本計量系統與管理成本計量系統的內在一體化，即數據相互關聯，而不是相互獨立。在一體化系統設計思想下，按照「信息共享，數據相融」的原則，在管理信息成本進入會計帳戶數據庫時，要設立「屏障」以保證成本數據符合會計準則法定性要求。

(四) 管理信息成本計量的數據結構

傳統成本數據流向順序是財務會計系統——管理會計系統——業務系統，即會計交易事項通過憑證輸入記入帳簿系統，由帳簿系統向業務系統提供成本信息數據。基於這種成本數據流向設計的成本信息系統存在著固有的缺陷，無法從根本上克服成本信息與物流、人流和資金流匹配問題。管理信息成本計量模式中的數據流向應該恰好相反，由業務系統流向管理會計系統直至財務會計系統。業務部門發生活動立即被即時地記錄下來，形成物流、人流、資金流「三流」相匹配信息數據，這類原始狀況信息需要占用極大的存儲空間。對於外部財務會計而言，所需信息十分有限，將從業務數據庫中獲取的符合會計準則要求的成本信息，記入會計帳簿系統，大量價值信息（不符合會計準則要求）將被屏蔽在帳簿系統之外。

二、管理信息成本的計量模式

(一) 管理信息成本計量模式的選擇

管理信息成本的計量模式面臨著選擇「雙軌制」還是「單軌制」這一問題。「雙軌制」計量模式是指在現有的成本會計計量體系之外，另行建立一套管理信息成本計量體系進行單獨計量。「雙軌制」模式能使現行成本會計不受任何影響而按有關會計制度和會計準則的規定嚴格進行，而不同的角度形成的不同成本信息，則有利於企業內部管理決策和成本控制。但是，分別按兩套體系組織成本計量，必然會增加計量工作量，並且有可能導致信息的不一致性，甚至完全不同。「單軌制」計量模式是指將管理信息成本計量與現行成本計量有機結合，形成一套既滿足會計制度和會計準則要求的又能為管理信息成本控制服務的成本計量體系。不同成本計量對象在同一計量程序和方法

下相互銜接，是「單軌制」模式的一大特點①。「單軌制」管理信息成本模式是基於現行成本會計框架下的次級模式，具有工作量小、簡便易行、能夠提供更為可靠和相關的成本信息的特點，並且實現了有效揭示和反應新型成本形態的目的②。

通過對「雙軌制」模式和「單軌制」模式的理性認識，本文認為，「單軌制」管理信息成本計量模式在現行環境中具有可行性和可操作性，它既能滿足企業內部管理決策的需要，又能實現滿足相關者成本信息需求目標。因此，下面所構建的管理信息成本計量模式是基於單軌制模式前提下進行的。

(二) 管理信息成本計量的一般模式

1998年，羅伯特·S.卡普蘭和羅賓·庫珀（Robin Cooper）在《成本與效益》一書中論述了「成本系統演進四階段模型」，並詳細描述了已近成熟期的組織在生命週期過程中成本管理系統的演進③。其中，第一階段系統不符合常規報告要求，很難提供產品、客戶和營運成本計算的信息，不適於進行戰略控制；第二階段系統是基於財務報告編製的需求產生的，能滿足財務會計準則，但不能提供高質量的決策信息，經常歪曲成本和利潤，且不能及時反饋信息；第三階段系統是專門化的，要求財務會計系統與成本會計系統使用一個數據庫，並出現了作業成本會計和業績評價系統；第四個階段模型是完整的、系統的，可以為戰略經營決策提供統一的報告系統，所有財務和生產數據，包括預算和實際信息都是相互關聯的。實際上，第四階段

---

① 林萬祥，苟駿. 風險成本管理論 [M]. 北京：中國財政經濟出版社，2006：175-178.

② 林萬祥，苟駿. 風險成本管理論 [M]. 北京：中國財政經濟出版社，2006：175-178.

③ ROBERT S. KAPLAN, ROBIN COOPER. Cost and effect: using integrated cost system to drive profitability and performance [M]. Boston: Harvard Business School Press, 1998.

模型是一個戰略的、整合的成本管理系統，是企業要達到的高層次系統。因此，根據前面的管理信息成本計量的變量結構、開放式結構、一體化結構和數據結構的要求，以及第四階段模型的特點，我們可以構建如下（圖6-2）的管理信息成本計量模式。

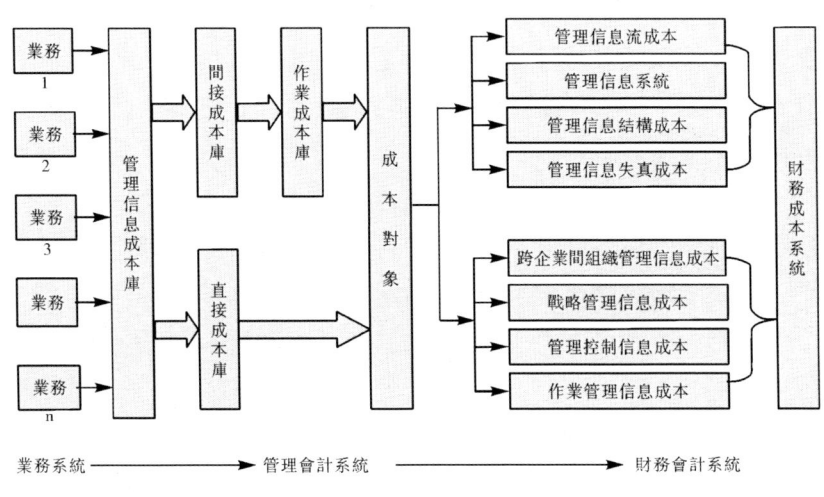

圖6-2　管理信息成本計量模式

管理信息成本的計量模式具有如下特點：①充分體現了會計目標。該模式下形成和提供的會計信息既能反應經營管理者的受託責任（財務會計系統），又能體現相關者的決策有用性（企業內部管理者主要使用管理會計信息進行決策，外部其他相關者主要使用財務會計信息進行決策）。②實現了不同管理信息成本的有機融合。該模式可以根據管理者的不同需求，既能提供基於成本源的不同的管理信息成本，也能提供基於企業管理層次的不同的管理信息成本。③揭示了作業成本法與作業成本管理的運用。通過管理信息作業對間接成本進行分配，較為精確地對管理信息成本進行計量，實現間接成本分配、歸集的科學化和合理化，以便於成本分析和成本控制。

三、管理信息成本計量的一般方法

(一) 總擁有成本法

「總體擁有成本 (Total Cost of Ownership, TCO)」的概念源於20世紀80年代後期加特納公司的一項研究,加特納想要知道購買和配置、使用一臺PC到底要投入多少成本。他們的研究結果表明企業擁有每臺PC的年度成本接近10,000美元,這個數據不僅幫助PC擁有者認清了PC整個服務生命週期中的總成本,更在財務人員和IT管理人員中間引起了不小的騷動。此後,總體擁有成本便被定義為一個概念或者一系列技術來持續地定義和度量成本,以提供更有效的管理和決策支持。總體擁有成本是一項幫助組織來考核、管理和削減在一定時間範圍內組織某項獲得資產相關聯的所有成本的技術。這些資產可能是:廠房建築、交通工具或軟件系統。因此,總體擁有成本可以被描述為資產購進成本及在其整個生命服務週期中發生的成本之和。總體擁有成本絕不等同於資產的購買產品,它還要包括資產購進後營運和維護的費用。目前國內外對信息資源投入的計量主要使用「總擁有成本」[1]指標,其含義是指信息化項目週期各個階段投入的開發、服務和運行維護等全部費用,包括軟硬件和相應專業服務費用,以及諮詢、培訓、信息管理方面的人力資源費用等。管理信息成本是企業管理信息化過程中發生的費用,總體擁有成本適用於管理信息成本的計量。

在實踐中,人們並沒有普遍接受計算總體擁有成本的公式,因此運用總體擁有成本法計量管理信息成本時,一定要考慮到與管理信息結構、管理信息系統和管理信息流等所有的關聯成本。一般情況下,包含在總體擁有成本中的需要計量的管理信

---

[1] 凱西·施瓦爾貝. IT項目管理 [M]. 北京:機械工業出版社, 2002.

息成本項目有：購買成本、安裝成本、財務成本、佣金、能源成本、維修成本、升級成本、轉換成本、培訓成本、支持成本、服務成本、維持成本、安全成本、生產力成本、風險成本、處理成本。具體哪些因素應該考慮到總體擁有成本中去，這取決管理信息系統、管理信息結構、管理信息流的自身屬性。

　　總體擁有成本的優勢主要體現在兩個方面：一是總體擁有成本認真量度與資產相關聯的所有成本；二是總體擁有成本作為一項長期量度法，致力於減少資產服務週期內的總成本，提高投資回報率。但是總體擁有成本也存在一些缺陷：①總體擁有成本針對信息化項目所發生的各項成本總的累計值，而信息化是企業需要長期持續進行的工作，其投入的成本以永續的分期計量更為合理；②總體擁有成本主要是用來反應信息化投入費用的一個籠統指標，本身並未形成一個系統化的計理體系，難以對信息資源成本進行分析、預測、計劃和控制等精細的有效管理，從而對企業可操作性較差；③總體擁有成本中沒有考慮因信息化帶來的組織、管理和技術的變革成本，許多企業管理者忽略了這一重要的變革成本，這正是信息化失敗的主要原因之一。

　　(二) 時間驅動作業成本法

　　許多人都會覺得作業成本法（ABC）是管理公司有限資源的一種行之有效的方法，而當管理人員在公司內大範圍推行這一方法時，面對不斷攀升的成本和員工的不滿，卻只能半途而廢，於是產生了時間驅動作業成本法。

　　時間驅動作業成本法以時間作為分配資源成本的依據，基於公司管理層對實際單位作業時間消耗的可靠估計，來計算單位作業應分擔的作業成本，從而避免了以往大範圍實施作業成本法過程中的一些難題①。對於每一類資源，公司只需估計兩個

---

① 李明毅. 時間驅動作業成本法例解 [J]. 財會通訊（綜合），2005（10）: 27.

參數：一是單位時間投入的資源成本，即單位時間作業成本（cost per time unit of activity），該指標可以用一個部門的總費用除以管理層估計的實際作業得到；二是某一作業或者最終成本計算對象在消耗資源時所占用的時間，即作業單位時間數量（unit times of activities），該指標可以由管理人員憑藉經驗或者觀察得到。兩個參數相乘，就可以得到單位作業應分擔的作業成本，即成本動因率（cost driver rate）。企業管理信息搜集、處理需要時間，同時也耗費資金構成成本。產能可以用時間來衡量，管理信息作業同樣可以採用此法。時間驅動作業成本法還可以在成本計算模型中嵌入一些計算時間的等式，從而能夠反應出管理信息作業活動的時間消耗，這樣就能滿足錯綜複雜的現實營運要求。

　　時間驅動作業成本法比作業成本法更能反應錯綜複雜的實際情況，且功能和準確性大大提高，另一方面，它反而簡化了公司的作業成本財務計量系統，實施起來更為容易。按照這套方法，管理人員們可直接估計每項管理信息事務所花費的資源，而不是先將資源成本分攤到各項活動上，然後再分攤到各項事務上。以前所用的作業成本法是通過員工調查得到的管理信息在各項活動中投入的時間所占的比例，然後根據比例來分攤成本。這個方法的弊端是，員工們報告的時間比例加起來總是會等於100%，基本上沒有人會報告說，自己有相當大的一部分時間無所事事。在新的系統中，經理們能夠很清楚地看到員工利用率與理想的利用率到底有多大的差距，這方面的信息對提高流程的效率顯然具有重要意義。

　　根據管理信息成本的計量模式，運用總擁有成本法和時間驅動作業成本法，就能對管理信息進行相對較為準確的計量，形成具有客觀性和相關性的管理信息成本信息，實現對管理信息成本的合理分析和有效控制。

第四節　管理信息成本的會計核算

管理信息成本（MIC）是企業內部交易和管理過程中所發生的信息成本。在管理信息的收集、加工、存儲、傳遞、使用過程中，都必然會產生成本或損失，它是企業內部管理活動和管理過程的代價，對現代企業（或組織）產生了重要影響。因此，必須加強對企業信息化過程中成本投入的核算，對信息化投入進行詳細和系統地計量、分析和評價，為管理者提供正確的成本信息，以便於決策和參考。

一、管理信息成本會計核算模式的選擇

（一）雙軌制管理信息成本會計核算模式

雙軌制會計核算模式是指在現有的成本會計核算體系之外，另行建立一套管理信息成本核算體系進行單獨核算。雙軌制模式下的管理信息成本核算有別於現行財務會計核算，其單獨進行核算的內容可以包括以下幾個方面：①設置管理信息成本憑證和帳戶；②對企業管理決策中形成的管理信息系統成本、管理信息資源成本、管理信息組織成本和管理信息失真成本專門進行確認、計量、記錄和報告；③編製管理信息成本報告；④進行管理信息成本分析、考核與評價。

雙軌制模式能使現行成本會計不受任何影響而按有關會計制度和會計準則的規定嚴格進行，而不同的角度形成的不同成本信息，則有利於企業內部管理決策和成本控制。但是，分別按兩套體系組織成本核算，必然會增加核算工作量，並且有可能導致信息的不一致，甚至完全不同。

(二) 單軌制管理信息成本會計核算模式

單軌制會計核算模式是指將管理信息成本核算與現行成本核算有機結合，形成一套既滿足會計制度和會計準則要求，又能為管理信息成本控制服務的成本核算體系。不同成本核算對象在同一核算程序和方法下相互銜接，是單軌制模式的一大特點。

單軌制管理信息成本模式是基於現行成本會計框架下的次級模式，因此，管理信息成本核算的內容主要包括：①在現行成本費用帳戶下設置管理信息成本二級帳戶；②對企業管理決策中形成的管理信息系統成本、管理信息資源成本、管理信息組織成本和管理信息失真成本在二級帳戶下進行確認、計量、記錄和報告；③在現行成本報告中編製管理信息成本報告；④進行管理信息成本分析、考核與評價。

單軌制管理信息成本模式具有工作量小、簡便易行的特點，能夠提供更為可靠和相關的成本信息，並且實現了有效揭示和反應新型成本形態的目的；但由於二級帳戶較為複雜，對應關係不夠清晰，在理解和讀取上存在一定難度，對成本會計人員的要求也較高。

通過對雙軌制模式和單軌制模式的理性認識，結合管理信息成本計量模式，本文認為，單軌制管理信息成本會計模式在現行環境中具有可行性和可操作性，它既能滿足企業內部管理決策的需要，又能實現滿足相關者成本信息需求目標。因此，本文所研究的管理信息成本會計是基於單軌制模式進行的。

二、管理信息成本核算應遵循的會計原則

1. 權責發生制原則。從本原則出發，為獲取管理信息在本期發生的成本費用，不論款項是否支出，均應計入本期的管理信息成本；凡不屬於本期管理信息負擔的費用，即使款項已經支付，也不能計入本期管理信息成本。

2. 配比原則。按照本原則，本期發生的成本費用，如果在本期不能受益，其成本費用不應計入（至少不應全部計入）本期損益，應在以後受益期內分期攤銷。這裡的配比原則只能是期間配比，不可能實現對象配比，因為管理信息的特殊用途，決定了管理信息成本發生後不一定會形成價值；即使創造了價值，在現在計量模式下也難以準確計量，更難實現與成本的配比。

3. 實際成本原則。該原則要求信息按取得、發生或形成時的交易價格來計量。不論是開發生產的信息技術產品，還是購入信息服務產品，都是企業的一項資產，其計量就應該遵循實際成本原則即歷史成本原則。

4. 未來收益原則。資產是由過去的交易、事項形成並由企業擁有或控制的，預期會給企業帶來經濟利益的資源。傳統會計對資產的確認是基於過去的交易、事項的發生，但對於管理信息而言，並非都由過去的交易、事項所形成，因此只能根據它所提供的未來經濟利益來衡量。

5. 協同原則。傳統會計對於資產的確認是基於會計主體和單個資產假設來進行的。但管理信息的價值並不表現在主體是否擁有或控制本身，而必須經過恰當的協同效應的分析和市場比較才能確認。所以，其確認應該是一種非主體化的協同原則和市場評估標準。

6. 風險原則。在充滿風險和不確定性的市場環境中，為保證會計信息的可靠性，核算時應充分考慮謹慎性原則。

而管理信息的確認是基於未實現的未來利益，對它的確認應採用風險原則，以便把企業在充滿風險和不確定性的市場環境中可能實現的財富和經營風險充分表現出來。

7. 相關性原則。在傳統會計的框架中，會計核算既重視會計信息的可靠性，又重視會計信息的相關性。但在可靠性和相關性發生矛盾時，更多的時候選擇了可靠性。而管理信息具有

很强的对象性。在社会生产经营过程中，各经济主体有相对的独立性，它们内部的调控信息只在内部信道中传递。因此，核算时要把具体的管理信息、具体的市场和具体的应用环境联系起来。

三、管理信息成本的确认和计量

管理信息成本是企业成本的重要组成部分，在进行确认时应分为两种：费用化支出和资本性支出。费用化支出是指企业在管理信息收集、加工、传递、存储等日常活动中发生的、会导致所有者权益减少的、与向所有者分配利润无关的经济利益的流出；资本性支出是指企业构成企业资产或预期会导致企业经济利益流出的、惠及几个会计期间的支出。

因此，管理信息成本的确认因支出类型不同而有所差异。对费用化的管理信息成本，其确认包括两个方面：①管理信息成本的费用化支出定义；②两个条件：经济利益很可能流出企业，经济利益的流出额能够可靠地计量。对于管理信息成本中的资本性支出即资本成本，其确认也包括两个方面：①管理信息成本的资本性支出定义；②两个条件：与其相关的经济利益很可能流出企业，产生的成本或者价值能够可靠地计量。

管理信息成本计量一般可采用下列方法：

（1）历史成本法。它是根据原始成本计价原则，将管理信息的取得、发展、保持等实际支出资本化的方法。它主要适用于管理信息系统成本中软件与硬件成本、运行成本、管理信息资源成本的信息商品买价、信息搜寻成本等。

（2）重置成本法。它是假设在当前物价条件下，重新取得、发展、保持管理信息所需要的全部支出资本化的方法。它主要适用于管理信息成本的人力资源成本、管理信息失真纠正支出等。

（3）机会成本法。它是指经营决策采取一个最优信息方案

時，要考慮放另一個次優方案的成本，在選擇最優信息方案時，要失去的可能產生的效果也考慮進去，將已放棄次優方案可能獲得的收益看作是被選用的最優信息方案的機會成本。它主要適用於管理信息失真後放棄產生的損失。

四、管理信息成本核算的基本思路

在現代信息網絡技術條件下，企業管理信息成本主要發生在信息市場交易和企業內信息運作兩方面。因此，我們在進行管理信息成本核算時，必須考慮企業內部信息生產與運作的費用和企業外部獲得信息所需支付的費用。

在企業內部生產信息的過程中，必然要涉及信息生產的相應勞動工具。目前，企業一般將所購買的計算機硬件列作固定資產。對於因購買硬件所附帶的軟件，未單獨計價的，並入計算機硬件作為固定資產管理；單獨計價的，則作為無形資產管理。由於這些資產都與管理信息的加工、生產有關，都可為企業帶來未來的經濟利益，為了對管理信息成本單獨核算，宜將硬軟件列作固定資產——管理信息系統（硬件）或無形資產——管理信息系統（軟件）加以處理，同時設置相應的累計折舊——管理信息系統（硬件）折舊或累計攤銷——管理信息系統（軟件）攤銷科目對硬軟件損耗進行攤銷。摩爾定律指出，計算機的芯片性能每 18 個月提高一倍，其價格卻會下降 50%。實踐證明，硬件價格大幅度下降已是大勢所趨，與此同時，軟件版本快速更新換代也使原先購入的軟件提前被廢棄，由此決定企業購入服務器、網絡設施等硬軟件以資產入帳後，不僅要考慮其加速折舊問題，同時要計提各信息資產的減值準備。

企業決策所需管理信息也有購買信息原材料的問題。無論是通過信息仲介還是採用其他方式購買數據或原始信息，都要支付一定的費用。對信息組織部門而言，購買原始信息所付費

用是一種經常性費用，應當設置管理費用——信息使用費支出科目加以核算。儘管有一部分數據或原始信息無需付費就可以在網上搜索取得，但搜索成本仍然存在，例如人工費和網絡及計算機等硬軟件設施的使用費等，因此宜設置管理費用——信息搜索成本科目加以核算。而鑒於信息處理費用將越來越大，還需要設置管理費用——信息處理成本科目來核算紛繁多樣的信息處理費用。除此之外，信息組織部門還應對某些不能直接計入決策項目成本的費用加以歸集，因此可設置間接信息費用科目對諸如存儲、傳遞等環節所發生的費用加以匯總與分配。

五、管理信息成本核算的帳務處理

在現代網絡技術條件下，企業管理信息成本主要發生在信息市場交易中，即企業外部獲得信息所支付的費用和企業內部信息市場與運作的費用。管理信息成本中的管理信息系統成本、管理信息組織成本和管理信息資源成本因客觀性、相關性等可以運用一定的方法進行確認、計量、記錄和報告，而管理失真成本中的糾正支出現實中融合在前三項成本中，而放棄損失中的前期成本費用也包含於前三項成本，機會成本卻難以計量，因此不能進行帳務處理。

1. 管理信息系統成本的帳務處理。企業在管理信息加工過程中，其購買的軟硬件成本，按照目前新的《企業會計準則》規定，一般將購買的計算機等硬件設備作為固定資產。對因購買硬件所附帶的軟件，未單獨計價的，並入計算機硬件作為固定資產來管理；單獨計價的，則作為無形資產管理。為了對管理信息成本單獨核算，可將管理信息加成本分為信息材料消耗、原材料消耗、工資及工資附加和其他組織與管理生產的間接消耗等成本項目，通過以管理信息產品的品種或服務對象為成本計算對象，開設成本計算單，計算其成本。管理信息加工成本

的核算要設置若干必要的科目。如設置固定資產——管理信息系統（硬件）、無形資產——管理信息系統（軟件）、管理費用——管理信息組織成本等科目，核算信息加工或服務過程中發生的資本性支出，如購買各種通訊和信息處理設備所發生的支出和信息員招聘費、培訓費、安置費等。發生該項支出時，借記固定資產——管理信息系統（硬件），或無形資產——管理信息系統（軟件），或管理費用——管理信息組織成本，貸記銀行存款、庫存現金、實收資本等科目。設置累計折舊——管理信息系統（硬件）折舊或累計攤銷——管理信息系統（軟件）攤銷，攤銷加工過程發生的資本化支出，攤銷時，借記管理費用——管理信息系統成本，貸記累計折舊——管理信息系統（硬件）折舊或累計攤銷——管理信息系統（軟件）攤銷。固定資產——管理信息系統（或無形資產——管理信息［軟件］系統）與累計折舊——管理信息系統（硬件）折舊（或累計攤銷——管理信息系統［軟件］攤銷）的差額為尚未收回的信息資本性支出。設置管理費用——信息處理成本科目，核算信息的收益性支出，如管理信息加工、服務過程中發生的信息材料費用、原材料費用、工資費用和其他間接費用及與本期收益配比而攤銷的資本性支出，費用發生或攤銷資本性支出時，借記該科目，貸記有關科目。期末將管理信息各成本費用科目的期末餘額結轉到本年利潤帳戶，核算當期損益。

2. 管理信息資源成本的帳務處理。企業無論是通過信息服務商或信息仲介還是採用其他方式購買數據或原始信息，都要支付一定的費用。對企業信息組織部門而言，購買管理信息所付費用是一種經常性費用，可以設置管理費用——管理信息資源成本科目加以核算，儘管有一部分數據或原始信息無需付費就可以在網上搜索獲取，但搜索成本依然存在，如人工費用和計算機等硬件、系統軟件的使用費用，因此可以設置管理費

用——管理信息搜索成本科目加以核算。而鑒於信息處理費用將越來越大，還需設置管理費用——管理信息處理成本科目來核算信息處理費用。除此之外，管理信息組織部門還應對某些不能直接計入服務產品成本的費用加以歸集，設置信息間接費用科目對諸如存儲、傳遞等環節所發生的費用加以匯總和分配。為了核算損益，企業也應像信息加工一樣，期末將上述管理信息成本費用科目的借方餘額轉入本年利潤科目的借方核算當期損益。

3. 管理信息組織成本的帳務處理。管理信息組織成本是企業信息組織運行所產生的費用，包括日常業務費用、人員工資及福利支出等。對這些費用，企業可以通過管理費用——管理信息組織成本進行核算。當費用發生時，借記管理費用——管理信息組織成本——業務費（或工資，或福利），貸記銀行存款或庫存現金。期末將其轉入本年利潤的借方來核算損益。

六、管理信息成本報告

成本報告（costing report）屬於企業內部管理的報表，它反應了企業生產耗費和產品成本結構、成本升降的變動，也是考核成本計劃執行結果偏離目標與否的一種會計報表。通過瞭解成本報表數據，企業可以在保證產品質量前提下做到增產和節支，為降低產品成本作出貢獻。企業管理部門可以從中瞭解費用預算執行情況，各項成本變動趨勢和成本降低任務完成動態的情況，總結經驗，獎勵先進，還可以將成本報表資料與其他方面的信息聯繫起來加以綜合分析，為經營決策提供有效依據。企業領導和上級部門利用成本報表資料可以瞭解企業目前經營狀況和成本管理及企業發展趨勢，瞭解企業貫徹執行國家有關方針的情況。管理信息成本報告是成本報告的組成部分，根據管理信息成本的構成及核算情況，它應由三大部分構成，即管理信息結構成本、管理信息流成本和管理信息系統成本。

第七章
管理信息成本集成論

奧茲巴斯（2005）指出，基於財產所有權的企業控制權可以使企業建立「游戲規則」，通過組織流程來改進管理行為；公司的集合水準影響著企業高層決策者分配資源時的信息獲取質量[1]。集成成本管理是一種新成本管理策略，要對管理信息成本實施集成管理，首先要依據企業的戰略目標，然後識別企業內部的管理信息功能，在企業資源計劃和信息資源規劃的基礎上，遵循一定的集成路徑，構建具體的管理信息成本集成模式，包括管理信息結構成本集成、管理信息系統成本集成和管理信息流成本集成三部分。

第一節　集成成本管理與集成成本管理系統

一、集成成本管理

（一）集成成本管理的含義

集成成本管理是指在企業成本管理過程中以集成管理理論為指導，將集成管理的基本原理和方法創造性地運用到成本管理的實踐中，在成本管理的行為和組織上以集成管理機制為核心，在成本管理方法上以集成的成本管理方法為基礎，實現成本管理與企業戰略、經營管理、資源配置和績效管理的集成，從而提高企業決策能力和成本競爭優勢。上述定義表明：①首先在成本管理思想上進行變革，將集成管理理論滲透到成本管理的計劃、組織、指揮、協調和控制的各個過程中去，讓成本管理人員及其他管理人員充分意識到集成管理對在激烈競爭環

---

[1] OGUZHAN OZBAS. Inegration, organizational processes, and allocation of resources [J]. Journal of Financial Economics, 2005, 75 (1): 201.

境下提高成本管理水準的重要性，這也是集成成本管理的前提條件。②集成成本管理是一種創造性的活動過程。由於企業內部專業化分工是客觀存在的，它在提高工作效率的同時不可避免地帶來了管理效益的缺失，這也是成本信息相關性遺失的主要原因。因此，必須創造性地運用集成管理理論和方法對成本管理的行為、組織、方法等進行整合和變革，從而達到成本管理效益的非線性增長。③集成成本管理在集成過程中以集成管理機制為核心，與其他管理活動相比，集成管理有其獨特的運作機制。首先，應用「無限集」把與成本管理相關的各種不同資源（不考慮其性質和位置）都列入集成成本管理過程中整合的對象。無限集體現了跨組織的資源整合觀，有利於成本管理在企業整個網絡價值流中的應用，並突破組織邊界，在更廣範圍內實現成本管理系統功能的強化和效益的提高。然後，應用「並集」對具有公共屬性的對象實施集成，運用「交集」尋找在集成過程中制約集成系統功能發揮的「瓶頸」並採取措施重點解決。最後，以「全集」實施合併，構建集成成本管理系統。④在成本管理方法上，集成成本管理強調的是一種集成的成本管理方法，不僅注重多種成本管理工具的綜合應用，還包括其他的一些重要管理工具，如目標成本法、時間驅動作業成本法、作業生產能力管理、作業基礎業績評價、投資管理、流程管理、供應鏈管理等。⑤集成成本管理的目的是提高企業決策能力和成本競爭優勢，通過創造性的管理活動實現成本管理與企業戰略、經營、資源配置和績效管理的整合，提高成本信息的相關性和及時性，從而實現成本管理功能倍增的效果。

(二) 集成成本管理的特徵

從上述集成成本管理的內涵可以看出，集成成本管理是以集成管理理論為指導的嶄新成本管理理念，它具有以下幾方面突出特徵：①綜合集成性。一方面，從集成成本管理所涉及的

領域看，傳統的成本管理更多地是為了財務報告目的而計量產品銷售成本和存貨成本，而集成成本管理是在構建集成成本管理理論、成本管理系統與其他管理系統的集成基礎上，在橫向（沿價值鏈）和縱向（沿產品生命週期）兩方面進行成本控制的，同時還結合非財務指標對企業經營管理活動進行了綜合衡量。可見，集成成本管理在滿足財務報告目的之外，還涉及了企業戰略、經營、資源配置和績效管理，以及顧客、市場和企業各種管理流程等方面。另一方面，從集成成本管理的技術、手段和方法來看，集成成本管理中的成本管理理論本身是一種集成的成本管理方法，而且成本管理方法還要與先進製造技術、信息技術、管理技術等相互融合形成一種綜合集成技術。如企業資源計劃與成本管理系統的集成就需要這種綜合集成技術來支持。②創新性。集成成本管理需要管理者以一種創造性思維方式對成本管理方法進行創新，和對企業其他管理與成本管理進行有機整合，通過管理流程的徹底變革來達到集成前成本管理無法達到的效果，實現成本管理功能倍增的目的。因此，集成成本管理的創新性表現在成本管理方法的創新、成本管理流程的創新、成本管理功能的創新和成本管理系統的創新等。③協同性。集成成本管理的實質要求是實現成本管理與企業戰略、經營、資源配置和績效管理之間的協同，實現優勢互補和企業決策能力的倍增。由於集成管理的綜合性很強，集成成本管理涉及的集成要素較多，而且要素之間的關係錯綜複雜，因此，需要通過集成來提高它們之間的協同能力，才能達到通過集成成本管理實現企業決策能力倍增的目的。集成成本管理的高度協同性表現為：在橫向（沿價值鏈）和縱向（沿產品生命週期）兩方面，企業戰略管理、績效管理、經營管理與成本管理活動的相互協同，以及企業與企業之間在成本管理上的協同即供應鏈成本管理。④市場性。是指集成成本管理中的成本控制

具有很強市場特徵，體現了以市場為導向的成本競爭戰略。市場性要求集成成本管理以市場所認可的成本水準為控制目標，以集成理論為指導在企業所有相關流程中應用集成成本信息來改進成本控制。同時，企業以集成成本信息進行各種決策的管理效益，最終還是要由市場對其進行檢驗[①]。

（三）集成成本管理的基本範疇

1. 集成成本管理的集成單元

集成單元是構成集成管理系統的基本要素，我們可以根據集成單元應具備的客觀性、可集成性和相對性等一般性質，來界定集成成本管理的基本集成單元。其中，最重要的是集成成本管理單元的可集成性，對於集成管理系統來講，集成管理單元在它們彼此分離單獨存在時是處於無序狀態的，但由於集成管理單元彼此存在著某種相關性，一旦通過一定的集成模式將其集成在一起後，就形成了集成管理系統。因此，與成本管理集成的其他集成單元必須與成本管理具有一定相互聯繫和相互作用的可能性。另一方面還應該從集成成本管理的目的和集成效益，即集成成本與帶來的成本功能倍增之比，來認識集成管理單元的可集成性，集成單元要有助於企業競爭優勢的提升。就目前企業管理的現狀，可以把作業管理、供應鏈管理、流程管理、投資管理、成本管理、績效管理、戰略管理、顧客和管理人員等作為集成成本管理的基本集成單元。

2. 集成成本管理的集成界面

在工程技術領域裡，界面主要是用來描述各種儀器、設備、部件及其他組件之間的接口。在管理活動中的界面可認為是不同職能部門之間、不同崗位之間的交接狀態，反應不同工序、流程之間的銜接狀態，以及人與物之間的人機交互界面等。集

---

① 鄧明君，羅文兵. 集成成本管理基礎理論研究［J］. 財會通訊（學術版），2006（5）：106-107.

成成本管理的集成界面是指為實現企業成本競爭優勢，集成成本管理單元之間、集成成本管理系統與市場環境、各種信息傳遞的媒介或載體，以及集成成本管理單元之間相互聯繫的內在機制，這種集成界面是一種以介質為基礎的界面。在當前信息技術飛速發展的年代，產品製造現代化，信息管理技術在企業各管理部門的運用，企業與外部更多地是通過網絡進行溝通，管理更多地是通過機器語言、各種數據信息和語言等介質來實現的。因此，從溝通效率和成本上考慮，集成成本管理的集成界面應該是在網絡系統和集成成本管理系統基礎上由多種介質構成的多重界面，其中以數據信息為主要介質。

3. 集成成本管理的集成模式

集成模式是指集成管理基本單元之間相互聯繫的方式，反應了集成管理單元之間的物質和信息交流。有的學者提出，從管理集成的行為和組織兩方面對集成的各種關係進行分類、管理集成的行為模式有互補型集成模式、互惠型集成模式和協同型集成模式；管理集成的組織模式有單元集成組織模式、系統集成組織模式、過程集成組織模式和網絡集成組織模式。根據集成成本管理發展過程和內涵，其集成行為應該是一種協同型的集成管理模式，集成成本管理基本單元通過整合形成了相互協同一致的、相互交流的、以多維成本信息為基礎的集成成本管理方法和成本決策支持系統，從而實現了改善各集成單元的功能和集成成本管理功能倍增的目的。如成本管理與作業管理的集成成為作業成本管理，就是一種典型的協同型集成模式，作業管理有利於提高成本管理的相關性和精確度，成本管理有利於作業流程的改進，它們各自的管理功能都得到了改善，兩者之間相互融為一體形成了作業成本管理，並實現了成本管理功能的倍增。一般來講，集成度越高系統越複雜，集成的效能也越高。要使高度集成的集成成本管理系統能夠充分發揮其決

策支持功效，就必須提高集成成本單元之間的協同能力，在現代網絡環境和組織管理的支撐下，運用現代集成技術和手段設計良好的集成管理界面。

4. 集成成本管理的集成原則

原則通常是指一般性的規範，具有比較廣泛的指導意義。集成成本管理原則是集成成本管理的一般性規定，對其集成過程及其應用具有廣泛的指導意義。集成成本管理的原則主要包括：相關性原則、經濟性原則、相容性原則和及時性原則等。

（四）集成成本管理的邏輯過程

集成成本管理作為一種管理，一般管理理論同樣適合它的管理過程。對集成成本管理的邏輯過程進行分析，能夠讓我們更好地認識集成成本管理的規律，有利於提高集成成本管理的有效性和指導集成成本管理實踐活動。其邏輯過程由集成成本管理的計劃，集成成本管理的組織，集成成本管理的指揮，集成成本管理的協調，集成成本管理的控制構成。

計劃是管理的首要職能，集成計劃是成功實施集成成本管理的關鍵因素。集成是一項系統工程，在集成成本管理的計劃階段，企業高層管理者、運用成本信息進行決策的相關內部組織和人員以及企業外部相關組織和人員都應該明確幾方面問題：集成成本管理的目標和基礎性研究，集成內容，集成組織，集成時間與單位，集成方法。

集成成本管理組織主要涉及組織結構建立、規定行為和資源配置三方面。組織結構是集成成本管理分工與協作的基本形式和框架。設計科學、合理的組織結構是集成成本管理系統運行的基礎條件，也是集成成本管理實現成本管理功能倍增的必要條件。在規定行為方面，集成成本管理的行為規定應該通過內部成本管理制度和各種契約。集成成本管理注重各種管理系統之間信息的整合，在行為管理上，不能依靠傳統的命令與指

揮,而是依據制度和契約進行信息的溝通與協調。在資源配置方面,集成成本管理強調集成單元之間的信息集成,通過增強成本信息的相關性來提高企業相關決策能力。因此,在做好信息資源的選擇、使用、評價等過程管理的同時,還需要做好人力資源方面的配置、使管理人員與集成成本管理系統更好地集成。

集成成本管理的指揮是驅動其集成單元有序運動的過程,包括集成單元整合的動態過程和集成成本管理系統的維護與發展。在集成成本管理系統設計過程中,要設計科學合理的界面,建立通用的數據結構,減少協調工作量,同時還要有利於協調成本的降低,提高其系統的和諧性。另外,還應該通過加強組織結構設計來增強集成成本管理的協調能力,達到其集成目標。

控制是一項重要的管理職能,沒有控制就難以保證一切活動按照計劃或目標進行。集成成本管理控制就是對集成成本管理系統形成過程中,對集成過程、應用集成成本管理支持企業各種決策過程和集成成本管理系統運行過程的控制,及時發現偏差,採取糾正措施,保證集成成本管理目標的實現,其控制模式有反饋控制、同期控制和前饋控制。

二、集成成本管理系統(Integrated Cost Management, ICMS)

(一)集成成本管理系統概念

1998年弗里曼(Freeman)首先提出了集成成本管理系統概念,認為集成成本管理系統是把組織的核心決策、支持性決策和多種成本管理系統有機聯繫在一起,使組織內的數據流與生產流程、決策以及人結合起來,形成一個行動和結果一致的集成系統」[1]。本文認為,集成成本管理系統是指在集成管理理論

---

[1] FREEMAN T, MCNAIR C J. Transforming cost management into a strategic weapon [J]. Journal of Cost Management, 1998.

指導下，針對成本信息相關性遺失問題，從企業戰略管理角度出發，綜合運用各種現代成本管理理論、業務流程再造理論、集成技術和方法，通過創造性的管理流程變革，使成本信息系統、作業管理、績效管理、流程管理、企業資源計劃系統和人有機地集成在一起來支持各種決策的集成管理系統。

（二）集成成本管理系統特徵

集成成本管理系統除了具有集成成本管理的一般特性外，還具有以下幾方面的特點：①分佈式、多樣化地獲取成本信息。集成成本管理系統徹底改變了傳統的成本信息系統獲取相關成本信息的方式和渠道，它涵蓋了企業經營管理的多過程，如產品設計、作業管理和供應鏈管理等。成本信息的來源不僅包括企業內部，還包括供應商乃至用戶。成本信息的種類不僅包括製造成本信息，還包括設計成本、物流成本、質量成本等。成本信息是集成了價值、時間、作業和質量屬性的多維成本信息。②多功能智能性。集成成本管理系統將成本信息系統與企業資源計劃系統、作業管理、績效管理綜合集成時就能夠增加成本管理的決策支持功能，在增強企業成本信息相關性的同時，更重要的是它拓展了成本信息的應用範圍，提高了企業競爭優勢。另外，商業智能與成本管理的集成，增強了企業決策過程中對多維成本信息的分析和發現新市場機會的能力，以及成本控制能力，提高了成本管理的智能。

（三）集成成本管理系統作用

集成成本管理從以下幾方面幫助企業提高了利潤和增強了成本競爭優勢：提高企業對市場環境的適應能力，在環境變化影響企業之前就能夠預測並對其做出反應，從而降低企業風險；支持連續地改善企業營運能力，而不是尋求暫時的平衡；把焦點放在企業外部的顧客需求和競爭威脅上，通過顧客需求來驅動企業發展；將企業資源集中在增值活動上，識別並消除浪費，

通過改進流程減少非增值活動，從而增加企業利潤；將個人、團隊和企業的動機聯結起來，確保企業中每個人都能理解企業戰略和經營目標，並且激勵他們去實現戰略目標；增強所有層次、流程和部門的聯繫，滿足顧客需求，更好、及時地解決其所遇到的問題，同時發現新的市場機會[①]。

(四) 集成成本管理系統機制

集成成本管理系統的機制就是其運作方式，包括：①集成成本管理系統的形成機制。集成管理行為是在特定的環境下，集成主體為適應環境而進行的有目的的行為過程。集成成本管理系統的形成受到了當前激烈競爭環境下企業各種決策對成本信息質量要求日益提高的影響，而目前企業當中成本管理系統與其他管理系統之間的整合程度不高，成本信息相關性不強，導致企業決策失誤現象普遍發生，從而促使企業決策者對成本管理系統和其他管理系統採取集成行為。決策者通過對相關信息的搜集、分析與評價，根據決策的需要選擇集成單元並組織集成成本管理系統的設計和開發。②集成成本管理系統的功能實現機制。集成成本管理系統的目的在於實現成本信息系統、作業管理、績效管理和投資管理等各自無法實現的決策支持功能。按照系統論的觀點，系統的功能水準取決於系統結構、構成系統結構的機制（即軟件）和系統的運行環境三大因素。集成成本管理系統的功能實現主要取決於協同機制，除了上述三大因素間的相互作用以外，還有與集成成本管理基本單元之間的相互作用。③集成成本管理系統的穩定機制。集成成本管理系統功能穩定機制是保證集成成本管理系統為企業各種決策連續提供高度相關性成本信息，約束和調節系統中各集成成本管理基本單元的信息集成方式，穩定機制的存在有助於集成成本

---

① 劉彥文，王桂馥. 基於系統思想的成本控制管理探析 [J]. 會計之友，2004 (8)：75-76.

管理控制過程的實現①。

　　集成管理是一種新型的管理理論，其實質是在一個統一的目標指導下，實現系統要素的優化組合，在系統要求之間形成強大的協同作用，從而最大限度地放大系統功能和實現系統目標的過程。集成成本管理作為一種先進的管理模式，能夠幫助企業有效地使用成本信息和業績數據，實施企業戰略，從而增強成本競爭優勢。集成成本管理系統作為一個複雜系統，其構建和應用需要企業具備一定的基礎條件，同時其開發和實施的成本和風險也非常高。除了需要集成成本管理理論體系的指導外，還更需要有一套成熟的集成成本管理方法體系與集成成本管理系統模型的指導。集成成本管理是「一種新成本管理策略」②，要對管理信息成本進行集成管理，首先要依據企業的戰略目標，然後識別企業內部的管理信息功能，在管理信息結構集成、管理信息系統集成、管理信息流集成的基礎上，構建具體的管理信息成本集成管理策略與模式。

第二節　管理信息成本集成的基礎、路徑和模式

一、管理信息成本集成的基礎

　　管理信息成本集成是企業對管理信息成本進行有效控制的前提。企業要對管理信息成本進行集成，必須實施有效的信息

---

　　① 陳華亭. 管理會計新方法：集成成本系統 [J]. 財會月刊（會計版），2005（1）：11－12.
　　② 董桂芝. 集成成本管理模式的新視角 [J]. 荊門職業技術學院學報，2007（8）：67－69.

資源規劃和企業資源計劃，對企業的業務流程進行改造和重組。信息資源規劃是企業信息戰略的重要組成部分，是企業信息化建設的基礎性工作，也是在企業管理信息成本集成過程中必不可少的指導性工作。企業資源計劃是管理信息成本集成的基礎，是成本集成管理的重要平臺，它形成的各種信息（包括成本信息）為管理決策提供了重要依據。

（一）信息資源規劃

信息資源規劃（Information Resource Planning，IRP）是指對企業生產經營所需要的信息，從採集、處理、傳輸到使用的全面規劃。企業信息化建設的主體工程是建設現代信息網絡，而現代信息網絡的核心與基礎則是信息資源網。企業信息資源規劃，就是信息資源網建設的規劃，是企業發展戰略規劃的延伸，是企業信息化建設的基礎工程。信息資源規劃是關於信息資源開發和規劃的信息技術體系，由一整套方法論、標準規範、軟件工具所構成，三者的關係如圖7-1所示。

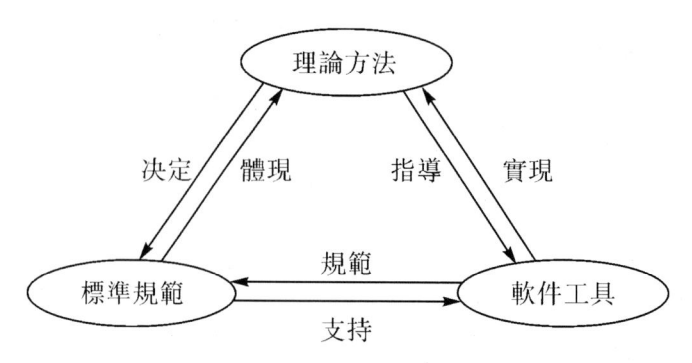

圖7-1　信息資源規劃體系構成及關係圖

信息資源規劃是按照一定的方法步驟，遵循一定的標準規範，利用有效的軟件支持工具進行各職能域的信息需求和數據流分析，建立全域和各職能域的信息系統框架——功能模型、數據模型和體系結構模型，建立全企業信息資源管理（IRM）的

基礎標準。在這些標準和模型的指導、控制和協調下，可以進一步實施企業信息化建設的網絡工程、數據庫工程和應用軟件工程。從而保證企業信息化建設高起點、低成本，實現信息資源整合共享的目標。

信息資源規劃側重於企業信息資源整合與應用系統集成化開發的策略方法的制定。從理論和技術創新的角度來看，信息資源規劃的要點有：

（1）在總體數據規劃過程中建立信息資源管理標準，從而落實企業數據環境的改造和重建工作。

（2）工程化的信息資源規劃的實施方案，在需求分析和系統建模兩個階段的規劃過程中執行有關的標準規範。

（3）簡化需求分析和系統建模方法，確保其科學性和成果的實用性。

（4）組織業務骨幹和系統分析員緊密合作，按周制訂工作進度計劃，確保按期完成規劃任務。

（5）形成以規劃元庫為核心的計算機化文檔，確保與後續開發工作的無縫銜接。

信息資源規劃的重要作用在於解決企業管理信息化的兩類問題：第一類是管理信息系統集成（integration）問題。企業已經建立了內部網，接入了國際互聯網並建立了網站，計算機應用已有相當的基礎，但多年來分散開發或引進的管理信息系統，形成了許多「信息孤島」，需要進行信息資源整合，實現管理信息系統集成。第二類是管理信息系統重建（reengineering）問題。新建的企業需要建立新一代信息網絡，或者企業原有管理信息系統陳舊落後需要重建，或者整套引進ERP軟件。

（二）企業資源計劃

企業資源計劃（Enterprise Resource Planning，ERP）是由美國加特納公司（Gartner Group Inc.）在20世紀90年代初期首先

提出的，它強調供應鏈的管理。其主要宗旨就是將企業各方面的資源充分調配和平衡，使企業在激烈的市場競爭中全方位地發揮足夠的能力，實現企業物流、資金流和數據流的有機統一，從而取得更好的經濟效益，為企業做出正確及時的決策提供依據。

　　企業資源計劃系統是指對企業的人、財、物等資源進行優化配置的一種管理應用軟件，是建立在信息技術基礎上，以信息化的管理思想，為企業決策層及員工提供決策運行手段的管理平臺。企業資源計劃系統信息技術與先進的管理思想一起，成為現代企業的營運模式，反應時代對企業合理配置資源，是提高企業綜合效益的解決方案。從管理思想的角度來看，企業資源計劃是面向供應鏈（Demand/Supply Chain）的管理思想；從軟件產品的角度看，它是綜合應用了客戶機/服務器體系、關係數據庫結構、面向對象技術、圖形用戶界面、第四代語言（4GL）、網絡通訊等信息產業成果，以企業資源計劃管理思想為靈魂的軟件產品；從管理系統的角度看，它是綜合了企業管理理念、基礎數據、人力物力、業務流程、硬件軟件於一體的企業資源管理系統。

　　實際上企業實施企業資源計劃後會有以下幾個方面的優勢：①重新梳理本企業的業務流程，發現問題，實現企業流程再造；②在一定意義上完成企業標準化工作；③在系統所達的範圍內做到信息共享，密切協作，實現企業的可視化管理；④使企業基本完成從粗放型管理到精細管理的演進。企業資源計劃項目是一個企業管理系統工程，在引入企業資源計劃系統的過程中，實施是一個極其關鍵的環節，決定著企業資源計劃效率的充分發揮。因此，企業資源計劃項目只有在一定科學方法的指導下，才能夠成功實現企業的應用目標。

　　一個典型的企業資源計劃實施進程主要包括以下幾個階段：

①項目的前期工作階段。這個階段的工作主要包括領導層培訓及企業資源計劃原理的培訓、企業診斷、需求分析和確定目標。②企業資源計劃軟件選擇階段。③實施準備階段。在這個階段中，要做這樣幾項工作：項目組織、數據準備。④系統安裝調試階段。在人員、基礎數據已經準備好的基礎上，就可以將系統安裝到企業中，並進行一系列的調試活動。⑤軟件原型測試。由於企業資源計劃系統是信息集成系統，所以在測試時，應當是全系統的測試，各部門的人員都應該同時參與，這樣才能理解各數據、功能和流程之間相互的集成關係，並找出不足的方面，提出解決企業管理問題的方案，以便接下來進行用戶化或二次開發。⑥模擬運行及用戶化階段。這一階段的目標和相關的任務是模擬運行及用戶化、制定工作準則和工作規程。⑦驗收階段。在完成必要的用戶化工作進入現場運行之前還要經過企業最高領導的審批和驗收通過，以確保 ERP 的實施質量。

二、管理信息成本集成的路徑

管理信息成本是現代企業成本的重要組成部分，是企業成本控制的重點。管理信息成本具有可控性和較強的可變性，如果方法得當，技術先進，手段合理，使管理信息收集、加工、處理的效率增加，有用性增強，企業既可以減少決策的不確定性，又可以降低管理信息成本；反之，可能導致決策結果的不確定性增強、管理信息成本增加。管理信息成本產生於企業內部業務流程的許多環節，管理信息成本集成既依賴於對產生管理信息成本的活動、組織和系統的集成，如管理信息結構集成、管理信息流集成和管理信息系統集成，又必須以企業現代管理方法或手段為基礎，如業務流程改造、信息資源規劃、企業資源計劃。

管理信息成本集成是以集成管理理論為指導，以信息技術

為手段，以企業網絡為平臺，在業務流程重組的基礎上，將企業的管理信息成本集合在一起，實現成本管理與企業戰略、經營管理、資源配置和績效管理的集成，從而提高企業決策能力和成本競爭優勢的活動。管理信息成本的集成既要考慮管理信息流的集成，又不能忽視管理信息結構和管理信息系統的集成。因此，管理信息成本集成應遵循以下原則：①全面性。管理信息成本集成的內容既要包括管理信息結構成本，又要包括管理信息系統成本，還要包括管理信息流成本。②戰略性。管理信息成本的集成不僅僅是企業各操作與控制環節，還有企業戰略管理活動過程，並且戰略管理信息成本的集成對企業影響的面大、時間長。③依賴性。管理信息成本的集成需要其他相關的技術、活動、人員與組織的支撐，人員是管理信息成本集成的主體，信息技術是管理信息成本集成的工具，科學的管理方法和改造活動是基礎，組織機構是管理信息成本集成的保障。④複雜性，管理信息成本的集成不僅僅是成本集成，還需要其他的諸如結構、信息流、系統、人員的集成，並且管理信息成本集成的方式因企業各有不同，整個操作過程比較複雜。⑤靈活性。企業之間總是存在許多差異，包括組織結構不同、經營方式不同、生產經營對象不同、管理模式不同等，各個企業可以根據自身的特點選擇適合自己的管理信息成本集成模式。⑥跨越性。隨著現代企業價值星系的產生與發展，管理信息成本的集成不應再局限於企業內部，還應跨越企業界限在整個價值星系內集成。

結合上述原則，本文認為，管理信息成本集成（Integration of Management Information Cost，IMIC）的路徑主要包括以下三種：

（1）對企業日常管理過程中產生和形成的管理信息成本的集成，稱之為基於控制過程的管理信息成本集成。這一集成主

要針對企業內部各日常管理部門、管理人員、管理活動中產生的管理信息成本。

（2）對企業戰略管理過程中產生和形成的管理信息成本的集成，稱之為基於戰略管理的管理信息成本集成。這主要針對企業戰略管理過程中人員、組織、活動中產生的管理信息成本。

（3）對跨企業間組織構建戰略聯盟過程中產生和形成的管理信息成本的集成，稱之為基於跨企業間組織的管理信息成本集成。它主要是對同一價值星系內的企業間在構建戰略聯盟過程中所有相關人員、組織機構和活動中產生的管理信息成本的集成。基於跨企業間組織的管理信息成本集成在實際操作中必須處理好一個關鍵問題，即管理信息成本的分配。這需要跨企業間組織確立嚴格的「界面規則」（組織間關係的界面規則，簡單地說，就是處理組織間關係的各結點關係，解決界面各方在專業分工與協作需要之間的矛盾，實現組織間關係整體控制、協作與溝通，提高組織間關係效能的制度性規則）[1]。

管理信息成本集成的這三種路徑存在著較強的內在聯繫，集成的成本層次不斷提升，基於控制過程的管理信息成本集成的管理信息成本發生於企業內部日常管理控制過程中，基於戰略管理的管理信息成本集成的管理信息成本發生於戰略管理過程，基於跨企業間組織的管理信息成本集成的管理信息成本發生於企業間形成的價值星系內；集成的成本範圍不斷擴大，基於控制過程的管理信息成本集成和基於戰略管理的管理信息成本集成的管理信息成本限於企業內部，基於跨企業間組織的管理信息成本集成的管理信息成本發生於企業間。當然，這三種不同路徑的集成難度也在不斷增加。

---

[1] 羅珉，何長見．組織間關係：界面規則與治理機制 [J]．中國工業經濟，2006（5）：87-95．

三、管理信息成本集成的模式

管理信息成本包括管理信息結構成本、管理信息流成本和管理信息系統成本三種，管理信息成本的集成必然包含了對管理信息結構成本、管理信息流成本和管理信息系統成本的集成三部分。但這三類成本之間無論是內容上還是形式上都存在差異，因此，它們又各自存在不同的集成方式。本文構建了如下（圖7－2）管理信息成本集成模式。

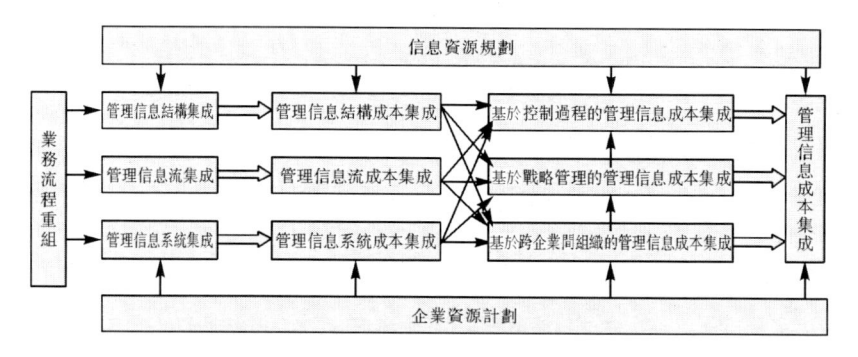

圖7－2 管理信息成本集成的模式

管理信息成本集成模式呈現出幾個方面的特點：①以業務流程重組、企業資源計劃和信息資源規劃為基礎，特別是業務流程重組，它既是企業實施企業資源計劃的重要環節，又是管理信息成本集成的前提；②存在一定的路徑依賴，管理信息結構成本集成依賴於管理信息結構集成，管理信息流成本集成依賴於管理信息流集成，管理信息系統成本集成依賴於管理信息系統集成；③集成路徑的層次性，基於跨企業間組織的管理信息成本集成、基於戰略管理的管理信息成本集成和基於控制過程的管理信息成本集成在集成路徑層次上是依次遞減，基於跨企業間組織的管理信息成本集成高於基於戰略管理的管理信息成本集成，基於戰略管理的管理信息成本集成高於基於控制過

程的管理信息成本集成；④成本集成的範圍各有不同，基於跨企業間組織的管理信息成本集成的範圍是企業聯盟內因跨組織信息系統所產生的成本，基於戰略管理的管理信息成本集成的範圍包括企業內部戰略決策所需的管理信息產生的成本，基於控制過程的管理信息成本集成的範圍是企業管理控制過程及作業管理過程所發生的管理信息成本；⑤集成的動態性，在現有模式下的集成是一種動態集成，主要表現在兩個方面：一是集成對象的動態性，因為管理決策所需管理信息在不同時間、不同項目中有所不同，也就意味著管理信息成本包括的具體成本內容不同，二是集成路徑的動態性，因為不同管理層次的成本信息需要是不確定的、動態的，所以所選擇的集成路徑也不同。

第三節　管理信息結構成本集成

一、管理信息結構成本集成與管理信息結構集成

　　管理信息結構成本是基於管理信息組織結構的人員、活動等發生的支出，不同的管理信息組織結構對管理信息成本有著不同的影響，直線型的、扁平化的、職能型的或綜合型的組織結構對管理信息的需求不同，管理信息的傳遞途徑也不一樣，最終會形成不同大小的管理信息結構成本。因此，為科學控制管理信息成本，必須進行管理信息結構集成。

　　管理信息結構集成是指在識別企業管理信息功能單元的基礎上對企業的管理信息結構實施集成，以達成企業管理信息要素優化配置和整體功能最優的目的。企業管理信息結構集成的前提是對照企業的信息戰略，審視企業現有的信息機構，確定管理信息結構集成的方案。管理信息結構集成與管理信息結構

成本集成兩者有著密切聯繫。

1. 管理信息結構集成是管理信息結構成本集成的基礎。管理信息結構集成是一種以功能單元為基礎的集成，但每一功能單元發揮作用時都會產生成本，形成管理信息結構成本。管理信息結構成本發生於管理信息結構內，源於管理信息結構單元的各種活動。因此，管理信息結構成本集成必須依賴於管理信息結構集成。管理信息結構中不同的功能單元在發生活動時產生的成本會因管理信息結構的集成而更易控制，即集成後的管理信息結構可以實現管理功能的優化和管理效能的提高，達到既定成本下效用最大化或既定效用下成本最小化目的。但實現了管理信息結構集成並非完全實現了管理信息結構成本集成，因為管理信息結構各功能單元所發生的成本只有採用一定方法和方式進行歸並後才能實現管理信息結構成本的集成。

2. 管理信息結構成本集成影響著管理信息結構集成。管理信息結構集成的效果如何，是否能實現集成目標，達到預期效果，管理信息結構成本是一個重要衡量指標。集成後的管理信息結構成本相對於以前在成本數量上是否更低，在成本計量上是否更準確，在成本控制方面是否更科學合理，這些都反應了管理信息結構成本集成的效果。管理信息結構集成作為管理信息結構成本集成的基礎，成本集成的效果好壞基本上反應出了結構集成的效果，也會影響著結構集成的方式，促進管理信息結構集成的優化。

因此，管理信息結構成本集成與管理信息結構集成兩者之間相互影響著。管理信息結構是管理信息結構成本發生的主體，也是管理信息結構成本分配的客體。管理信息結構集成是管理信息結構成本集成的基礎，直接影響到管理信息結構成本的集成水準和效果；管理信息結構成本集成又會反作用於管理信息結構集成，管理信息結構成本集成效果的優劣決定著能否促進管理信息結構集的優化。

二、管理信息結構成本集成的前提

（一）管理信息結構集成

1. 管理信息結構集成的理論分析

針對企業管理信息結構的缺陷和相對滯後，西方的信息資源管理學家從 20 世紀 80 年代起便開始研究相應的理論和解決方案，並構建了不同的理論架構（霍頓，1985；馬爾尚和克雷斯萊因，1988；波爾，1994；科塔達，1998；沃德和格里菲思，1996；伯杰龍，1996）。國內信息資源管理理論研究很少涉及企業管理信息結構中的問題，業務流程集成研究也大多沒有深入到管理信息結構的層面，中國社會科學院管理學霍國慶和黃豔華（2001）、裴中陽（1998）在信息結構集成方面進行了一些探索。

（1）信息戰略管理與管理信息結構的互動

企業戰略管理理論中有「結構追隨戰略」之說，其意是指戰略與結構之間存在著一種互動關係，這種互動關係本身對應著戰略制定與戰略實施之間的關係。一般而言，企業組織結構包含著既定戰略框架內企業要做的工作以及完成這些工作的方式，包含著企業的匯報關係、工作程序、控制結構、授權和決策過程，決定著管理者的工作方式和決策模式（伊特、愛爾蘭和霍斯金森，2003）。從某種意義上說，企業組織結構的內涵是由企業戰略決定的，但企業組織結構一旦確定以後，又會影響當前的戰略行動以及未來戰略的選擇。從理論上講，每一個戰略都應有適合它的組織結構，當戰略變化時，企業同時應該考慮改變其組織結構以支持新的戰略，這種互相適應的過程也稱為企業組織結構與戰略的匹配。

美國著名的戰略管理學家 A. 錢德勒在其代表作《戰略與結構》一書談到，企業似乎總傾向於維護現有的組織結構和工作關係，只有在效率低下時才會被迫改變他們的組織結構，此外，企業的高層管理也總是諱言組織結構方面的問題，因為這樣做意味著他們以前的選擇並非最佳選擇（錢德勒，1962）。錢

德勒的分析同樣適用於信息管理領導。當信息化戰略在中國企業風起雲湧時，很多企業只是簡單地制定了自己的信息戰略，試圖實施信息化戰略管理，而沒有分析企業應擁有哪些信息部門、這些信息部門所組成的信息結構是否支持企業的信息戰略等問題。企業信息戰略管理的首要任務是消除信息孤島、實現信息資源共享、降低管理信息成本和提高管理信息效益，而實現這個任務不僅需要建設可共享的管理信息基礎結構和管理信息系統，而且也需要集成企業的信息組織，形成能夠支持企業信息戰略管理的合理的管理信息結構。

　　根據組織結構理論，企業管理信息結構至少應包括三方面內容：一是匯報關係，即企業管理信息結構與企業組織結構之間的關係，其體現形式主要是企業信息組織的領導者——信息主管（Chief Information Officer，CIO）與企業最高決策者（CEO或董事長）之間的關係；二是控制結構，主要是指信息組織內部的從屬關係；三是工作結構，主要指信息組織內部的分工與合作關係。企業管理信息結構不同於企業財務結構與人力資源結構：財務結構和人力資源結構雖然也滲透在所有企業活動中，但相對容易識別和集成；管理信息結構在不同的企業中有很大的區別，由此決定的管理信息結構集成也有很多變數。

　　（2）信息孤島治理與管理信息結構集成

　　集成管理從起始就是信息資源管理的核心觀念之一。在1985年，美國信息管理學家霍頓就認為，信息資源管理是一個集成概念，它融不同的信息技術和領域為一體，這些技術和領域包括管理信息系統、記錄管理、自動數據處理和電子通信網絡等。這些領域和職業在20世紀六七十年代是相互隔離和分散的，但它們必定重新聚合在一起。（霍頓，1985）美國信息管理學家馬爾尚和克雷斯萊因（1988）更詳細地劃分了公共機構中信息資源的管理功能，認為它們包括數據處理、電子通信、文

书和記錄管理、圖書館/技術信息中心、辦公自動化、研究/統計信息管理、信息服務/公共信息辦公室等（見圖7-3），並形象地稱它們為「信息孤島」。

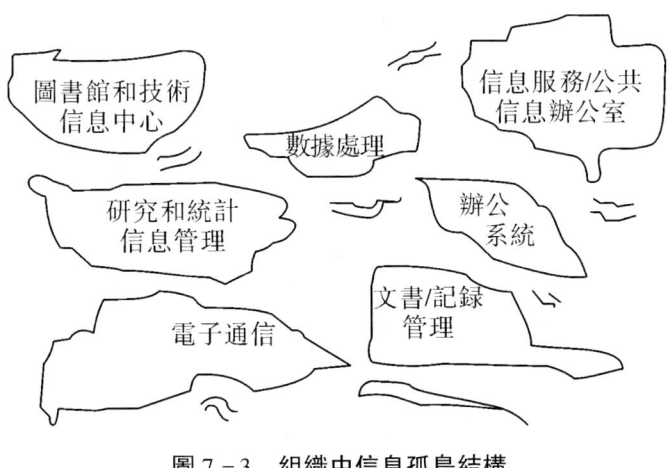

圖 7-3　組織中信息孤島結構

馬爾尚和克雷斯萊因認為，為了在信息孤島之間架上橋樑，需要組織制定一種能夠提供指導方向並具備靈活性的管理戰略，該戰略的制定要遵循五個基本原則：①確立「信息是組織資源」的觀念，信息是一種具有成本和價值的資源而不是「免費食物」；②在利用信息資源和信息技術時必須權責分明，明確各自的權利和義務是什麼、如何確保合作與資源共享等內容；③業務規劃與信息資源規劃必須緊密地聯繫起來；④必須對信息技術實施集成管理；⑤最大限度地提高信息質量、改進信息利用和促使信息增值是組織的戰略目標。

馬爾尚和克雷斯萊因還進一步提出了信息資源集成管理的模型（見圖7-4）。在模型中，信息孤島統一在信息資源管理主任的領導之下或者說統一在信息資源管理的目標之下，經過集成的信息功能之後建立起了內在的聯繫，一體化的組織信息結構基本形成。

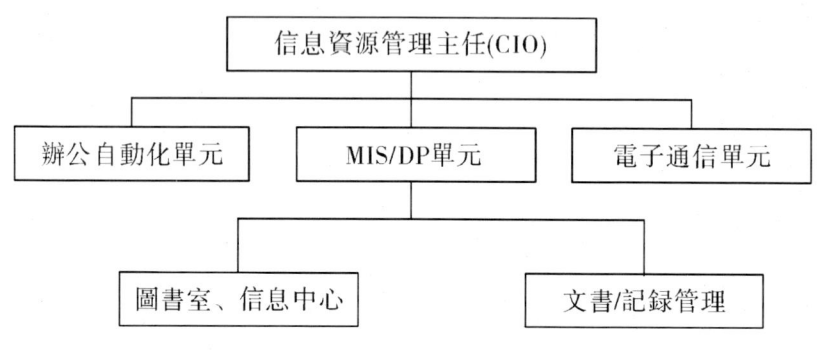

图 7-4　信息資源集成管理框架

(3) 信息技術與業務調配理論

美國信息戰略學家波爾在國際商業機器公司諮詢人員解釋信息技術和業務戰略關聯的模型的基礎上，提出了信息技術與業務調配的概念模型（見圖 7-5）（波爾，1994）。

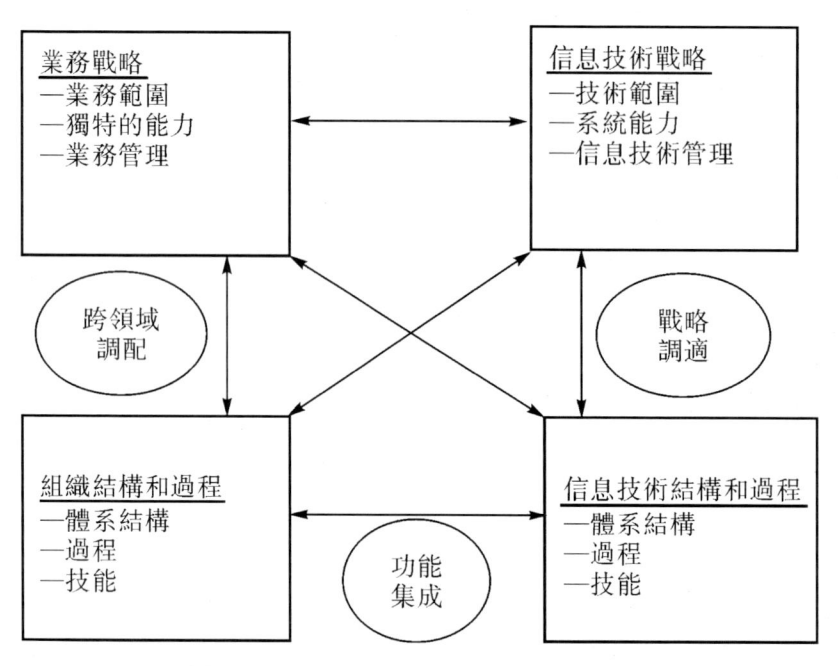

圖 7-5　信息技術與業務調配的概念模型

「調配（alignment）」其字面意思為調適、匹配。波爾（1994）認為，「調配」是指這樣一種現象：當事物處於調配狀態時，它們能夠自然地、協調地相互作用以實現共同的目的，它們之間不存在摩擦也不存在阻力，它們能夠完美地彼此互補和增援，它們實際上已合為一體。當一個企業處於調配狀態時，其所有的功能或過程都能根據共同的目標或業務範圍連結在一起；一個企業作為一個整體又必須與市場需求相調配，必須與其供應鏈相調配。對於 IT 功能與業務的調配而言，首要的問題是 IT 功能必須與業務範圍實現調配，通過這種調配使企業的所有功能和過程都能以卓越的方式為顧客服務。企業在實現信息技術戰略的過程中，信息技術戰略一方面需要轉化為企業的信息技術基礎結構，另一方面還要轉換為企業的信息組織結構，信息組織結構是實現信息戰略和的組織基礎。調配不是一種靜止的狀態，而是一個動態平衡的過程，是企業業務戰略、信息戰略、企業組織結構和信息結構之間的連續匹配的過程。因此，調配也是一種集成過程。

（4）集團公司管理信息結構集成理論

1998 年，中國學者裴中陽在《集團公司運作機制》一書中提出「集團公司新型組織模式構想」（見圖 7-6）。在該模式中，企業所占用的全部資源被歸納為人力資源、信息資源和財務資金資源三大類，相對應的新型公司組織結構的主體因而也包括人力資源開發中心、信息資源開發中心和財金資源開發中心三大板塊，公司原有的職能部門均歸於這三大中心之下，另設監察審計部，全面負責人事、財務和信息（保密）方面的監控。應該說，裴中陽先生所構想的集團企業組織結構特別是其中的信息資源開發中心是符合企業信息結構集成的理論思維的，這種構想可以看作是現代企業信息管理實踐的昇華和理論抽象。

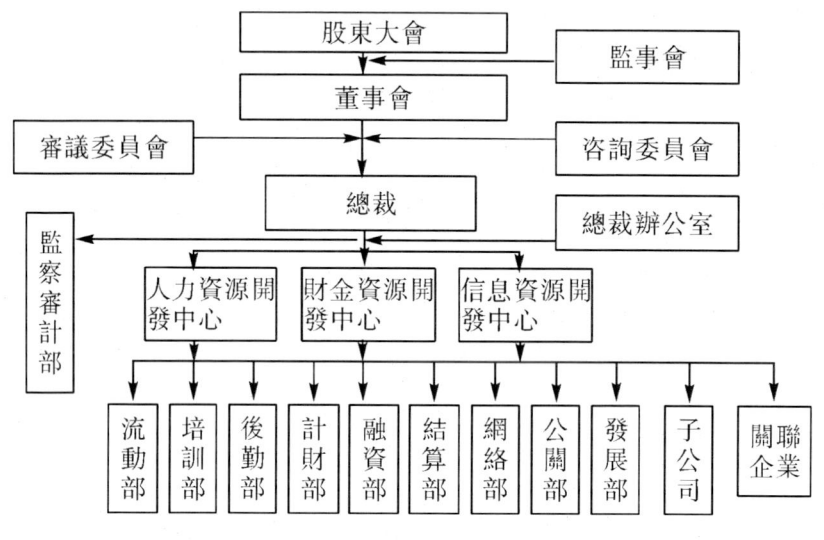

圖 7-6　集團公司新型組織模式構想

2. 管理信息結構集成的步驟與模型

(1) 管理信息結構集成的步驟

企業管理信息結構集成的理論前提是從戰略的角度評估企業的信息需求，然後根據企業整體的戰略信息需求設計企業的管理信息功能。企業管理信息結構集成建立在廣泛的企業內部和外部分工與合作的基礎上，集成後的企業管理信息功能必須考慮企業的任務、目標、戰略、威脅與機會、優勢與劣勢、戰略價值流、核心競爭力等企業整體事宜及其引發的信息需求。管理信息結構集成實際上是管理信息功能集成，結構是功能的載體。中國社會科學院霍國慶教授（2004）提出，信息功能集成是指在識別企業信息功能單元的基礎上對企業的信息結構實施優化組合。企業內部管理信息功能的集成管理可以分四步。

第一步，識別企業內部所有的信息功能單元，並抽象或分離出管理信息功能單元。一個企業內部的信息功能單元有很多，有的是因管理而設，有的因技術而設，有的因行銷而設，該步

的關鍵是識別管理信息功能單元。

第二步，確立企業管理信息功能的形成機制，即明確企業應該擁有哪些管理信息功能，哪些管理信息功能應該外包或由社會或社區承擔。

第三步，區分管理信息功能單元的職責並集成。企業所擁有的管理信息功能單元，如戰略規劃小組、信息研究室、信息中心等之間都存在不同程度的職責交叉問題，因此，它們可以精簡歸並，集成為權、責、利不重疊的單元。

第四步，構建管理信息功能集成系統。將經過集成的管理信息功能單元依據它們之間的內在關聯結構有機地連接起來，置於信息主管的統一領導之下。經過上述識別、確立和區分管理信息功能單元之後，企業所有的戰略信息管理功能單元可以歸並為戰略管理中心、信息資源中心、信息技術中心三大板塊。

（2）管理信息結構集成的模型

企業管理信息結構集成主要服務於企業戰略，企業戰略不同會形成不同的管理信息結構。一般而言，集成後的戰略信息中心的構成因企業的發展階段和規模而異（見表7－1）。

表7－1　　企業發展階段、規模與管理信息結構

發展階段 企業規模	成立初期	發展壯大期	穩定發展期
小型	信息技術中心	信息技術中心	信息技術中心
中型	信息技術中心、戰略管理中心	信息技術中心、信息資源中心、戰略管理中心	信息技術中心、信息資源中心、戰略管理中心
大型	信息技術中心、信息資源中心、戰略管理中心	信息技術中心、信息資源中心、戰略管理中心	信息技術中心、信息資源中心、戰略管理中心

對小型企業而言，其管理信息結構中可能一直都只有信息技術中心；對大型企業而言，可能戰略管理中心、信息資源中心、信息技術中心三大板塊一直都存在並發揮著作用，並且三個中心之下還需細分，其結構如圖7-7所示。

管理信息結構所轄的三個中心之間是一種分工互補關係：戰略管理中心主要負責戰略信息資源的收集、分析、協調以及戰略規劃方案的制訂，包容現有的戰略規劃部門、競爭情報部門、企劃部、研究部、企業信息化領導小組等信息機構；信息資源中心主要負責戰略信息資源的收藏、組織、再加工、傳播和諮詢，包容現有的科技圖書館、檔案館、數據庫中心、網絡資源中心、信息編輯部門等信息機構，信息技術中心主要負責信息系統的開發、運行、維護、發展、安全以及電子通信，包容現有的計算機中心、電子通信中心、電子商務中心以及網絡部等信息機構。

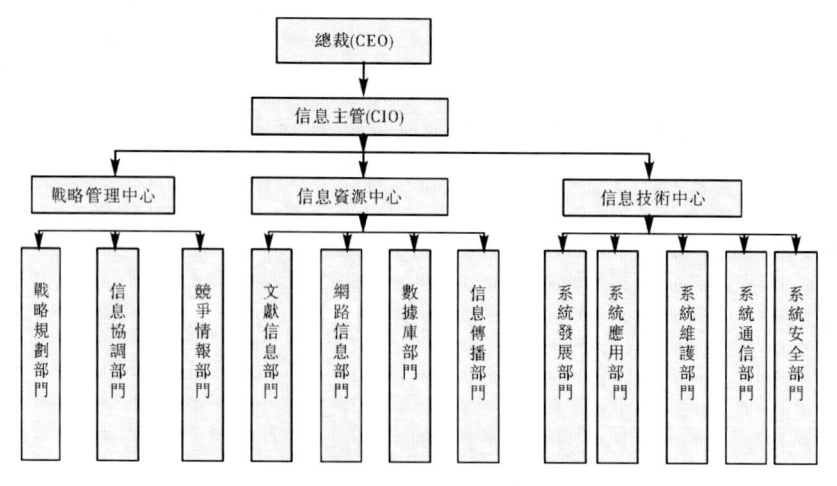

圖7-7　企業管理信息結構集成模型

（二）管理信息結構集成的成本體現

根據前面論述內容我們可以發現：①不同的管理信息結構

有不同的集成方式和對象，也會產生不同內容的管理信息結構成本。②管理信息結構是管理信息結構成本產生的主體和分配的載體，管理信息結構集成過程實現了管理信息結構成本的集成。因為，管理信息結構成本是管理信息組織結構所產生的費用，包括組織的日常業務活動費用、員工的工資及福利支出等。將集成後的管理信息組織結構所發生的成本進行統一匯總與歸集，也就完成了管理信息結構成本的集成。③管理信息結構集成和管理信息結構成本集成有著共同的價值目標，即通過管理信息結構的集成實現管理效率和效果的提高，降低管理信息結構成本或提升管理信息組織結構的價值創造能力，實現成本控制和價值創造目標。

因此，管理信息結構成本的集成是對管理信息結構所發生的成本進行的集成，是管理信息結構集成在成本上的體現。從某種程度上來說，管理信息結構的集成實質上是對管理信息結構成本的集成。

三、管理信息結構成本集成的原則與路徑

（一）管理信息結構成本集成需要處理的幾大關係

企業信息化過程中，為了適應不同歷史階段的發展需要和回應不同的信息部門的要求，很多企業都建立了一系列信息組織，並由此產生了不同的管理信息結構成本。但由於許多信息功能單元是為適應不同階段的社會潮流而設置的，並且部分是「企業辦社會問題」在信息功能領域的體現（霍國慶，2004），而不是根據企業整體的戰略需求而設計的，缺乏統一的規劃，沒有能夠像財務系統那樣統合起來形成一個有機的信息功能系統，因此不僅沒有促進企業的信息化建設和提高企業管理效率、效果，反而嚴重阻滯了企業的信息進程，增加了企業的管理信息成本，降低了管理信息化的效率和效果。因此，企業必須實

事求是地就企業現有信息機構存在的必要性進行成本效益分析，在管理信息結構成本集成過程中處理好幾大關係。

企業管理信息結構成本集成需要處理好企業信息組織與社會信息組織的關係。企業是社會的組成細胞之一，是社會系統中生產價值的功能部分，企業的某些信息需求理應由社會信息組織來滿足，譬如，企業員工的一般性文化、教育、技術、娛樂及其他信息需求就可以通過某種合作方式由社會性的公共圖書館或社會圖書館來滿足。其次，企業應當充分利用法律規定的權利，充分利用政府部門信息組織的信息資源。原則上，向公眾開放的政府部門的信息資源企業可以盡量少收藏、多利用。再次，企業在成本效益分析的基礎上，可以把一些管理信息功能外包給社會相關研究機構或高校中的研究組織，行業信息資源的收集和分析功能可以外包給行業協會或對口的行業管理部門的研究機構，某些競爭對手的競爭情報收集和分析功能可以外包給一些社會關係廣泛的情報公司，市場調查及市場分析功能可以外包給專業調查公司或諮詢公司，專利信息資源的追蹤和分析可以外包給專利服務公司，文獻信息的查閱、跟蹤、匯總和分析功能可以外包給專業信息服務商，等等。最後，企業信息組織要確立與社會信息組織之間的多重互補關係，並在互補的基礎上確立自身的核心功能。

企業管理信息結構成本集成還要處理好企業信息組織與企業業務單元或事業部的信息功能之間的關係。集成之後的企業信息結構仍然採取集中—分佈式結構，集中的部分是企業的戰略信息功能，需要分散處理的則是企業的操作信息部分。

企業管理信息結構成本集成還涉及企業信息人員的優化組合和分流問題，這是集成中最好處理又最難處理的問題。因為，信息人員的能力、素質及崗位的適應性直接影響著管理信息結構成本集成的效果、決定著企業管理信息的有效性、影響著管

理信息成本的高低。如何把信息人員安排在信息收集、傳遞、反饋或日常信息管理等不同環節的崗位上考量著企業的管理層的能力和水準。

企業管理信息結構成本集成實際上也是重建企業的核心信息功能、外包非核心信息功能和裁減冗餘信息功能的過程，是集中內部的有限資源和利用外部近乎無限的信息資源的過程，是為企業信息戰略管理提供組織支持的過程。

(二) 管理信息結構成本集成的原則

1. 動態性

管理信息結構成本集成以管理信息結構集成為基礎，而管理信息結構會隨著企業組織形式、業務範圍、規模大小、發展階段而發生變化，管理信息結構集成也會隨之變化，因此，管理信息結構成本集成無論是對象、數量，還是形式上都不是一成不變的，它會隨著管理信息結構的變化而改變。

2. 層次性

管理信息結構成本的集成是基於管理信息結構所發生的成本，而企業的管理信息結構有明顯的層次性，高、中、低層的管理信息部門形成了不同屬性的成本，為有效控制這些成本，需要對它們進行有效集成管理，使得管理信息結構成本的集成呈現出層次性。本文認為，管理信息結構成本有三個層次，即一般管理信息結構成本、戰略管理信息結構成本和跨企業管理信息結構成本。但由於跨企業管理信息結構成本與一般管理信息結構成本和戰略管理信息結構成本之間較難區分，也可以分為一般管理信息結構成本和戰略管理信息結構成本兩個層次。因此，管理信息結構成本的集成也就包括一般管理信息結構成本集成和戰略管理信息結構成本集成兩個層次。

3. 系統性

管理信息結構成本集成屬於企業集成管理系統中的一部分，

需要綜合考慮其他集成子系統，如管理信息系統、財務與會計系統、生產與銷售系統、人事與規劃系統等。在企業管理系統中只有將其他系統與管理信息結構進行正確區分，才能準確識別管理信息結構成本，也才能實現管理信息結構成本的集成。

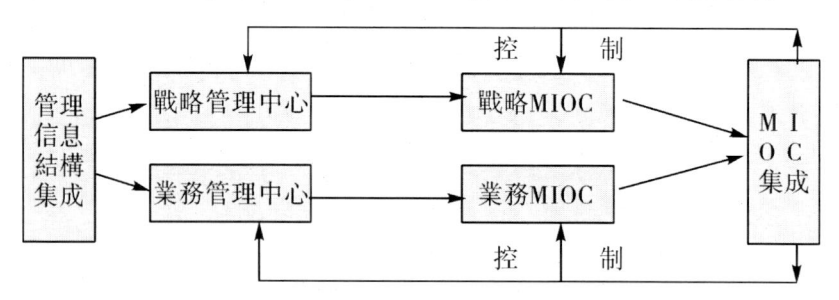

（三）管理信息結構成本集成的路徑

管理信息結構成本集成是在管理信息結構集成的基礎上，從企業戰略的角度對管理信息結構成本進行集成管理。以管理信息結構集成為基礎，按照動態性、層次性和系統性原則，可以按以下路徑（如圖7-8）對管理信息結構成本進行集成。

圖7-8　管理信息結構成本集成的路徑

第一，根據管理信息功能單元構建管理信息結構集成系統。管理信息結構集成是管理信息結構成本集成的基礎，只有對管理信息功能單元的職責進行了區分並集成，才能減少功能單元，降低各功能單元發生的成本，並降低管理信息結構成本集成的複雜性。

第二，根據功能或作用的不同，將各管理信息功能單元發生的成本進行歸集。

第三，識別作業類型，根據作業的不同，對管理信息結構成本進行分析、控制。

可以看出，管理信息結構成本集成依賴於管理信息結構的集成，通過管理信息結構集成可以將管理信息功能單元分為戰略管理中心和業務管理中心，將這兩個中心發生的信息成本進

行歸集和控制，即實現了管理信息結構成本的集成。從集成路徑也可以看出，集成後的管理信息結構所發生的成本，通過歸集也就實現了管理信息結構成本的集成。

第四節　管理信息流成本集成

管理信息流成本是企業在管理決策過程中，由於管理信息不對稱和信息不完全而對外購買信息商品、搜尋管理信息產生的費用，實質上也是企業外購各種管理信息流（集合）形成的成本。為有效控制管理信息流成本，企業必須對管理信息流（集合）在集成的基礎上進行集成管理，這樣就既明確了管理信息流成本的發生對象，也有利於加強對管理信息流加工、處理費用的控制。因此，管理信息流是引致管理信息流成本發生的重要原因，管理信息流的集成是對管理信息流成本進行集成管理的基礎。

一、管理信息流集成

（一）業務流程重組與管理信息流集成

管理信息成本的集成需要對管理信息流進行集成，而管理信息流的集成依賴於業務流程重組。業務流程是為了實現特定的業務產出而必須執行的一組邏輯上相互關聯的任務的統稱。它有兩個重要特點：一是有明確的顧客，這些顧客可以是企業內部的也可以是企業外部的；二是跨越組織邊界，即業務流程發生在組織的業務單元之間及其業務夥伴之間。

一般認為，每一個業務流程都是由人、信息流、物流、資金流等組成。這些要素可以歸納為流程主體和流程客體兩大類：

人是業務流程的主體，其他要素是業務流程的客體。因為，在業務流程運作的平臺——設施上，人是設計、運作、調整和改造業務流程的主體，物流、資金流和信息流是業務流程運作的對象。

在信息技術條件下，業務流程的核心要素可以進一步整合為物流和信息流兩大類，物流是基礎，信息流是核心，物流是信息流的載體，信息流是物流控制的依據。這樣信息流和物流的分離就為業務流程重組提供了一種新的理論視角，業務流程重組據此可以分為兩個層面：一是信息流程重組，二是以物流為主體的業務流程重組。而在信息流中，管理信息流是主體。信息流程重組的重要內容是管理信息流的重組。

管理信息流集成是以現代技術為支撐，以科學管理為依據，通過業務流程的改造，將管理信息進行匯並和分配，有效地滲透進企業管理的過程。通過管理信息流集成，企業可以提高管理信息的有效性，提高信息作用的效率和效果。其主要意義體現在以下幾個方面：①降低風險。管理信息流集成要求應用現代信息技術對業務流程進行創新，它能在一定程度上降低企業實施業務流程重組的不確定性，進而降低風險。②降低成本。管理信息流集成是以管理信息為研究對象，通過規則制定，信息技術運用，能對原有複雜的信息進行過濾、清理和整合，既能降低管理信息成本，又能減少無效管理信息產生的損失。③提升管理效率和效果。管理信息流集成的關鍵是提高管理信息的有效性，使管理信息在管理過程中發揮作用，降低決策風險。

(二) 管理信息流集成及其特徵

管理信息流與業務流程是企業中的兩種客觀存在。在企業內部，上下級之間計劃指令的傳達、各部門之間的溝通都是管理信息流的表現形式。而業務流程是為顧客創造價值的邏輯相

關的一系列活動，是構成企業的基礎單元，企業的運作就是由許多業務流程來實現的。企業內部管理活動的業務流程與管理信息密切聯繫，每一個管理業務流程都必然內含著一個管理信息流成本，而這些管理信息流成本都是相互關聯的。

在企業實施信息化進程之前，管理信息流與內部業務流程是一體的，管理信息處理與內部業務活動是同一過程；一旦企業開始信息化，管理信息流就要從業務流程中剝離出來，以便在管理信息系統中運行，這時的管理信息流和業務流程就分離了。管理信息由管理信息系統操作，內部業務流程由人來操作。但是，在現代信息技術的支撐下，管理信息與內部業務流程可以在信息化平臺上實現一體化。信息化平臺的搭建依賴於業務流程集成（BPR）。企業的業務流程集成可分為兩個階段：首先是信息層面的流程集成即管理信息流集成（Management Information Process Reengineering，MIPR），然後是實體業務流程集成階段。因此，管理信息流集成就是根據企業的戰略管理目標對內部業務流程內含的管理信息流進行優化組合的過程。

管理信息流集成是與業務流程集成對應的一種理論和實踐，它既是業務流程集成的理論抽象，同時又是業務流程集成實踐的理論指導，管理信息流集成的結果還是企業管理信息系統的內在依據和邏輯基礎。

管理信息流集成也體現了信息資源集成管理的思維，也是管理信息成本集成的基礎，沒有管理信息流的集成，就沒有管理信息成本的集成。管理信息流集成過程始於現有業務流程的分解和管理信息流的提取，重點是根據企業戰略管理目標、業務流程原理和信息技術要求對管理信息流要素和結構進行優化，目的是為企業業務整合、管理戰略重構與實施、管理信息成本集成結構的形成提供內在的基礎結構。

王能元和霍國慶（2004）認為信息流集成存在三種路徑，

即基於價值鏈的信息流集成、基於大規模定制的信息流集成和基於虛擬企業的信息流集成[①]。因此，管理信息流集成的基本思路如下：首先按照企業的戰略管理目標示別企業核心信息流程，並將管理信息與其他信息區分開來；然後，依據企業生產經營規律和管理信息流自身的規律並借助信息技術重新設計管理信息流的結構，形成企業的管理信息流程圖；最後，通過利用管理信息流程與業務流程的對應關係來指導實體流程集成過程，盡可能降低集成的風險和成本。

管理信息流集成的主要特徵包括：①戰略性。管理信息流集成作為業務流程集成的前期規劃階段，它必須遵從企業的戰略管理目標，根據企業戰略管理的需要來選擇和確定管理信息流，並對管理信息流進行整體優化組合，指導和帶動實體業務流程集成過程，實現企業資源的合理配置和最優利用。②複雜性。管理信息流集成需要對企業的各種信息進行識別，以明確管理信息，這具有較大的不確定性和模糊性，因為管理信息與其他信息有時難以區分。③信息技術依賴性。正是有了信息技術，管理信息流才能從業務流程中分離出來並相對獨立運行。

二、管理信息流成本集成的路徑

管理信息是基於企業內部管理、內部業務流程而言的，而企業信息是基於企業內外部各種業務流程的。在管理信息流集成的基礎上，伴隨著管理信息流的集成，管理信息流成本也實現了集成。因為在管理信息流的運動過程中，管理信息成本也隨之轉移，只是在不同管理信息流程中，管理信息成本轉移到了不同層面的管理活動中。因此，管理信息流成本集成的主要路徑包括：

---

① 王能元，霍國慶. 信息流集成模型研究 [J]. 南開管理評論，2004（3）：69－73.

關的一系列活動，是構成企業的基礎單元，企業的運作就是由許多業務流程來實現的。企業內部管理活動的業務流程與管理信息密切聯繫，每一個管理業務流程都必然內含著一個管理信息流成本，而這些管理信息流成本都是相互關聯的。

在企業實施信息化進程之前，管理信息流與內部業務流程是一體的，管理信息處理與內部業務活動是同一過程；一旦企業開始信息化，管理信息流就要從業務流程中剝離出來，以便在管理信息系統中運行，這時的管理信息流和業務流程就分離了。管理信息由管理信息系統操作，內部業務流程由人來操作。但是，在現代信息技術的支撐下，管理信息與內部業務流程可以在信息化平臺上實現一體化。信息化平臺的搭建依賴於業務流程集成（BPR）。企業的業務流程集成可分為兩個階段：首先是信息層面的流程集成即管理信息流集成（Management Information Process Reengineering，MIPR），然後是實體業務流程集成階段。因此，管理信息流集成就是根據企業的戰略管理目標對內部業務流程內含的管理信息流進行優化組合的過程。

管理信息流集成是與業務流程集成對應的一種理論和實踐，它既是業務流程集成的理論抽象，同時又是業務流程集成實踐的理論指導，管理信息流集成的結果還是企業管理信息系統的內在依據和邏輯基礎。

管理信息流集成也體現了信息資源集成管理的思維，也是管理信息成本集成的基礎，沒有管理信息流的集成，就沒有管理信息成本的集成。管理信息流集成過程始於現有業務流程的分解和管理信息流的提取，重點是根據企業戰略管理目標、業務流程原理和信息技術要求對管理信息流要素和結構進行優化，目的是為企業業務整合、管理戰略重構與實施、管理信息成本集成結構的形成提供內在的基礎結構。

王能元和霍國慶（2004）認為信息流集成存在三種路徑，

即基於價值鏈的信息流集成、基於大規模定制的信息流集成和基於虛擬企業的信息流集成[①]。因此，管理信息流集成的基本思路如下：首先按照企業的戰略管理目標示別企業核心信息流程，並將管理信息與其他信息區分開來；然後，依據企業生產經營規律和管理信息流自身的規律並借助信息技術重新設計管理信息流的結構，形成企業的管理信息流程圖；最後，通過利用管理信息流程與業務流程的對應關係來指導實體流程集成過程，盡可能降低集成的風險和成本。

管理信息流集成的主要特徵包括：①戰略性。管理信息流集成作為業務流程集成的前期規劃階段，它必須遵從企業的戰略管理目標，根據企業戰略管理的需要來選擇和確定管理信息流，並對管理信息流進行整體優化組合，指導和帶動實體業務流程集成過程，實現企業資源的合理配置和最優利用。②複雜性。管理信息流集成需要對企業的各種信息進行識別，以明確管理信息，這具有較大的不確定性和模糊性，因為管理信息與其他信息有時難以區分。③信息技術依賴性。正是有了信息技術，管理信息流才能從業務流程中分離出來並相對獨立運行。

二、管理信息流成本集成的路徑

管理信息是基於企業內部管理、內部業務流程而言的，而企業信息是基於企業內外部各種業務流程的。在管理信息流集成的基礎上，伴隨著管理信息流的集成，管理信息流成本也實現了集成。因為在管理信息流的運動過程中，管理信息成本也隨之轉移，只是在不同管理信息流程中，管理信息成本轉移到了不同層面的管理活動中。因此，管理信息流成本集成的主要路徑包括：

---

① 王能元，霍國慶. 信息流集成模型研究 [J]. 南開管理評論，2004（3）：69-73.

（1）通過企業內部各管理與控制環節解構、優化與重構實現管理信息流成本集成，這是基於企業操作與控制層面的集成路徑，即基於操作層面的管理信息流成本集成；

（2）通過企業內部價值鏈的解構、優化與重構實現管理信息流成本集成，這是基於企業內部資源價值創造的集成路徑，即基於價值鏈的管理信息流成本集成；

（3）通過企業戰略管理目標的制定、實施與達成實現管理信息流成本集成，這是企業基於戰略管理而形成的一種戰略形態的集成路徑，即基於戰略管理的管理信息流成本集成；

（4）通過探索跨企業間組織經營模式實現管理信息流成本集成，這是企業升級轉型之後形成的一種更高形態的跨企業資源優化集成路徑，即基於跨企業間組織的管理信息流成本集成。

管理信息流成本集成的這四種路徑是由其主要目的決定的，四種路徑之間本身也存在內在關聯，從操作層面集成到價值鏈創造，再到戰略集成和跨企業間組織集成，集成的範圍不斷擴大，由企業內部擴展到企業間；集成的層次不斷提高，由操作層面到戰略層面；集成的難度不斷增強，由企業內部環節和部門發展到跨組織間同一價值星系內的集成。

第五節　管理信息系統成本集成

在企業管理決策所需管理信息過程中，除了管理信息資源、管理信息組織結構發生的成本外，因搜尋、加工、傳遞、存儲管理所需的管理信息系統也會發生成本，即管理信息系統成本。管理信息系統成本的集成建立在管理信息系統集成的基礎上，因為管理信息系統所產生的費用構成了管理信息系統成本，因

此，管理信息系統的集成是管理信息系統成本集成的前提和基礎。

一、管理信息系統及其功能

管理信息系統（Management Information System，MIS）是在電子數據處理系統（Electronic Data Processing System，EDPS）的基礎上發展起來的。電子數據處理系統側重於處理企業操作層的數據，而管理信息系統側重於從管理層的角度對企業生產、經營和管理進行定量化處理和分析。管理信息系統在企業組織中有多種不同的應用形式，而這些形式都與企業的組織職能劃分相對應，如市場行銷系統、財務系統、生產系統、庫存系統、人力資源管理系統等。物料需求計劃（Material Requirement Planning，MRP）系統和製造資源計劃（Manufacturing Resource Planning，MRPⅡ）系統是管理信息系統的發展和典型高級別應用形式。

管理信息系統的主要功能有：①支持企業業務管理過程，將處理結果以數據庫的形式進行統一存儲。②支持企業管理過程。管理信息系統對大量的數據和管理信息進行查詢和統計，並以報表或圖形用戶界面的方式輸出，使管理者能有效地掌握職能部門內的關鍵數據和綜合信息，為管理者做出結構優化和程序化決策提供信息支持。

從理論上來說，管理信息系統屬於高階系統，其主要服務對象是企業的管理層，它包含了電子數據處理系統的事務處理和數據計算功能。在實際應用中很多管理信息系統更多地關注對企業管理層的業務支持，所開發的管理信息系統直接從企業的管理層切入，而忽視了 IDPS 的基礎數據計算和處理功能，結果造成了大量管理信息系統應用的失敗，這也是信息技術「黑洞」發生的主要原因之一。

管理信息系統主要依賴於兩個方面：一是計算機硬件系統的發展和應用，二是數據庫理論的提出和基於數據庫管理系統的應用軟件的開發，降低了企業開發和應用管理信息系統的難度和實施成本。在此基礎上，通過對職能部門內的業務活動進行綜合處理和分析，管理信息系統實現了企業職能部門內的集成管理。如財務管理信息系統通過應收帳管理、成本計量、預算控制、固定資產管理、應付帳管理、現金管理和總帳管理等功能模塊實現了財務部門的資金信息集成管理（肯尼思 C. 蘭登、簡·P. 蘭登，2003）。但是，依據企業職能部門劃分而建立相應職能模塊的管理信息系統存在兩大缺陷：一是按企業職能分工開發管理信息系統必然造成其各子系統之間相互隔離，從而形成大量的「信息孤島」；二是管理信息系統僅僅實現了對企業職能部門的信息管理，缺乏企業管理知識和經驗的有效集成，對企業戰略決策部門的支持作用相當有限（霍國慶，2004）[①]。

二、管理信息系統集成的內容

企業信息系統集成源於計算機集成製造（Computer Integrated Manufacturing，CIM）（約瑟夫·哈林頓），其內涵有兩個觀點：①企業生產經營的各個環節包括市場分析、產品設計、加工製造、經營管理和售後服務等是一個不可分割的整體，必須緊密相連、統籌考慮；②整個生產過程實質上是一個數據的採集、傳遞和加工處理過程，最終產品可以看作是數據的物質表現（馬士華等，2000）。計算機集成製造是信息技術與生產技術的集成，當一個企業按照計算機集成製造的原理組織整個企業的生產經營活動時，就構成了計算機集成製造系統（Computer

---

① 霍國慶，等. 企業信息資源集成戰略理論與案例 [M]. 北京：清華大學出版社，2004：161－162.

Integrated Manufacturing System，CIMS）。管理信息系統集成是企業計算機集成製造系統的一項重要內容，它是以企業管理為重心，通過信息技術與管理技術相結合，實現對管理信息的科學組織和優化配置。

管理信息系統的集成主要包括以下內容：

（1）系統運行環境的集成。主要是指不同硬件設備、操作系統、網絡操作系統、數據庫管理系統及其他支撐軟件的集成，集成的產物是一個統一的高效協調運行的系統平臺。

（2）管理信息的集成。主要指對整個企業管理信息進行總體規劃，設計建立統一的數據庫系統，使不同部門、不同層次的人員都能夠共享管理信息資源。

（3）技術方法的集成。主要是指管理信息系統開發、運行和管理的各種技術和方法的集成，包括數據庫技術、多媒體技術等。

（4）人和組織的集成。管理信息系統集成要求企業成立相應的機構，其人員由信息技術部門人員、信息資源管理部門人員和企業管理決策層人員等組成，管理決策層領導要參與集成過程，所有管理者和操作人員都要具有集成觀念。

通過對管理信息系統集成，實現了軟件與硬件的結合，人員與設備的結合，信息與方法的結合，使管理信息系統運行的效率和效果得到提升。與管理信息系統相隨的是管理信息系統成本，它是管理信息系統運行過程中發生的軟硬件支出、組織活動支出、維護升級支出、員工薪酬支出等。因此，管理信息系統是管理信息系統成本發生的載體，管理信息系統集成是管理信息系統成本集成的基礎；管理信息系統集成成功，也就意味著管理信息系統成本集成的目標實現了。

三、管理信息系統成本集成

（一）管理信息系統成本集成的內容

通過管理信息系統集成的內容我們可以看出，管理信息系統所發生的成本主要有三部分，即軟硬件費用、人工費用和活動費用：①軟硬件費用，是指企業構建管理信息系統所購買或租賃的硬件設備、操作系統、網絡操作系統、數據庫管理系統及其他支撐軟件費用及相應的折舊費，也包括軟硬件升級、備用硬件和耗材的費用；②人工費用，主要包括管理信息系統的軟硬件在運行中相應操作人員的工資、福利等費用；③活動費用，是指為提供管理決策所需的信息而運用管理信息系統進行加工、傳遞、存儲並對系統進行維護所發生的支出。前兩部分成本在一定企業規模下基本固定，第三項成本一般隨著管理信息業務活動多少、繁雜而變化。因此，管理信息系統集成的目的是減少系統的軟硬件及人員數量，減少維護、運行、管理等活動，提高系統運行效率；相應地也就減少了管理信息系統成本，實現了管理信息系統成本集成。

（二）管理信息系統成本集成的特點

管理信息系統成本是源於企業管理信息系統的軟硬件費用、人工費用和活動費用，它們的集成具有三大特點：①以管理信息系統集成為基礎。通過管理信息系統的集成減少了企業信息化過程中的軟硬件投入、人員數量，提高了系統運行效率，不僅減少了整個系統成本，而且以系統功能的科學劃分為基礎實現了成本集成。②具有明顯的技術性。技術對管理信息系統成本集成的影響有兩個方面，一是技術對管理信息系統軟硬件先進性及管理科學性產生的影響，從而影響系統本身成本和運行成本；二是技術對集成方式方法的影響，並影響著集成後成本的控制效率和效果。③完全的成本集成難度較大。由於計算機

應用的普及及網絡技術的發展，管理信息技術及相應的管理系統已滲透到企業管理的各個環節，使管理信息系統成本具有分散性的特點，導致管理信息系統的精確識別存在一定難度，因此要做到管理信息系統成本的完全集成難度會更大。

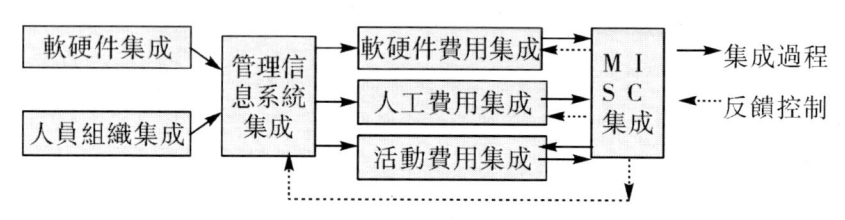

（三）管理信息系統成本集成的一般模式

由於不同企業的管理信息系統各有不同，管理信息系統成本構成和比例也就存在差異，因此難以形成通用的集成模式，只能構建一個一般的集成模式（如圖7-9）。

圖7-9 管理信息系統成本集成的一般模式

管理信息系統成本集成，可以運用價值工程（VE）中的比較分拆法進行控制，即首先分析系統成本的高低與構成，然後對管理信息系統要素進行比較並拆卸（tear down），將成本高效率低或無用的系統要素進行拆除或替換，最後再對拆卸後的效果進行分析、比較和判斷，以達到管理信息系統成本集成的目的：降低成本和提高效率。

第八章
管理信息成本控制論

企業戰略的本質是什麼？邁克爾·波特指出，首先，有效戰略的第一步是確定一個正確的目標；其次，設定戰略的第二個原則是環顧你所在的產業，確保公司要有能力從產業中獲利。管理信息成本控制戰略作為企業戰略、企業成本戰略的一個重要部分，確定科學有效的管理信息成本控制戰略，有利於管理信息成本控制目標的實現，有利於從整個企業管理角度審視成本，從而提高企業的戰略地位和管理信息的價值。

第一節　控制、成本控制、成本控制戰略與戰略成本控制

一、控制與現代控制理論

（一）控制的基本含義

「控制」一詞有多種解釋。控制在英文裡為 control，意思為控制，指導，支配。《現代漢語辭典》的解釋為：掌握住不使任意活動或超出範圍；操縱。[1]《簡明牛津辭典》的解釋為：（作名詞）指揮、命令的權利；對來源於實踐的推論進行核查的對比標準；（作動詞）支配，命令。[2] 因此，控制具有多方面的含義：一是掌握住不使任意活動或越出範圍，如控制數字、自動控制；二是使處於自己的佔有、管理或影響之下；三是掌握住對象不使任意活動或超出範圍，或使其按控制者的意願活動；四是指對事物起因、發展及結果的全過程的一種把握，能預測

---

[1] 中國社會科學院語言研究所辭典編輯室. 現代漢語辭典 [M]. 北京：商務印書館，1983：649.

[2] J. B. SYKES. The concise oxford dictionary. Oxford University Press, 1982：206.

和瞭解並決定事物的結果。在不同的領域或活動中,控制的定義有所不同。在經濟學中,控制是指有權決定一個企業的財務和經營政策,並能據此從該企業的經營活動中獲取利益。如「投資企業能夠對被投資單位實施控制,被投資單位為其子公司,投資企業應當將子公司納入合併財務報表的合併範圍」中的「控制」主要是指經營管理和財務活動中有決策權。在管理學中,控制是指對員工的活動進行監督,判定組織是否正朝著既定的目標健康地向前發展,並在必要的時候及時採取矯正措施。這強調了控制行為的活動目標導向性。

在管理領域,「控制」一詞的含義與一般的含義有較大的差別。一般認為,控制是管理的基本職能之一,因此一般從管理職能角度來定義控制。古典管理學家法約爾認為,在一個組織中,控制就是要證實一下是否各項工作都與已定計劃相符合,是否與下達的指示及已定原則相符合。現代管理學家孔茨指出,控制就是按照計劃標準衡量計劃的完成情況和糾正計劃執行中的偏差以確保計劃目標的實現。實際上,無論是古典管理學家還是現代管理學家,他們對管理的控制職能的分析都不同程度地反應了控制工作的一般特徵與主要內容。因此,控制是通過確立標準、衡量績效和糾正偏差,一方面保證組織活動的結果盡可能接近既定的目標與計劃任務的要求,另一方面又及時提供有關信息以便對目標與計劃進行修訂和完善的管理職能。對於組織目標的實現、計劃任務的完成以及組織活動的有效性來說,管理的控制職能是必不可少的。亨利・西斯克曾經明確指出,如果計劃從來不需要修正,而且是在一個全能的領導人的指導之下,由一個完全均衡的組織完美無缺地來執行的,那就沒有控制的必要了。在現實的組織中,正是由於目標和計劃的不完善性、領導人能力的有限性、組織的非均衡性,以及組織內外環境條件的多變性,有效和適時的控制就成為了組織各項

活動得以有序進行、組織目標得以順利實現的重要保證。在管理的全過程中，決策、組織、領導和控制四個職能是相輔相成、缺一不可的。它們共同構成了管理鏈條中相互聯繫的基本環節。

因此，本文認為，控制是一定主體基於既定目標、標準或計劃，通過制度、機構、手段與方法，使特定單位活動與行為達標的過程。控制的要點有四個：一是有很強的目的性；二是以監督和糾偏作為重要手段；三是控制是一個過程；四是控制是一個系統結構，包括目標、主體、客體、方法與手段體系。因為環境條件的變化，使計劃在執行過程中可能出現偏差，因而任何組織、任何活動都需要進行控制，控制是必要的。

（二）控制與現代控制理論

控制是現代控制理論的一個重要概念，要求在各種耦合運行的系統中，通過採取一定的手段，保持系統狀態平衡或不越出標準範圍，實現系統行為的預期目的。控制理論中有三點基本原理：

（1）任何系統都是由因果關係鏈連在一起的元素的集合。元素之間的這種關係就叫耦合。控制論就是研究耦合運行系統的控制和調節的。

（2）為了控制耦合系統的運行，必須確定系統的控制標準 Z。控制標準 Z 的值是不斷變化的某個參數 S 的函數，即 $Z = f(S)$。例如為了控制飛機的航行，必須確定航線，飛機在航線上的位置的值是不斷變化的，所以控制標準 Z 的值也必須是不斷變化的。

（3）可以通過對系統的調節來糾正系統輸出與標準值 Z 之間的偏差，從而實現對系統的控制。

可以看出，對於一個耦合運行的系統進行控制主要包括兩方面含義：其一，決定系統狀態變化的軌道，即確定控制目標和達到目標的途徑；其二，通過不斷調節，使系統運行保持在

確定的軌道上。在這裡，控制活動包含三大要素，即目的性、信息選擇和調節。控制的目的性要求控制活動能夠在系統受到內外干擾而發生偏差時及時糾偏以使系統恢復穩態；信息選擇是控制活動得以實現的基本條件，控制的全過程都離不開信息及其變換過程，沒有信息選擇，控制的目的就無法實現；調節是控制的核心組成部分，是對耦合運行系統從數量上或程度上進行調整以使之適合既定目的的要求。控制活動的目的性、信息選擇與調節這三個要素刻畫出了控制活動的本質特徵。

從本質上說，控制只是促進系統正常運行的一種手段，控制本身不是目的，而是改善系統運行狀態和保持系統穩定的手段；控制過程也是一個信息傳遞過程，它既要把系統運行的標準信息傳遞出去，又要把系統輸出的信息反饋回來，還要再把調節偏差的信息傳遞出去，發揮調節作用，控制活動要通過信息處理活動才能達到目的；控制的內在機制是一種反饋過程，即對輸出信息的回輸過程，正是由於存在信息及其變換過程，才必然存在反饋過程，而反饋過程又使系統的有效控制得以實現。

二、成本管理與成本控制的基本內涵

（一）成本管理（cost management）

成本管理的內涵豐富，觀點多樣：①日本《會計學大辭典》中認為成本管理是管理和控制在一定經營條件下發生的成本；並且在《成本計算準則》中是要求制定標準成本，記錄計算實出沒無常成本的發生額，同標準成本進行比較，分析差異原因，向經營管理人員提供有關資料以採取措施，提高成本效率。②美國著名會計學家查爾斯·霍恩格瑞（Charles T. Horngren）在《成本會計》（2001）中指出，成本管理是經理人員為滿足顧客要求同時又持續地降低和控制成本的行為。③由中國著名管

理學家許毅等（1987）主編的《成本管理大辭典》中提出，成本管理是對企業的產品生產和經營過程所發生的產品成本有組織、有系統地進行預測、計劃、決策、控制、計算、分析和考核等一系列的科學管理工作。④ 2006 年，中國會計學者胡國強等主編的《成本管理會計》一書中對成本管理的定義是：成本管理是在滿足企業總體經營目標的前提下，持續地降低成本或提高成本效益的行為。該行為包括成本策劃、成本控制、成本核算和業績評價四個主要環節。成本管理的目標有兩個層次：一是戰略目標──滿足企業總體經營目標，二是具體目標──持續地降低成本或提高成本效益。

　　傳統的成本管理是以企業是否節約為依據，片面地從降低成本乃至力求避免某些費用的發生入手，強調節約和節省。傳統成本管理的目的可簡單地歸納為減少支出、降低成本，這就是成本論成本的狹隘觀念。隨著市場經濟的發展，賣方市場逐漸向買方市場轉變，企業不能再將成本管理簡單地等同於降低成本。因為，企業不僅要關注產品的生產成本，而且要關注其產品能在市場上實現的效益。企業成本管理工作中應該樹立成本效益觀念，實現由傳統的「節約、節省」觀念向現代效益觀念轉變。企業的一切成本管理活動應以成本效益觀念作為支配思想，從「投入」與「產出」的對比分析來看待「投入」（成本）的必要性、合理性，即努力以盡可能少的成本付出，創造盡可能多的使用價值，為企業獲取更多的經濟效益。

　　因此，成本管理是企業管理的一個重要組成部分，是指企業生產經營過程中各項成本核算、成本分析、成本決策和成本控制等一系列科學管理行為的總稱。一般包括成本預測、成本決策、成本計劃、成本核算、成本控制、成本分析、成本考核等職能。它要求系統而全面、科學和合理，它對於促進增產節支，加強經濟核算，改進企業管理，提高企業整體成本管理水

準具有重大意義。

(二) 成本控制的內涵

成本控制由成本與控制兩個詞複合而成，成本是為實現特定經濟目的而發生的資本耗費，而控制是通過改變控制對象的構成要素或其構成要素之間的聯繫方式，使其按一定目標運行的過程[1]。成本控制的定義很多。如，成本控制，是指企業根據一定時期預先建立的成本管理目標由成本控制主體在其職權範圍內於生產經營耗費發生以前和成本形成過程中，對各種影響成本的因素和條件採取一系列預防和調節措施以保證成本管理目標實現的管理行為[2]；成本控制是指產品形成過程中對每項成本形成的具體活動，依據事前制訂的標準（目標成本）進行嚴格的監督，發現超支後及時採取措施予以糾正，使每項資源消耗和費用支出控制在目標之內[3]；成本控制是指企業在生產經營過程中按照預定的成本目標，對實際發生的生產消耗進行指導、限制和監督，發現和及時糾正偏差，以保證更好地實施成本目標，促使成本不斷降低[4]；等等。成本控制從控制的範圍上來說，有廣義和狹義之分。狹義的成本控制是指日常生產過程中的產品成本控制，是根據事先制定的成本預算，對企業日常發生的各項生產經營活動按照一定的原則，採用專門方法進行嚴格的計算、監督、指導和調節，把各項成本控制在一個允許的範圍之內。狹義的成本控制又被稱為「日常成本控制」或「事中成本控制」。廣義的成本控制則強調對企業生產經營的各個方

---

[1] 焦躍華. 現代企業成本控制戰略研究 [M]. 北京：經濟科學出版社，2001：20.

[2] 趙蓉，陳學杰，韓麗豔. 淺談成本控制 [J]. 牡丹江教育學院學報，2004 (2)：112-113.

[3] 李雲貴，等. 淺談企業二級計量單位的成本控制 [J]. 一重技術，1999 (2)：101-103.

[4] 周慧生. 淺談企業成本控制 [J]. 煤炭科技，2001 (4)：51-53.

面、各個環節以及各個階段的所有成本的控制,既包括「日常成本控制」,又包括「事前成本控制」和「事後成本控制」。廣義的成本控制貫穿企業生產經營全過程,它與成本預測、成本決策、成本規劃、成本考核共同構成了現代成本管理系統。本文認為,成本控制是企業管理層對整個生產經營過程中各項費用的發生進行規劃、引導、調節和限制,使成本能按預定的目標或計劃進行的一種管理活動。成本控制對企業有著重要的作用,成本控制的實施是保證企業完成既定成本目標的重要手段,是降低產品成本、增加盈利、提高經濟效益的重要途徑,為保護企業財產物資的安全完整、防止貪污盜竊等弊端的發生提供了制度上的保證,是抵抗內外壓力、求得生存的主要保障,是企業發展的基礎,並且成本控制在企業諸控制系統中起著綜合的控製作用。

三、成本控制戰略與戰略成本控制

成本控制並不是為了節約而節約,也並不等同於降低成本,而應該是為了建立和保持企業的長期競爭優勢採取的一種措施。將成本管理納入戰略的框架,瞄準的就是企業降低成本的途徑必須以提高(或不損壞)其競爭地位為指針。如果企業把成本作為戰略來看待,那麼成本管理就已經不僅是財務部門的事情,更不僅僅是生產部門的事情,它應該是全方位、多角度、突破企業邊界的成本管理體系。因此,我們可以看出,成本控制與戰略一旦結合,就引申出了兩層含義:一是戰略成本控制,二是成本控制戰略。戰略成本控制可以理解為制定企業戰略過程中成本控制[1],是利用成本資源開發(develop)和確認(identify)

---

[1] 焦躍華. 現代企業成本控制戰略研究 [M]. 北京:經濟科學出版社,2001:35.

將產生持續的競爭優勢的更高一級的戰略①。成本控制戰略是對成本控制方法與措施的構造與選擇。它是以成本控制過程為軸心展開的，是為了提高成本控制的有效性而對成本控制方法、措施、制度等所進行的構造與選擇②。殷俊明、王平心（2005）等以產品壽命週期成本分析方法為基點，對成本控制戰略的歷史演進進行分析後指出，成本控制戰略經歷了四個階段：傳統的製造成本控制戰略、企業產品壽命週期成本控制戰略、顧客產品壽命週期成本控制戰略、社會產品壽命週期成本控制戰略③。

　　成本控制戰略從屬於企業戰略，如何通過成本控制戰略實現企業的戰略目標是企業戰略管理的重要內容。邁克爾·波特在《競爭戰略》一書中指出，企業競爭的基本戰略有三種：成本領先戰略、差異化戰略、目標聚集戰略。成本領先戰略的目標是使企業成為其產業中的低成本生產廠商，並以成本優勢獲取競爭優勢。這種成本戰略的核心是企業通過一切可能的方式和手段，降低企業的成本，成為市場競爭參與者中成本最低者，即成本領先者。目標聚集戰略有兩種形式——成本聚集戰略和差異聚集戰略，其中成本聚集戰略是在細分市場的成本行為中挖掘差異，尋求目標市場上的成本優勢。

　　因此，我們可以知道，成本控制戰略是企業戰略的重要方面，企業的成本控制戰略包括兩個部分，一是企業戰略中的成本控制，二是企業成本控制過程中的戰略。企業戰略中的成本控制就是成本領先戰略和企業實施其他戰略過程中的成本戰略；

---

　　① HANSEN, MOVEN. Cost management: accounting and control [M]. South-Western College Publishing, 1997: 354.
　　② 焦躍華. 現代企業成本控制戰略研究 [M]. 北京：經濟科學出版社，2001: 35.
　　③ 殷俊明，王平心，吳清華. 成本控制戰略之演進邏輯：基於產品壽命週期的視角 [J]. 會計研究，2005（3）.

成本控制過程中的戰略就是在不影響企業基本戰略的前提下，採取各種手段和方法，盡可能使企業成本結構優化和數量降低。

第二節 管理信息成本控制戰略的內涵

一、管理信息成本控制戰略的內涵

管理信息成本控制戰略涉及的內容較多，包括「信息」、「管理信息」、「成本控制」、「戰略」等多個方面。因此，從管理的職能角度來說，管理信息成本控制戰略是企業控制戰略的一部分，也是企業成本控制戰略的組成部分（見圖 8-1）；從戰略角度來說，它是企業戰略的一部分，還是企業信息戰略、管理戰略與成本戰略的交叉部分（見圖 8-2）。

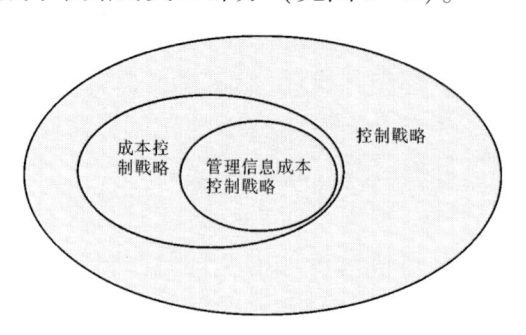

圖 8-1 企業控制戰略關係圖

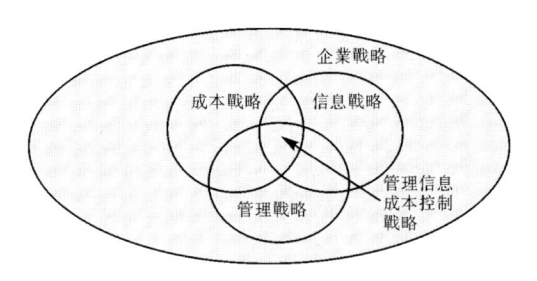

圖 8-2　企業戰略關係圖

　　管理信息成本控制戰略是企業成本控制戰略的重要組成部分，也是企業管理戰略和信息戰略的一部分。從成本控制戰略的內涵可以知道，管理信息成本控制戰略也包含了兩個方面：一是管理信息成本控制過程中的戰略，二是企業戰略中的管理信息成本控制。管理信息成本控制過程中的戰略以管理信息成本控制為軸心，強調企業採用什麼樣的戰略措施和戰略方法與手段對管理信息成本進行有效控制，其目的是實現管理信息成本的最小化；企業戰略中的管理信息成本控制以企業戰略為軸心，強調企業在制定或實施企業戰略控制中如何實現對管理信息成本的控制，其目的是通過管理信息成本控制以實現企業戰略目標。管理信息成本控制過程中的戰略和戰略管理信息成本控制構成了企業管理信息成本控制戰略的兩個核心層面。由於管理信息成本實務中戰略管理信息成本控制與管理信息成本控制過程中的戰略兩者相互交織，也由於管理信息成本問題在企業管理中與諸方面問題相互交織，如果對每一項管理信息成本控制問題人為地在戰略控制與控制戰略之間作出硬性劃分，將會把問題變得更加複雜，為此，除非必要，本文對戰略管理信息成本控制與管理信息成本控制過程中的戰略不再作嚴格劃分，統一稱之為管理信息成本控制戰略。

二、管理信息成本控制戰略的目標與特點

確立管理信息成本控制戰略的目標是明確管理信息成本控制戰略思想，建立和實施管理信息成本控制戰略方法與措施的關鍵。同時，為了建立有效的管理信息成本控制體系，也必須對管理信息成本控制戰略的基本特點進行必要的探討。

(一) 管理信息成本控制戰略目標

管理信息成本控制戰略目標源於成本控制目標。在理論界，成本控制目標存在不同的觀點：一種觀點認為成本控制的目標是實現預定的成本目標，通過實現預定的成本目標來降低成本。這種觀點將成本控制過程理解為實現既定目標的過程。另一種觀點認為，將實現預定的成本目標作為成本控制的目標是以既定條件為前提的，除此以外，還應通過各種措施，改變成本發生的條件，使成本不斷降低。這兩個觀點實質上都從兩個角度反應了對成本的控制：一是成本數量，二是成本結構。這一思路為管理信息成本控制戰略目標的確立提供了方向。管理信息成本的控制也是從數量和結構兩個方面進行的，只是因對象不同而需要考慮不同的問題和採取不同的措施。

管理信息成本控制過程中的目標定位應考慮以下幾個問題：

(1) 配合企業形成競爭優勢。企業管理中，戰略的選擇與實施是企業的根本利益所在，戰略的需要高於一切。管理信息成本產生於企業管理過程中的信息需求，因此管理信息成本控制必須配合企業為取得競爭優勢而進行戰略選擇，要配合企業為實施各種戰略對成本及成本控制的需要，在企業戰略許可的範圍內，引導企業走向管理信息成本最低化。

(2) 利用成本與其他因素之間的聯動關係，促使企業最大限度地獲取利潤。具有重要戰略意義的問題是通過增加成本以

獲取其他的競爭收益（competitive gains）[1]。降低管理信息成本以提高收益是管理信息成本控制的一個方面，通過改變管理信息成本結構與規模提高企業報酬是管理信息成本控制的另一個重要方面。

（3）存在資源「瓶頸」的條件下，要通過管理信息成本控制提高資源的利用效率。當企業不能無限制地獲得經濟資源時，管理信息成本控制的基本作用不僅僅是降低成本，還要提高資源的利用效率，使受限資源的邊際收益最大化。[2]

（4）降低成本。在設定條件下，只要影響利潤變化的其他因素不因成本的變動而變化，降低成本便成為了首要問題。管理信息成本控制可以從兩個方面來降低成本：一是降低管理信息成本，二是通過管理信息的作用降低其他成本。

（5）跨企業間組織的成本大小。現代企業始終處於企業簇群中，不同的企業簇群形成不同的「價值星系」[3]，但他們有著共同的價值追求目標，而目標的實現需要他們「聯合」考慮成本的問題。管理信息成本是跨企業間組織成本的重要內容，是跨企業間組織管理信息溝通、使用形成的費用，它們影響著「價值星系」的總價值。

綜上所述，管理信息成本控制戰略存在一個目標體系，這個體系包含四個層次：第一，通過跨企業間組織的管理信息成本控制，構建真正的「價值星系」，實現星系價值最大化。第二，通過管理信息成本控制配合企業的戰略選擇與實施，通過

---

[1] MICHAEL D. SHIELDS, S. MARK YOUNG. Effective long–term cost reduction: a strategic perspective [J]. Journal of Cost Management, 1992 (3): 16-30.

[2] CHALES HORNGREN. Cost accounting [M]. 9th ed. Prentice–Hall, 1996: 698.

[3] 羅珉. 價值星系：理論體系與價值創造機制的構建 [J]. 中國工業經濟, 2006 (1): 80-89.

獲取管理信息成本優勢幫助企業取得競爭優勢。第三，利用資源、成本、質量、數量、價格之間的聯動關係，使企業盡可能獲取最大利潤。第四，降低企業管理信息成本。四個層次體系之間的主要差別在於考慮管理信息成本的視角不同。第一層次以企業間關係——價值星系為視角，以跨企業間組織的共同利益最大化為目標。第二層次以企業與環境、企業與競爭的相互關係為視角，以企業的長期發展和競爭優勢為重點。第三層次以企業內部為視角，考慮到了影響企業利潤的多元因素，並以利潤為取向。第四層次，以企業內部管理為視角，以降低管理信息成本為核心。前兩個層次具有明顯的戰略性，後兩個層次更具有業務性。

因此，筆者認為，管理信息成本控制戰略的目標是一個綜合體系，即：以管理信息成本降低為基點，以改變管理信息成本發生的基礎條件為措施，使企業獲取成本優勢並形成競爭優勢，配合企業盡可能獲得最大利潤、星系價值創造最大化和星系價值分配最優化[①]。管理信息成本控制戰略目標中，包括了成本結構和成本數量的變動。

(二) 管理信息成本控制戰略的特點

認識管理信息成本控制戰略的特點，有助於管理信息成本控制戰略的理論建設和方法體系的構造及完善。新的製造環境、新的管理理念和新的管理對象使管理信息成本控制具有新的特點。

1. 目標多極性

如同前文所述，管理信息成本控制的目標包括四個不同的層次，它們分別代表了有利於企業或企業簇群的長期發展和星系價值創造、競爭優勢和利潤的取得、管理信息成本的降低等不同的目標取向。管理信息成本控制揭示了成本控制的一個重

---

① 符剛，林萬祥. 價值星系與財務管理目標的選擇 [J]. 財會月刊：理論版，2007 (3).

要戰略思想，即成本控制要充分考慮企業間關係、企業戰略選擇和實施、經濟資源的優化利用、環境因素和內部條件的變化，並調動各管理層次、業務層次和控制環節控制成本的積極性，實行管理信息成本的分目標控制。

2. 價值創造性

管理信息成本控制戰略的最高目標是實現跨企業間組織的價值創造最大化與價值分配合理化。現代成本控制戰略不再局限於成本控制，而是通過成本控制實現價值創造。管理信息成本控制戰略既要考慮管理信息成本本身，又要考慮通過對管理信息成本的控制給企業所創造的價值，這才是成本控制的根本。

3. 環境適應性

管理信息成本控制戰略是外部環境、競爭態勢、內部條件綜合作用的結果。管理信息成本控制戰略的制定、實施和調整受到外部環境和競爭態勢的強烈影響。企業要想在競爭中創造更多價值、取得成本優勢和競爭優勢、獲得更多利潤和降低成本，必須分析企業簇群、競爭對手、環境變化趨勢、成本結構與數量，採取有效的戰略措施，適應環境現狀及其變化。

4. 時空拓展性

管理信息成本控制戰略目標的實現，必須「兩結合」：一是短期控制與長期控制相結合，二是內部控制與外部控制相結合。短期控制以戰術控制為主，著眼點是控制環節；長期控制以戰略控制為主，強調企業長遠發展與整體。從空間上，管理信息成本既要關注企業內部各管理層次與控制環節，又要關注企業間組織關係和價值聯繫。

5. 要素整合性

管理信息成本控制與其他管理控制相比的一個顯著特點是其構成要素的分散性。主要表現在：成本控制的主體、成本控制對象的構成內容、成本控制方法所依託的組織結構與制度基

礎具有較大的分散性。管理信息成本控制的分散性要求存在一個強大的協調職能，運用強有力的協調措施將各方面的因素整合起來，將分散的各要素整合成為一個有機整體。

三、管理信息成本控制與價值創造

信息化是現代企業的發展方向。對企業而言，管理信息的真正價值在於能夠為企業，尤其是為領導者提供決策的依據，在於服務、符合企業效益目標的確立與調整的要求。換言之，管理信息是在對效益目標起導向作用中形成其特有價值、發揮其特有的價值功能、實現其價值增值效果的。因此，企業的效益目標成為管理信息作用的方向和管理信息成本發生的根本所在。管理信息成本產生的目的是為了追求效益，其形成動因是管理信息價值。

管理信息成本控制是基於管理視角，通過對管理信息成本的本質認識，發現管理信息成本產生的動因，識別信管理息成本的具體類型，將滲透後的管理信息成本進行歸集並會計計量，以實現對管理信息成本的有效控制。但管理信息成本控制不是企業信息成本管理的最終目的，只是一種方法和手段。企業以生存、盈利和發展為目標，為實現這些目標，企業必須進行成本控制，進行價值創新，提高並形成核心競爭力，不斷獲得利潤。管理信息成本控制必須為企業的目標服務。因此，管理信息成本控制的目標具有雙重性，即成本控制與價值創造。

成本控制與價值創造相互促進（見圖8-3）。企業運用科學的方法和手段，通過管理信息成本控制，凸現信息效用，為信息價值實現提供條件；企業通過信息價值的創造，實現對管理信息成本的補償，最終獲得信息收益。因此，將成本控制與價值創造融合在一起，作為企業管理信息成本控制的目標，有利於企業正確認識管理信息成本的作用和影響，有利於企業從

業務活動、戰略和跨企業間組織等層面上對管理信息成本進行控制，有利於企業在推進信息化的道路上健康發展。

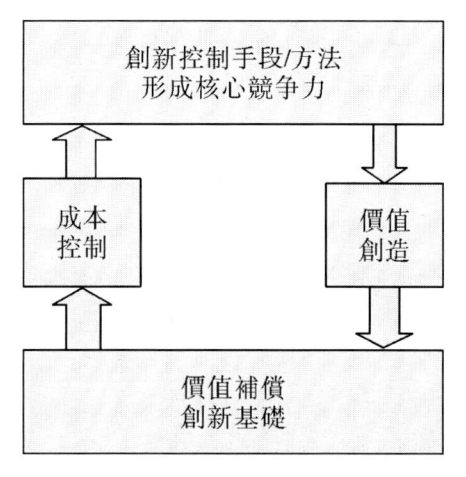

```
        ┌─────────────────────┐
        │ 創新控制手段/方法    │
        │ 形成核心競爭力       │
        └─────────────────────┘
           ↑              ⇓
    ┌──────────┐    ┌──────────┐
    │ 成本     │    │ 價值     │
    │ 控制     │    │ 創造     │
    └──────────┘    └──────────┘
           ↑              ⇓
        ┌─────────────────────┐
        │ 價值補償             │
        │ 創新基礎             │
        └─────────────────────┘
```

圖 8-3　管理信息成本控制目標關係

案例8-1 [①]：在中國，也有許多主動型信息化的企業都取得了快速的發展和成功，如聯想、海爾、邯鋼等企業都通過信息化獲得了巨大的經濟效益。2000 年聯想集團實現利潤 8 億多元，一半以上利潤是企業信息化帶來的；實現信息化以後。存貨週轉天數從 72 天降為 22 天，年降低成本 1.2 億元；產品積壓損失從 2% 降到 0.19%，年降低成本 3.62 億元；應收帳款週轉天數從 28 天降到 14 天，年降低成本 4,700 萬元；壞帳佔總收入的比例從 0.3% 降到 0.05%，年降低成本 5,000 萬元。這幾項加起來，年節約費用 6 億元，效益相當可觀。

全球最大的商業零售商沃爾瑪就是一個主動型信息化的典型。1969 年它租用了國際商務機器公司 360 型計算機進行貨物配送管理。20 世紀 80 年代初，沃爾瑪花費 2,400 萬美元發射了

---

① 武克華，馬海敏，張淑敏．秘笈：以信息化為動力 [EB/OL]．[2008-03-15] http://www.ycwb.com/gb/content/2005-01/24/content_838357.htm.

一顆企業自己的人造衛星，用於企業信息系統的管理。據說，沃爾瑪的電子信息通信系統是全美最大的民用系統，其規模甚至超過了電信業巨頭美國電話電報公司（AT&T）公司。沃爾瑪在信息化上的巨大投入為其帶來的是更大的回報。在美國《財富》雜誌公布的世界 500 強（按營業額排序）排行榜上，沃爾瑪於 2001 年、2002 年連續兩年高居榜首。

第三節 管理信息成本控制戰略思想與戰略分析

一、管理信息成本控制戰略思想

管理信息成本控制戰略思想是關於管理信息成本控制戰略理論架構的概括與總結，決定著管理信息成本控制戰略制定和實施的基本思路，規範著管理信息成本控制的內容和措施。

（一）源流管理思想

源流管理思想是管理信息成本控制戰略的一項重要思想，也就是，控制管理信息成本要從成本發生的源流著手，控制的重點內容是成本發生的源流，控制措施的著力點也應是成本發生的源流。結合前文所述，管理信息成本是一個「三維立體」，即時間長度、項目寬度和費用厚度。因此，管理信息成本的源流包括了時間源流、空間源流和業務源流。就時間源流而言，在事前、事中和事後管理信息成本控制體系中，從預測、計劃，到決策、執行，最後到反饋與再控，時間的長短影響著管理信息成本的大小和各管理職能中產生的成本結構。就空間源流而言，管理信息成本控制關注兩個方向：一是企業間組織的管理信息成本，二是企業內部管理決策的管理信息成本。空間源流控制既限定了發生成本的範圍，又界定了管理信息成本範疇。

從業務源流來看，管理信息成本發生於各項業務過程之中，成本的高低受制於業務量大小、複雜程度和管理信息需求的多少等。

(二) 價值至上思想

管理信息成本控制不僅僅是成本控制，成本控制只是低層次目標，其最高目標是實現價值，實現企業或企業簇群價值創造最大化和價值分配最優化目標。在價值至上思想主導下，企業成本管理有兩層含義：第一層是成本控制是一種手段，價值創造與實現是目的。管理信息成本控制戰略中各種控制戰略措施和手段、方法的採用，是以創造價值為取向的。第二層是企業的各種目標中，價值目標是關鍵和核心，其他目標是中間目標而非終極目標。

(三) 匹配控制思想

管理信息成本控制戰略匹配思想是指管理信息成本控制戰略要以企業戰略為先導，要與企業的基本戰略、企業不同時期採用的特殊戰略以及各種成本控制戰略措施之間相互配合。第一，管理信息成本控制戰略與企業基本戰略的匹配，即管理信息成本控制戰略要與企業的戰略相適應，管理信息成本控制的方法與措施要有利於成本控制戰略目標的實現。採用成本領先戰略的企業，企業戰略的重心是成本，企業戰略主要體現為成本控制戰略，管理信息成本控制戰略屬於其中的重要項。採用差異化戰略和目標聚集戰略的企業，如何實現差異化和目標聚集是核心，管理信息成本控制戰略要有助於差異化戰略的實施和目標聚集戰略的實現。第二，管理信息成本控制戰略與企業發展階段的匹配。管理信息成本控制戰略應與企業在不同發展階段採用的不同戰略相匹配。企業在不同發展階段，其優先考慮的問題各有不同，管理信息成本控制戰略的制度和實施要充分考慮到企業在不同發展階段的特點和需要。第三，管理信息成本控制戰略措施之間的匹配。管理信息成本控制戰略除了要

與企業基本戰略和發展階段的特殊戰略相匹配外，各種控制戰略措施之間也應該相匹配，避免用相互衝突或矛盾的措施來「削減」成本。

（四）融入整合思想

管理信息成本控制措施是為實現管理信息成本控制目標所採用的方法與手段。管理信息成本的分析方法、控制手段和方法較多，如企業資源計劃、信息資源規劃、業務流程再造、作業成本管理、價值鏈分析、目標成本控制、成本數量利潤分析法、標杆分析法等。但存在兩個突出問題：一是管理信息成本控制措施如何融合到具體的管理過程之中去，二是如何建立有效的保障機制，使管理信息成本控制的思想能夠得到貫徹、管理信息成本控制措施能夠得到順利實施。簡而言之，管理信息成本控制突出的問題就是管理信息成本控制措施的應用機制和保障機制。要解決這兩大問題，企業管理信息成本控制必須從管理信息成本發生的源流入手，深入到管理信息成本發生的全過程，將企業資源計劃、信息資源規劃、業務流程再造、作業成本管理、價值鏈分析、目標成本控制、成本數量利潤分析法、標杆分析法等有機的融合在一起，構建合理的組織結構和制度科學的管理制度，使企業高層管理當局到部門經理及相關人員都成為管理信息成本控制的主體。這樣，企業就實現了管理信息、人力資源、管理組織的整合，並最終融入到了企業整個管理流程和價值創造作業中。

（五）全員參與思想

企業的各項活動的發生、各項戰略措施的實施都不是由人來進行的，人的活動在管理信息成本發生的各個階段都佔有重要地位。員工的素質、技能是企業管理信息成本重要的影響因素。其中，對管理信息成本影響最大的是員工的成本意識和降低成本的主動性。成本意識（cost consciousness）是指節約成本

與控制成本的觀念[1]，是節約成本（的）觀念，並瞭解成本控制的執行結果。[2] 全員參與思想要求企業所有員工都樹立管理信息成本意識，參與管理信息成本控制。許毅（1983）教授指出，成本意識包括注意控制成本，努力使成本降低到最低水準並設法使其保持在最低水準。[3] 只有樹立全員參與的成本意識，才能建立起管理信息成本降低的主動性，才能使降低管理信息成本的各項具體措施和方法得到有效執行和應用。全員參與的成本思想的普遍建立有賴於管理人員的以身作則、強有力的制度約束和員工素質的提高，需要適當的利益機制、約束機制和監督機制有效配合。

（六）精益管理思想

一個企業所具有的優勢或劣勢的顯著性，最終取決於企業在多大程度上能夠對相對成本和歧異性有所作為，低成本成為衡量企業是否具有競爭優勢的兩個重要標準之一。加強成本管理能更有效地降低成本，在企業經營戰略中已處於極其重要的核心地位，它從根本上決定著企業競爭力的強弱。現代經濟的發展，世界範圍內的企業競爭，賦予了成本管理全新的含義，成本管理的目標不再由利潤最大化這一短期性的直接動因決定，而是定位在更具廣度和深度的戰略層面上。從廣度上看，已從企業內部的成本管理，發展到供應鏈成本管理；從深度上看，已從傳統的成本管理發展到精益成本管理。

精益成本管理是構建在為客戶創造價值的基礎上，以供應鏈成本最小為目標，從而實現對整個企業供應鏈的成本管理。現代企業面對瞬息萬變的市場環境，既要求得生存，更要求得

---

[1] 焦躍華. 現代企業成本控制戰略研究 [M]. 北京：經濟科學出版社，2001：80.
[2] 陳奮. 成本控制的原理與方法 [M]. 中華企業發展中心，1979：80.
[3] 許毅. 成本管理手冊 [M]. 北京：中國社會科學出版社，1983：78.

長期成長和發展。因此，精益成本管理目標必須定位在「客戶滿意」這一基點上，立足於為「客戶創造價值」的目標觀，已遠遠超越了傳統的以利潤或資產等價值量為唯一準繩的目標，它服務於確立企業競爭優勢，形成長期有效的經營能力。

　　現代企業的競爭，不僅僅是產品或服務的競爭，還擴展到了企業的整個供應鏈之間的較量，包括基於企業管理決策的各環節。企業供應鏈中的有關各方如供應商、製造工廠、分銷商、客戶等各環節的資源得到了合理安排和有效利用，整個供應鏈成本低於相互競爭的其他供應鏈，則該供應鏈就具有較強的競爭能力，處於供應鏈上的各節點企業的成本隨著供應鏈成本的優化而降低，企業的競爭力也就會得到加強。精益成本管理思想的精髓就在於追求最小供應鏈成本。管理決策節點上，涉及的成本很多，但在信息環境下，管理信息成本是一項重要內容。精益成本管理思想要求企業在管理節點上控制管理信息成本時，不斷地消除非增值的作業，杜絕浪費，從而減少管理信息成本，達到提高供應鏈效率，降低整個供應鏈成本的目的，使企業的競爭力不斷增強。

二、管理信息成本控制戰略分析

（一）成本控制環境分析

　　管理信息成本是企業管理決策活動、環境影響因素和企業內部條件共同作用的結果，受環境影響因素和企業內部條件的強烈影響。環境是影響系統運行的外部因素，是存在於控制系統以外而又影響系統控制效果的客觀因素集合體。對企業管理信息成本控制環境進行分析的目的，在於確認有限的可以使企業受益的機會和企業應當迴避的威脅[1]。應對企業的戰略環境進

---

[1] 費雷德·R. 戴維. 戰略管理 [M]. 北京：經濟科學出版社，1998：124.

行瞭解，也就是對政治環境、經濟環境、技術環境、競爭環境等作出分析，充分認識企業的機遇和挑戰、優勢和劣勢，再通過成本動因分析對環境作出正確判斷。具體來說：首先，確定環境因素中對企業戰略成本影響較大的因素，其中重要的因素包括政策動因、競爭對手的優勢成本動因、自身及對手價值鏈中的動因；然後，對戰略成本有利的因素和不利的因素進行分析評價；最後，與企業事先要求的環境條件相比較，分析的環境條件優於或等同於預期，則接受此環境。在以後的生產經營中，我們就可以充分發揮和利用有利的戰略動因，控制不利的戰略動因。

（二）價值鏈分析

價值鏈分析的任務就是要確定企業的價值鏈，明確各價值活動之間的聯繫，提高企業創造價值的效率，增加企業降低成本的可能性，為企業取得成本優勢和競爭優勢提供條件。價值鏈並不是一些獨立活動的簡單集合，而是相互依存的活動構成的一個有機整體，價值活動是由價值鏈的內部的「聯繫（linkage）」連接起來的。改變價值活動之間的聯繫可以改變價值活動之間的關係，從而改變成本，進而影響到企業的成本地位和競爭優勢。價值鏈分析為進行管理信息成本分析，實施成本管理提供了基礎。成本作為價值創造過程中的一種代價，其分析只能放在與價值創造有關的活動之中進行。

價值鏈分析法由波特首先提出，它將基本的原材料到最終用戶之間的價值鏈分解成與戰略相關的活動，以便理解成本的性質和差異產生的原因，是確定競爭對手成本的工具，也是SCM制定本公司競爭策略的基礎。我們可以從內部、縱向和橫向三個角度展開分析。

1. 內部價值鏈分析

這是企業進行價值鏈分析的起點。企業內部可分解為許多

單元價值鏈，信息在企業內部價值鏈上的轉移完成了價值的逐步累積與轉移。每個相關單元鏈上都要消耗管理信息成本並產生價值，而且它們有著廣泛的聯繫，如生產作業和內部後勤的聯繫、質量控制與售後服務的聯繫等。深入分析這些聯繫可減少那些不增加價值的作業，並通過協調和最優化兩種策略的融洽配合，提高運作效率、降低成本，同時也為縱向和橫向價值鏈分析奠定基礎。

2. 縱向價值鏈分析

縱向價值鏈分析反應了企業與供應商、銷售商之間的相互依存關係，這為企業增強其競爭優勢提供了機會。本文提出的跨企業間組織管理信息成本的控制，務必建立在縱向價值鏈分析的基礎之上。企業通過分析上游企業的產品或服務特點及其與本企業價值鏈的其他連接點，往往可以十分顯著地影響自身管理信息成本，甚至使企業與其上下游共同降低管理信息成本，提高這些相關企業的整體競爭優勢。在對各類聯繫進行了分析的基礎上，企業可求出各項管理信息相關作業活動的成本、收入及資產報酬率等，從而看出哪一活動較具競爭力、哪一活動價值較低，由此再決定往其上游或下游併購的策略或將自身價值鏈中一些價值較低的作業活動出售或實行外包，逐步調整企業在行業價值鏈中的位置及其範圍，從而實現價值鏈的重構，從根本上改變成本地位，提高企業競爭力。

如果從更廣闊的視野進行縱向價值鏈分析，就是產業結構的分析，這對企業進入某一市場時如何選擇人口及佔有哪些部分，以及在現有市場中外包、併購、整合等策略的制定都有極其重大的指導作用。

3. 橫向價值鏈分析

橫向價值鏈分析是企業確定競爭對手成本的基本工具，也是公司進行戰略定位的基礎。比如通過對企業自身管理決策的

成本測算，不同成本額的公司可採用不同的競爭方式，面對成本較高但實力雄厚的競爭對手，可採用低成本策略，揚長避短，爭取成本優勢，使得規模小、資金實力相對較弱的小公司在主幹公司的壓力下能夠求得生存與發展；而相對於成本較低的競爭對手，可運用差異性戰略，注重提高質量，以優質服務吸引顧客，而非盲目地進行價格戰，使自身在面臨價格低廉的小公司挑戰時，仍能立於不敗之地，保持自己的競爭優勢。

實際上，無論是企業內部價值鏈分析，還是橫向與縱向價值鏈分析，這都是一種「價值星系」內的分析。通過「星系」內的價值鏈分析，實現「星系」內管理信息成本的有效控制。

（三）成本優勢分析與標杆分析（Benchmarking）

成本優勢是企業可能擁有的基本競爭優勢之一。隨著邯鋼「模擬市場運行，實行成本否決」經驗的學習和推廣，中國的企業管理者們逐步認識到了成本的重要性，許多企業都把成本管理提到戰略地位，制定了「成本領先」的目標，加強了企業的成本控制和成本規劃。取得成本優勢和競爭優勢，有賴於對競爭態勢和競爭對手的分析，通過這種分析，揭示競爭對手的價值鏈、其所採用的基本戰略和其降低成本的戰略措施，以此明確企業的相對成本地位和企業應該採取的成本改進措施等，可以利用的分析方法有標杆分析。

標杆法是通過將企業的業績與已存在的最佳業績進行對比，以尋求不斷改善企業作業活動、提高業績的有效途徑和方法的過程。其主要目的是找出差距，尋找不斷改進的途徑。其方法是對同類活動或同類產品生產中績效最為顯著的組織或機構進行研究，以發現最佳經營實踐，並將它們運用到自己公司。最佳業績通常有三類：內部標杆、競爭對手標杆和通用標杆。比較理想的是與競爭者比較，也就是使用競爭標杆來確認競爭者中最佳實務者，判斷其取得最佳實務的因素，以資借鑑。這實

質上是進行競爭對手分析。

利用標杆法進行競爭對手分析，首先要明確誰是企業的真正競爭對手。其次要明確競爭對手所採用的基本競爭戰略，因為它決定了企業對成本的措施。採用成本領先戰略的企業以低成本為第一目標，使用各種方式和手段來降低成本；而採用差異化戰略的企業則以差異化為第一目標，降低成本的方式和手段以不影響企業差異化為限度；實行目標聚集戰略的企業以占領特定細分市場為目標，在特定細分市場裡，他們仍然會採用成本聚集或差異化戰略。對採用相同基本競爭戰略的競爭對手進行成本標杆分析最具有價值。最後要分析競爭對手的價值鏈和成本動因，並與企業自身價值鏈和成本動因加以比較。若競爭對手向目標市場提供相似產品或服務，並採用相同的基本競爭策略，則他們所處的市場環境基本相同，分析的重點應是企業內部因素。

標杆分析在管理信息成本控制中的用途是多重的。首先，它是企業進行優勢與弱點分析的有效手段，能確定競爭者中最佳實務及其成功因素，並且通過價值鏈和成本動因分析後，能認識企業自身的優勢與威脅，是 SWOT 分析方法的基礎。其次，標杆分析可以改進企業實務，通過與最佳實務相比，明確企業需改進的方面，並提供方法與手段。第三，標杆分析為業績計量提供了一個新基礎，它以最佳實務為標準計量業績，使各部門目標確定在先進水準的基礎上，使業績計量具有了科學性並起到指針作用。

（四）成本驅動因素與戰略成本動因分析

1. 成本驅動因素分析

企業的成本地位源於其價值活動的成本行為。成本行為取決於影響成本的結構性因素，我們稱之為成本驅動因素。若干個成本驅動因素可以結合起來決定一種既定活動的成本。判定

管理信息價值活動的成本驅動因素能夠使企業對其相對管理信息成本地位的來源和它如何被改變有一個深刻的認識。對一般的成本形態,有十種主要成本驅動因素決定了價值活動的成本行為,它們是:規模經濟、學習、生產能力利用模式、聯繫、相互關係、整合、時機選擇、自主政策、地理位置和機構因素。

規模經濟——一項價值活動的成本往往受制於規模經濟或規模不經濟,所以企業規模是一個重要動因,它主要通過規模效應來對企業成本產生影響;當規模較大時可以提高作業效率,使固定成本分配到較大規模的業務量之上,從而降低單位成本。但是,當企業規模擴張超過某一臨界點時,固定成本的增加會超過業務規模的增加,使協調更複雜和成本不斷增加,可能導致某項價值活動中規模不經濟,單位成本會出現升高的趨勢。圖8-4表示行業的規模經濟。如果企業以小規模進行生產(X)點,與在Y點的企業相比,將處於成本劣勢。

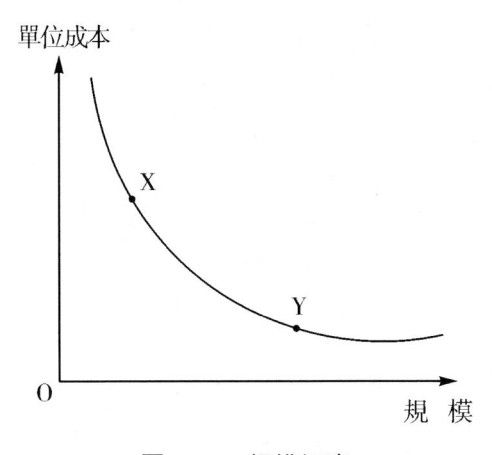

圖8-4 規模經濟

學習——一項價值活動由於學習提高了效率從而可能隨著時間的推移而成本下降。學習隨著時間推移而成本降低的機制為數眾多,包括安排改變、進度改進、勞動效率提高、適於生

產的設計改動、收益增加、資產利用率提高和原材料更適合於工藝流程等因素。

生產能力利用模式——當一項價值活動與大量固定成本相聯繫時，活動的成本就會受到生產能力利用率的影響。固定成本會對利用率低下進行懲罰，固定成本與變動成本的比率意味著價值活動對利用率的敏感性。一項活動的生產能力利用模式部分取決於環境條件和競爭的行為，並且部分地通過如市場行銷和產品選擇領域的政策選擇而置於企業控制之下。生產能力利用率調整速度快的企業往往能夠較快地實現規模經濟，並且可以節省大筆的資金用於擴大再生產或者為日後添置和更新設備作準備，以求從量上真正擴大生產規模，從而存取競爭優勢。

聯繫——一項價值活動的成本常常受到其他活動實施情況的影響。聯繫有兩大類：價值鏈內部聯繫和與供應商和銷售渠道價值鏈之間的縱向聯繫。這些聯繫意味著僅僅考察一項活動本身不能理解這項價值活動的成本行為。聯繫為降低相互聯繫著的活動的總成本創造了機會。由於聯繫是微妙的，並需要對貫穿組織各部門的活動共同實行最優化或協調，因此，它們又是成本優勢潛在的強有力的來源。

相互關係——企業和姐妹業務單元共享價值活動或進入有著共享機會的新的經營領域，常常可以顯著地降低其相對成本。例如美國醫院供應服務公司（American Hospital）因發現與許多生產醫療用品的單位共享一個訂單處理和銷售組織而得到了顯著的成本改善。

整合——一項價值活動的縱向整合程度可以以若干種方式降低成本。它可以避免利用市場的成本，如採購和運輸費用等；可以使企業迴避擁有較強討價還價能力的供應商或買方；可以帶來聯合作業的經濟性，正像鋼如果直接從煉鋼工序運送到工藝加工中就不再需要重新加熱一樣。

時機選擇——一項價值活動的成本常常反應了對時機的選擇。在一個產業裡，率先行動者常常因為占據最佳地點，率先雇傭優秀的雇員，得到優選供應商，優先取得專利而獲得長期成本優勢。另外，在需求疲軟期購進資產能節約大筆費用。

　　自主政策——自主政策選擇反應了企業戰略，常常涉及有意識地在成本和差異化之間權衡取舍的問題。同時，技術政策，如開發低成本工藝、推進自動化、低成本的產品設計等都是降低成本的重要途徑。

　　地理位置——各種活動相互之間以及它們與買方和供應商之間的地理位置，通常對諸如工資成本，後勤效率和貨源供應等方面具有顯著的影響。因此，通過重新設定價值活動的地點或設立廠房設施相對位置的新格局，會找到降低成本機會。

　　機構因素——包括政府法規，免稅期及其他財政刺激手段、工會化、關稅和徵稅以及本土化規定在內的因素。例如，20世紀80年代美國批准有關使用兩節拖車的法規，對其貨車運輸業的成本產生高達10%的影響。機構因素常常處於企業控制能力的範圍之外，但企業可以影響他們或縮小他們的影響。

　　上述十大因素中，可以肯定地說，它們都或多或少對管理信息成本存在影響，只是影響的程度不同而已。比如，規模經濟會影響整個管理信息成本的數量；學習效率和能力的高低影響著管理信息組織結構和管理信息系統運行效率的高低，從而影響到管理信息結構成本和管理信息系統成本；生產能力利用模式不同，對管理信息的需求內容和多少也不同，也會影響管理信息成本的大小；聯繫、相互關係、整合、時機選擇、自主政策、地理位置和機構因素，無論是企業內部因素，還是企業外部因素，對管理信息成本的影響都是存在的，有的影響管理信息成本的數量，有的影響管理信息成本的構成。

　　2. 戰略成本動因分析

　　戰略成本動因分析是從戰略高度對企業成本結構和成本行

為進行全面瞭解，找出引起成本變動的因素，並通過不斷控制與完善，尋求降低成本以獲得長期競爭優勢的戰略途徑。管理信息成本的戰略動因分析，首先需要瞭解和識別戰略動因，進一步控制和利用成本動因。一般的戰略成本動因包括結構性成本動因和執行性成本動因兩個層次，這也同樣適用於管理信息成本戰略動因分析。前者包括規模經濟、整合程度、學習培訓、地理位置等；後者包括勞動力組織、質量管理、生產能力利用、企業內外部聯繫、時機選擇等。企業的成本從戰略上看，是由以上這些獨特的成本動因來控制的，每一個成本動因都可能成為企業獨特的競爭優勢來源。選擇與己有利的成本動因作為成本競爭的突破口，是企業競爭的一項基本策略。戰略成本管理要求從企業長期、整體的內外環境出發進行成本管理。為此，我們首先要對管理信息成本的戰略環境作出分析，找出引起管理信息成本發生的有利和不利因素，在此基礎上對各動因進行選擇和分析，以作出戰略規劃；然後實施管理信息成本控制戰略，即加強對管理信息成本的控制和管理；最後作出業績評價。管理信息成本的戰略動因分析應切入到成本內因細胞、結構性選擇與執行性技術運用中，其實質在於戰略環境分析和戰略定位下的戰略成本管理功能的具體展開與效用強化。

（1）戰略環境分析

應對企業的戰略環境進行瞭解，也就是對政治環境、經濟環境、技術環境、競爭環境等作出分析，充分認識企業的機遇和挑戰、優勢和劣勢，再通過成本動因分析對環境作出正確判斷。具體來說：第一，確定環境因素中對企業戰略管理信息成本影響較大的因素，其中重要的因素包括政策動因、競爭對手的優勢成本動因、自身及對手價值鏈中的動因；第二，對戰略管理信息成本有利的因素和不利的因素進行分析評價；第三，與企業事先要求的環境條件相比較，分析的環境條件優於或等

同於預期，則接受此環境。在以後的生產經營中，我們就可以充分發揮和利用有利的戰略動因，控制不利的戰略動因。

（2）戰略規則制定

企業採取不同的戰略定位，應該相應地選擇不同的動因控制重點。在成本領先戰略中，我們需要識別自身及對手的價值鏈，判斷出重要價值活動的成本動因，並且要能比競爭對手更好地控制這些驅動因素，以取得成本動因的優勢。事實上，在管理信息成本中占重要地位或所占比例正在增長的活動將為改善相對成本地位提供最大的潛力。在差異化戰略中，我們要防止差異化陷阱，即戰略放在差異上而忽視了成本的做法，因為價格如果過於高昂，顧客只能是可望而不可即。為此，應注意削減對企業差異化無實質性貢獻的成本動因，在不影響差異化的活動中積極尋求削減成本的方法和途徑，有時甚至要犧牲部分差異化以改善成本。

（3）戰略實施

在作出了管理信息成本的戰略規劃以後，要完成企業的戰略目標，關鍵在於要將所制定的措施與方法貫徹下去。這就需要從戰略高度對管理信息成本動因進行動態控制和協調管理，力求創造和保持企業成本優勢。管理成本戰略實施中要求做到：第一，建立。企業首先應基於組織的視點來確定成本定位，對企業基礎結構動因，即規模、技術、經驗、地理位置等進行戰略性選擇，解決資源配置最優問題。在設定了企業的成本構造基本框架後，要求對各個定位層面予以力量的投入，即對各種執行性成本動因進行戰略性強化，以實現改善業績的目標。在此過程中，應盡量選擇相互加強的成本動因，協調相互對抗的成本動因。第二，執行。成本控制的關鍵是如何將各種成本控制措施有效地應用於企業經營和管理活動之中，使控制目標與控制意圖得到貫徹與落實。這就需要將成本控制措施融入到各

部門的業務活動和管理過程之中，將成本控制的理念融入到企業各成員的頭腦之中。成本控制改變成本動因，成本動因變化改變成本，因此，應將成本動因控制意識灌輸給具體的部門和員工。第三，強化。價值鏈分析突破了傳統成本管理的狹窄視野，描繪了超越企業的戰略成本管理的空間和操作路徑。在價值鏈中，不同的價值作業應有不同重要程度的成本動因與之相對應，不同的成本動因又需要運用不同的成本分析框架。通過重新構建新的價值鏈，可以從根本上改變企業管理信息成本結構的競爭基礎，使企業可以根據其偏好和客觀需要改變重要的成本動因。以一種不同的方式進行一項活動，可能改變該活動與規模經濟、地理位置的相互關係以及對其他成本動因的敏感性。第四，改善。由於環境在不斷變化，自身條件和競爭對手的情況也在不斷變化，因此需要對管理信息成本控制重點作出修正和完善。對此，可以通過技術革新來保持企業的管理信息成本優勢。技術革新就是不斷改變價值鏈中落後的成本動因，控制管理信息成本驅動因素。新技術的應用隱含著效率的提高、規模的擴大、消耗的降低、經濟資源利用率的提高等，而這些都是影響管理信息成本的因素。

第四節　管理信息成本控制戰略的方法選擇與保障措施

戰略與目標確定以後，成本控制的重點轉向過程中的成本控制。[①] 過程中的管理信息成本控制是日常性的，需要許多具體的方法和措施。對管理信息成本的過程控制既需要確定控制制

---

① 焦躍華. 現代企業成本控制戰略研究 [M]. 北京：經濟科學出版社，2001：203.

度，又需要保障措施，關鍵在於具體控制策略。控制方法和保障措施是管理信息成本控制的基本規範，是「奠基性的」，控制方法是一種基礎性的方法制度，保障措施是一種基礎性的保障制度，控制策略是具體的方法與措施。

一、管理信息成本控制戰略的方法選擇

（一）目標成本管理

加強目標成本管理是建立現代企業制度和轉換經營機制，適應消費者需求和不斷提高經濟效益的重要管理職能，也是現代企業謀求長期持續健康發展的重要保證。目標成本管理是在通過對市場充分的調查和預測的基礎上，保證企業的目標利潤而倒推出總的目標成本水準，然後把總的目標成本再逐級分解形成各責任中心的成本控制標準。目標成本管理是企業戰略成本管理的重要方法之一，是市場經濟條件下企業競爭的產物。

一般認為，企業的目標成本包括三個方面：一是產品生產製造過程中的目標成本，二是管理、財務和銷售過程中的目標成本，三是購進原材料及新技術研究與開發過程中的目標成本。實際上，管理信息成本已融入到這三種目標成本中，在現實的成本管理中沒有將管理信息成本從中區分開來。本文認為，企業應將管理決策過程中形成的管理信息成本與其他成本進行有效劃分，對管理信息成本進行單獨識別，設定管理信息成本目標，按管理信息成本的目標成本進行管理。

實施管理信息成本的目標成本控制，必須合理劃分責任中心，明確規定權責範圍。首先，要按照分工明確、責任易辨、成績便於考核和評價的原則，合理劃分責任中心；其次，必須依據各個責任中心生產經營的具體特點，明確規定其權責範圍，使其能在權限範圍內，獨立自主地履行職責。

管理信息成本的目標管理打破了傳統成本管理以生產為中

心的做法，它將成本管理的視野擴展到企業管理各個方面和各個層次。只要涉及管理決策所產生的信息需求，就會引致管理信息成本的目標管理問題。管理信息成本的目標管理有利於企業內部經濟責任制的落實。

(二) 責任成本管理

責任成本是企業生產發展到一定階段的產物。責任成本管理是指在保證工期、安全、質量的前提下，完成一項任務所耗費的最低支出的總額（責任成本包含成本、費用、營業外支出等各項支出），將其按照可控原則劃分為若干細項，進而確定成本費用發生的單位或個人，並以合同的方式建立責任成本計量體系，將各單位或個人的成本節超金額與其工資獎金等收益掛勾的成本管理方法。隨著生產的不斷發展和管理的不斷進步，現代企業的生產經營活動必須由多個部門共同完成，但僅僅依靠整體性預算或綜合性報告來對各部門的業務進行集中控制是比較困難的，所以必須把企業劃分為若干個既獨立又相互聯繫的部門，將每一部門作為一個在決策時受到較小限制而在管理時享有較大自主權的「責任單位」，各單位的主管人員對上一級管理者負責，而上一級管理者則對各個責任單位提供指導、幫助和監督。因此，責任成本是以責任單位為對象予以歸集的相關成本，也即某一特定成本中心主管人員必須而且能夠負責或控制的有關成本、費用。

對管理信息成本實施責任成本管理過程中，必須按照一定的管理程序執行。第一，劃分管理信息成本的責任單位。責任單位是企業內部獨立存在的，可以在一定的權責範圍內自行控制成本發生、收益實現和資金使用的組織單位。實施責任成本管理，首先根據企業經營管理工作和行政管理體制的特定需要，在組織上確定對所轄管理活動承擔完全經濟責任的責任層次，明確劃分若干責任單位。一般情況是要求管理信息成本的各責

任單位在企業整個管理活動中，必須具有獨立的地位，能獨立承擔一定的經濟責任，核心是擁有一定的管理和決策權力；該責任單位確有能力獨立完成上級所賦予的各項管理任務，且有明確、具體的管理目標。

　　第二，規定管理信息成本責任單位的權責範圍。在事業部內部，被劃定為成本責任中心的部門和單位，都應有其相對獨立的經濟利益。為了切實維護各責任單位的特定經濟利益，必須明確規定它們各自所應承擔的經濟責任和各自所必然擁有的經濟權力。假如不這樣，責任單位就難以充分發揮生產經營的積極性和主動性，也不能真正落實經濟責任和切實行使控制職能，必造成權、責、利三者相脫離。故在管理信息成本的責任管理合同中明確表述了各責任單位的權責範圍，以保障事業部的各項管理活動沿著既定目標卓有成效地進行。

　　第三，確定管理信息成本的責任目標。責任目標是有關責任單位在其權責範圍內，預定應當完成的生產經營任務，是企業未來一定期間經營總目標的分解與具體化。責任化的管理信息成本目標必然按照層層分解、落實的原則為每一責任單位確定相應的責任目標，分配一定的管理信息成本責任指標，以使各責任成本單位瞭解它們在實現企業總體目標上所應完成的具體工作任務。

　　第四，建立管理信息成本數據系統。為把成本、費用數值同經濟責任緊密聯結起來，力求實現經濟責任的制度化和數量化，必須建立健全一整套記錄、計算、考核、評價責任目標（責任預算）執行情況的數據與指標體系。只有建立健全了科學的數據系統，才能有效地實施過程跟蹤與控制，及時瞭解各責任單位管理活動的真實情況，從而為評價、考核各責任成本中心的工作業績提供可靠依據，為實現管理信息成本數值同經濟管理責任的有機結合創造條件。

第五，考評工作績效。為了保證管理信息成本責任管理制度的正確貫徹和實施，必須在計量、分析有關責任單位預算實際執行情況的基礎上，對它們的工作成績和經營效果進行嚴格的考核和恰當的評價。只有通過工作績效的考評，才能充分肯定各責任單位的成績，及時發現問題，並有針對性地制訂修正措施，強化管理信息成本控制，促進各責任單位做好各項經營管理工作。

第六，編製責任成本報告。責任成本報告即責任成本績效報告，是有關責任單位在一定期間內從事生產經營活動的集中反應，也是各責任單位預定責任（責任預算）執行過程、執行結果的概括說明。通過編製責任化的管理信息成本報告，可以根據責任單位的特點和其他條件，按照實現企業總體目標的要求，相應調節和控制自身權責範圍內的生產經營活動，不斷提高經濟效益。

（三）作業成本管理

1. 作業成本法的原理與方法

作業成本法（Activity Based Costing，ABC）是以作業為核心，確認和計量耗用企業資源的所有作業，將耗用的資源成本準確地計入作業，然後選擇成本動因，將所有作業成本分配給成本計算對象（產品或服務）的一種成本計算方法。與傳統的成本分配方法相比，它能夠提供更準確的產品（包括服務）成本信息，為企業的管理決策和業績評價提供更相關的信息依據。其主要特點是：①以作業為基本的成本計算對象，並將其作為匯總其他成本（如：產品成本、責任中心成本）的基石。②注重間接計入費用的歸集與分配，設置多樣化作業成本庫，並採用多樣化成本動因作為成本分配的標準，使成本歸集明細化，從而提高成本的可歸屬性。③關注成本發生的前因後果。產品的技術層次、項目種類、複雜程度不同，其耗用的間接費用也

不同，但傳統成本計算法認為所有產品都根據其產量均衡地消耗企業的所有費用。因此，在傳統成本法下，產量高、複雜程度低的產品的成本往往高於其實際發生成本；產量低、複雜程度高的產品的成本往往低於其實際發生成本。

作業成本計算則以作業為聯繫資源和產品的仲介，以多樣化成本動因為依據，將資源追蹤到作業，將作業成本追蹤到產品，提供了適應現代製造環境的相對準確的成本信息。作業成本計算以財務為導向，從分類帳中獲得主要成本（如：間接費用）項目。進而將成本追蹤到作業成本庫，再將作業成本庫的成本分配到各產品，側重於對歷史成本費用進行分析，是成本分配觀的體現。

作業成本法的具體做法包括：①確認主要作業，劃分作業中心；②將歸集起來的投入成本或資源分配到每一個作業中心的成本庫中；③將各個作業中心的成本分配到最終產品中。成本計算最終要計算出產品成本，在作業成本法下，產品成本由作業成本構成，匯集的作業成本按各產品消耗的作業量的比例分配，計算出各個產品的作業成本，確定各產品成本。

2. 作業成本管理與目標成本管理的協調

在基於作業成本計量的目標成本管理中，對各責任中心的管理信息成本目標完成情況的考評是管理信息成本發生之後，對管理信息成本發生的前因後果所做的分析，一方面是為了分清責任，實施獎懲；另一方面可以進行作業鏈價值分析，確定哪些作業為最終管理決策的價值實現提供服務，消除不必要或不增值的作業，同時對於企業必要但不增值的作業應盡量降低其成本消耗，實現作業鏈的優化管理①。

因此，在實施管理信息成本控制過程中，要把內部市場化

---

① 王建華. 基於作業成本計量的目標成本管理 [J]. 會計之友，2007 (15)：52-53.

下的目標成本管理和作業成本結合起來，就必須使目標管理信息成本分解到的責任中心和按作業成本計量劃分的作業中心協調一致，相互對應，實行管理信息成本的責任中心和作業中心協調控制，使作業成本計量的信息滿足責任中心考核的要求。基於作業成本計量的目標管理信息成本控制的基本思路見圖8-5。

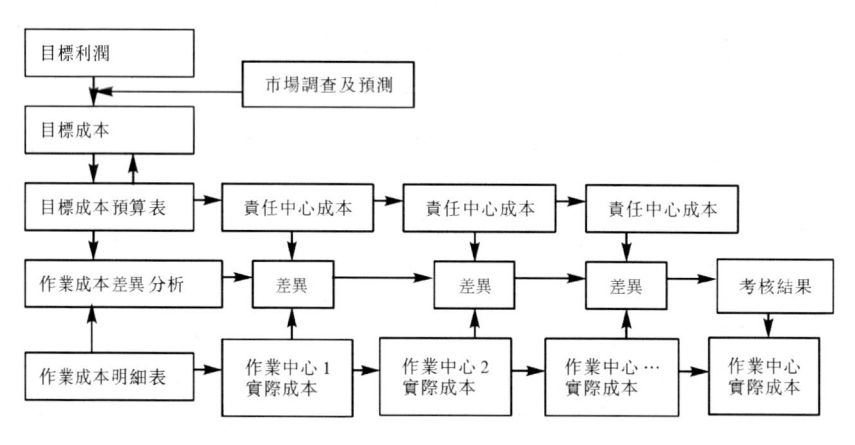

圖8-5　基於作業成本管理的目標管理信息成本控制考評流程圖

二、管理信息成本控制戰略的保障措施

　　管理信息成本控制的保障措施是為了保證成本控制措施的有效性和保證成本控制措施的順利實施而建立的各種規範。它主要是制度規範和組織規範。建立管理信息成本控制保障措施主要通過建立起一系列的業務處理與報告應遵循的程序和規範，以及通過組織結構的設定、職能的劃分與分工等，來保證組織內容的各項活動按照有利於降低成本、有利於成本控制的方式進行。這些措施的功能不是直接作用於成本發生過程本身，而是對部門和個人處理業務的行為按照控制的需要加以約束或引導，其作用是基礎性的和防範性的。

(一) 建立管理信息成本控制戰略保障措施的必要性

按照成本控制措施的融入思想和整合與集成思想，管理信息成本控制應融入到各相關部門的業務管理和業務過程之中。管理人員進行的管理活動、業務人員進行的業務活動，同時也可能就是管理信息成本控制活動。然而，由於管理活動與業務活動自身的特點，與其相應的活動因為管理信息成本控制意思的缺失，往往淡化了管理信息成本控制的內容和責任，出現管理信息成本失控。因此，管理信息成本控制保障措施的建立主要基於以下目的。

1. 與管理活動、業務活動的目標一致。管理活動與業務活動的首要目標是完成其崗位職業任務，其次才是以低成本完成其責任。活動目標是第一位的，控制成本是第二位的。管理信息成本控制保障措施的建立有利於目標相融，在完成活動目標的同時實現管理信息成本控制，在進行管理信息成本控制過程中實現活動目標。

2. 防止出現管理信息成本失控。管理信息成本既是企業管理成本的一部分，又屬於信息成本的範疇，在表現形式上具有多樣性，在成本範疇上具有交叉性，難以控制。管理信息成本保障措施的建立是從整個企業系統視角進行的，既有制度保障，又有組織保障，還在時空上進行了規範和界定，這就使管理信息成本控制的對象明確，措施到位，控制有效。

(二) 管理信息成本控制戰略的時空體系

1. 管理信息成本控制的時間性與空間性

成本的可控性與成本控制的時間和空間密切相關[1]。管理信息成本屬於企業成本的一部分，無論是其發生還是控制都具有明顯的時空性。總體而言，管理信息成本是可控的，但已經發

---

[1] 焦躍華. 現代企業成本控制戰略研究 [M]. 北京：經濟科學出版社，2001：251.

生的成本，就已經成為沉沒成本，不會為當前的控制活動所改變。正在發生的管理信息成本，一部分由過去的活動所決定，是不可控的。如正在建設的管理信息系統成本，相關軟件已經購買，人工成本已經發生，無法再進行控制。而正在發生過程中的另一部分成本，則在一定幅度範圍內是可以為現時的控制活動所改變，是可控的。如管理信息系統建設中的材料費用、能源消耗的高低。而所有將來未發生的管理信息成本，都可以通過現時的規劃活動進行控制。這說明，管理信息成本的可控制性與實施控制的時間相關。

現時可以控制的管理信息成本與空間相關。管理信息成本發生於不同的環節、不同的部門，往往由特定環節、特定部門所限制和影響。管理信息成本主要產生於管理部門的管理決策活動中，包括戰略管理、業務管理或跨企業間管理。因此，管理信息成本控制的空間性體現在控制的部門是管理部門，控制的環節是管理環節。並且，管理信息成本控制在空間上具層次性，包括跨企業間組織管理機構、戰略管理機構和業務管理機構。當然，各控制環節也要融入不同管理機構的管理活動過程中。

管理信息成本控制的時間性與空間性要求管理信息成本控制戰略措施的構造與選擇要結合時間與空間進行。

2. 管理信息成本控制時間的選擇

管理信息成本控制措施的實施效果受到控制時間的影響，管理信息成本控制措施和方法必須充分考慮時間因素。國內外一些學者按照成本控制內容所涉及的時間系統，將成本控制分為事前成本控制、事中成本控制、事後成本控制，並據此建立了相應的控制體系。管理信息成本控制基於時間的視角看也可分為事前控制、事中控制和事後控制。

從管理信息成本控制的環節看，事前管理信息成本控制包

括成本預測、成本決策、成本計劃等環節，事中管理信息成本控制屬於日常成本控制，發生於日常管理活動過程中，事後管理信息成本控制是成本發生之後的計量、考核、分析、評價等工作。從內容上看，事前管理信息成本控制包括管理信息成本控制制度的制定、組織機構的建立、控制措施的選擇等，事中管理信息成本控制包括人工成本控制、管理信息系統運行成本控制、信息收集、加工、傳遞、存儲和利用成本控制等，事後管理信息成本控制主要有助於促進事前和事中成本控制的強化，對事前和事中管理信息成本控制進行分析、考核、評價，總結經驗教訓，挖掘降低管理信息成本的潛力，有利於改進下一個決策活動中的管理信息成本控制。

3. 管理信息成本控制空間的設計

管理信息成本與產品生產成本一樣，都有特定的發生空間。產品生產成本主要產生於生產車間的人員工資、材料成本、能源消耗、折舊費用等。管理信息成本主要產生於管理部門的管理活動中，包括人事管理部門、項目管理部門、財務管理部門、日常業務管理部門、產品質檢管理部門等。在上述管理部門或管理機構中，只要涉及信息的收集、加工、傳遞、利用等活動，就會產生管理信息成本，也就存在管理信息成本控制空間。

現代管理信息成本控制空間在橫向和縱向上都已拓展。管理信息成本控制空間的橫向拓展是從管理決策部門出發向其他部門管理環節的擴延，從日常事務管理擴延到質量管理、安全管理等。空間的橫向拓展決定了管理信息成本控制措施和方法的多樣性、複雜性、針對性。管理信息成本控制空間的縱向拓展是基於管理層決的提升，從業務管理到戰略管理，再到跨企業間組織管理。這種空間形態的拓展使得管理信息成本形成過程從微觀空間結構擴大到跨企業間組織，使企業成本控制既依賴於作業成本管理，又依賴於戰略成本管理，以及跨企業間組

織成本管理。

(三) 管理信息成本控制戰略的組織保障

1. 組織結構與管理信息成本控制

合理的組織結構是管理信息成本控制有效的基礎，合理化的組織結構包括組織的機構設置、責任體系、權利制衡等多種因素。

許多學者企業組織結構都有不同認識，諸如，企業組織的基本框架，是對完成企業目標的人員以及人員關係、級職以及級職關係、權責以及權責的範圍、資源以及資源的配備等所作的制度性安排。(陳筱芳，2004)[①] 為實現其經營戰略目標而確定的內部權力、責任、控制和協調關係形式，它既涉及企業內部部門之間、崗位之間以及員工之間的相互聯繫，也涉及企業內部的決策和控制系統。(李劍峰，2004)[②] 企業在特定的目標之下，對實現該目標所必需的活動加以分工和協調而呈現出來的某種格局或形式。(胡平杰，2005)[③] 無論什麼樣的組織結構都會影響到企業成本控制，其中，對成本控制影響最大的是責任集中的最高管理層。

組織結構對管理信息成本控制的影響主要體現在兩個方面：第一，組織結構在很大程度上決定了管理目標的確立和管理政策的建立，從而影響管理信息成本控制方法與措施的選擇；第二，組織結構在很大程度上決定了企業的資源分配，資源分配的方式影響著管理信息成本的大小。不同類型的組織結構對管理信息成本有著不同的影響，因此在確定企業組織結構時，應

[①] 陳筱芳. 論企業組織系統重新架構的迫切性 [J]. 經濟師，2004 (9)：170－171.

[②] 李劍峰. 如何因地制宜導入事業部？——探討石油企業組織結構調整方向 [J]. 中國石油企業，2004 (7)：118－121.

[③] 胡平杰. 知識型企業組織結構理論研究的現實性探討 [J]. 求索，2005 (8)：32－33.

盡可能將企業經營特點、組織目標、成本控制等各因素結合起來考慮，為進行有效的管理信息成本控制提供組織保障。

2. 管理信息成本控制對組織結構形式的選擇

組織結構形式是組織結構框架設置的模式。它包括縱向結構設計和橫向結構設計兩個方面。通過機構、職位、職責、職權及它們之間的相互關係，實現縱橫結合，組成不同類型的組織結構，如表8－1所示。

表8－1　　　　　　組織結構的基本形式

名　稱	涵　義	適用對象
直線制	是一種最早的和最簡單的組織形式。這種組織形式沒有職能機構，從最高管理層到最低層實現直線垂直領導	小規模企業
職能制	是指設立若干職能機構或人員，各職能機構或人員在自己的業務範圍內都有權向下級下達命令和指示	無法在現實中真正實行
直線—職能制	又稱直線參謀職能制或生產區域制。它是把直線指揮的統一化思想和職能分工的專業化思想結合起來，在組織中設置縱向的直線指揮系統的基礎上，再設置橫向的職能管理系統而建立的複合模式	各類組織
事業部制	也叫聯邦分權化，是指在公司總部下增設一層獨立經營的「事業部」，實行公司統一政策，事業部獨立經營的一種體制	規模大、有不同市場面的多產品（服務）的現代大企業
矩陣制	又叫規劃—目標結構，它由縱橫兩套管理系統疊加在一起組成一個矩陣，其中縱向系統是按照職能劃分的指揮系統，橫向系統一般是按產品、工程項目或服務組成的管理系統	變動性大的組織或臨時性工作項目
委員會組織	是執行某方面管理職能並實行集體決策、集體領導的管理者群體	需要集體領導或有專項職能的組織

上述介紹的各種組織形式，各有利弊。企業應依管理信息成本控制目標與實際情況進行靈活選擇。必要時也可將幾種形式有機結合起來，以更有效地保證目標實現。

(四) 管理信息成本控制戰略的制度保障

制度是要求人們共同遵守的行為規範或行動準則。管理信息成本及成本控制自身的特點決定了管理信息成本控制不能建立在人們自覺的基礎上。成本意識的提高要通過制度來約束，信息的不對稱要求有成本控制的指南，成本行為的合理性標準要通過制度來加以確立，成本責任與利益需要制度來規範，完備的控制制度對於強化管理信息成本控制具有重要意義，建立科學有效的管理信息成本控制制度是進行管理成本控制的一項重要戰略措施。

1. 建立管理信息成本前饋控制制度

為了真正有效地控制管理信息成本，就必須建立起對成本費用擴張衝動的預警與制約機制，加強對管理信息成本的前饋控制。所謂管理信息成本的前饋控制，是指分析管理信息成本的變化規律，並在成本形成之前，就按照管理信息成本目標對管理活動和管理信息處理活動進行選擇，對管理信息成本進行預測、調控的管理活動。其目的是要實現最佳的成本支出效果，即達到總量性成本和結構性成本優化[1]。

2. 建立管理信息成本過程控制制度

管理信息成本的過程控制，是指在管理信息成本形成過程中，對成本的日常控制或現場控制。它是在管理活動過程中，通過對實際發生的各項管理信息成本和費用進行限制、指導和監督，以保證原定管理信息成本目標得以實現的管理活動。加強對管理信息成本的過程控制可以彌補現行成本考核指標的不

---

[1] 姚鑫，周德昕. 國有商業銀行成本控制制度的建立 [J]. 商業研究，2003 (20)：88-91.

足之處。

管理信息成本過程控制制度要求：①實行指標控制、制度控制與定額控制相結合的過程控制辦法。指標控制是指通過各種考核指標來控制成本支出，定額控制是指通過制定先進合理的定額來達到控制成本支出的目的，制度控制就是為了控制成本費用開支而制定的各項開支標準。②實行「管理信息成本差異」調控。在日常管理過程中，由於種種原因，實際發生的管理信息成本數額與預定的標準成本往往會發生偏差，這就是「管理信息成本差異」。管理信息成本差異是控制管理信息成本的一項很重要的信息來源，同時它又是評價和考核各個職能部門實績的重要依據。為了及時地控制管理信息成本差異，應當按照形成管理信息成本差異的基本原因設置帳戶，以便於在管理信息成本差異形成的當時就及時得到反應，並查明原因，採取措施，使管理信息成本控制在標準之內。

3. 建立管理信息成本決策責任制度和控制激勵制度

為解決管理信息成本控制責任不明確的問題，必須建立管理信息成本管理責任制，明確成本控制的責任單位和個人，並結合各部門的成本指標進行考核，根據考核情況獎罰兌現，以扭轉管理信息成本控制人人有責，使管理信息成本得到真正有效的控制。

（1）完善管理信息成本責任系統，加強管理信息成本的歸口控制。包括：第一，劃分責任層次，建立管理信息成本中心，明確各中心的成本責任；第二，根據是否可控的原則，將成本計劃指標和定額成本分解到各成本責任中心，作為評價、考核各成本中心實績的標準；第三，為了控制企業的責任成本和經營成果，各層次的成本中心應當按月將本中心所歸集的成本與費用匯總上報。

（2）完善管理信息成本考核系統。制度措施發揮作用的關

鍵在於制度措施能夠得到切實的執行，這需要通過考核評價措施和激勵懲罰措施予以保障。因此，在完成了管理信息成本指標的確定、成本責任的落實後，還必須建立完善的成本考核系統。主要包括對成本目標的檢查、考核與評估三方面：檢查成本目標完成情況；考核各責任中心成本目標實施情況；評估成本控制實績；將成本目標考核結果與各層次責任成本中心的利益分配結合獎罰兌現。

第五節　管理信息成本控制策略

企業在實施管理信息化過程中，發生的管理信息成本包括採購、營運、組織、使用成本……一個管理信息化項目的成本有多少，一方面取決於該項目的標的額，另一方面就是該項目到底能夠在企業發展的過程當中，陪伴企業多久。可以想像，一個花了大價錢實施的管理信息化項目，如果在極短的時間內就失去了作用，再重新實施，其成本當然很高。而使用時間越長，其平均成本也就越低。

一味降低管理信息化方面的投入，從長遠來看不利於企業的發展和應對外部市場的挑戰。畢竟企業還是要面對競爭和持續發展的。不會有哪個企業的老板不願意自己的企業發展壯大。那麼什麼方法能讓管理信息化系統「瘦身」，同時又不影響企業的發展呢？什麼樣的技巧可以讓管理信息化真正「瘦身」且不反彈，瘦得得法，瘦得健康呢？和實施管理信息化項目一樣，管理信息成本控制同樣有它自身的規律，需要制定相應的控制計劃，分階段分步驟實施。具體可以採取以下幾個方面的策略來對管理信息成本進行有效控制。

一、認真制定管理信息系統購買規劃，控制管理信息系統成本

儘管採購只占信息化成本的25%～30%，但採購決定了信息化短期內的大部分顯性成本，對於中小企業來說更是如此。對於信息化來說，選型至關重要，選擇合適的信息化產品至關重要，要經得起誘惑，抵制那些隨便製作出來的信息化「快餐產品」，不論其在價格方面多麼誘人，要知道真正的成本是在實施和運行過程中。有人主張不打無準備之仗，選型之前一定分析一下企業自身，做好信息化諮詢和規劃，聘請有實力的獨立專業諮詢服務機構為企業信息化採購提供甄別和指導，不要跟風盲目追求技術。

信息化的發展使得市場上不斷湧現新的技術和概念，看到別人上了豪華系統，有的企業感覺相形見絀，認為如果不用最新技術方案就會落後，但豪華系統消化起來需要更多的資源，考慮到自己現在的人財物資源狀況，不能來「滿漢全席」，要先滿足最基本的業務系統需要。要學會抵制新技術的誘惑。一句話：只選對的，不選貴的。據瞭解，如今國內軟件公司不存在「價格優勢」，而是「價格劣勢」。因為有相當一部分企業選擇信息化系統，有一個誤區：選擇一個大的廠商合作，即使不成功，相關人員也沒有責任；而如果選擇中小型廠商來合作，如果失敗，那就是在給自己找麻煩。這樣在還沒有實施之前就給自己找借口的想法，也使得很多企業在選擇信息化產品過程中不計成本，可是在後期的實施、維護、服務階段卻想方設法減少投入，最終導致項目處於可有可無的尷尬境地，增加了企業信息化系統的選購和使用成本。

那麼應用企業該如何選擇合適自己的信息化產品呢？具體操作層面，應該從三個角度去考量。

首先，不要迷信大品牌。很多企業之所以選擇大品牌，主要是在給項目失敗找個借口，減少個人的責任，這實際上給企業信息化失敗、形成大量管理信息成本留下了隱患。大品牌是不是就不好呢？當然，在某個領域當中出類拔萃的軟件供應商，一定有其過人之處，但是不能保證其產品就適合所有企業應用。有人曾就中小企業成功案例調查了很多「巨人」級別的公司，出乎意料的是，其中有幾家軟件供應商，平時信誓旦旦自己有針對中小企業的解決方案，可是卻沒有成功案例可以「分享」，這樣的解決方案是否適合中小企業確實值得懷疑。而如果這些中小企業盲目迷信大品牌，而選擇了這些所謂針對中小企業的解決方案，那麼後果可想而知。因此品牌是不是大不要緊，要緊的是，所選擇的信息化產品一定要符合企業的需求，這樣才能保證其投入是有效的，並且沒有別的浪費。

其次，不要盲目相信一個信息化系統可以解決企業所有的問題。如今的軟件系統層出不窮，以管理軟件來看，從企業資源計劃開始，就出現了產品數據管理、產品生命週期管理、製造過程管理、製造執行系統……且不說這些系統孰是孰非，但是確實有太多的名詞和太多的概念需要應用企業去辨別——哪個系統才能解決企業的現實問題？哪些系統可以緩一緩才實行？哪些系統是根本就沒有任何意義的？如果應用企業迷失在這些信息化名詞當中，盲目相信了軟件提供商不負責的承諾，進而實施了本來不需要的系統，成本控制無從談起。

案例8-2[①]：北新集團建材股份有限公司（簡稱北新建材）作為國家投資建設的全國最大的新型建材生產基地，以現代化的思想、信息化的管理、先進的技術裝備，不僅生產出享譽國內外的龍牌系列建材產品，更是使自身走上了快速發展的快車

---

① 筱月. 重塑企業——北新集團建材股份有限公司信息化建設側記 [EB/OL]. [2001-09-20] http://www.niec.org.cn/qyxxh/ffyj.htm.

道，成為全國建材行業用信息技術提升企業管理水準、提高市場競爭能力的典範。近年來，北新建材圍繞著MOVEX－ERP項目建設，累計投入資金700餘萬元。但對企業資源計劃系統選型和對合作夥伴的選擇，公司負責人介紹，公司決定實施企業資源計劃後，做了多方面的調研，在不貪大求洋、要適用於企業自身行業特點、集成商具有實施經驗等原則的指導下，最終選擇了性價比優秀的MOVEX－ERP產品，並由具有良好信譽和強大實力的神州數碼集成系統公司組織實施，神州數碼集成系統公司為北新建材提供硬件集成、軟件實施諮詢、售後支持等全方位的系統服務。之所以選擇神州數碼，一方面是因為項目實施的性價比適中，整個項目預算大概是400多萬元，包括了軟件、硬件、實施、網絡布線等費用；另一方面，神州數碼能提供除硬件設備之外、包括軟件、實施、維護、服務等等全面的解決方案。這樣當遇到問題時，只要找神州數碼就可以了，不會出現互相推脫、扯皮的現象。更重要的是，神州數碼有很好的實施經驗，特別是在建材行業也有成功的案例。

最後，企業應重視並借鑑同行業的經驗。在信息化時代，企業原有的管理模式將不再適應企業內外環境的變化，企業迫切需要借助信息化手段進行規範的管理，信息化系統的建立是其中不可缺少的一環。但是，企業從誕生之日起就有著自身的特點，如何針對這些特點來實施走管理信息化之路，少走冤枉路，少花冤枉錢，提高成功率呢？作為一般的管理信息系統選型過程應該非常重要。但是，管理信息系統供應商的選擇更重要的是其產品和服務是否貼近企業的經營模式，能否滿足企業的管理信息需求。因此，一定要經過充分調研，要更多的瞭解同行在應用管理信息系統時的經驗，這對企業管理信息系統建設非常重要。並且，企業應求助於諮詢服務機構，他們的經驗更為豐富。不僅在選型而且在招標、簽約、實施管理信息化的

過程中都能提供全面的服務。

二、注重系統效能的時間性，選擇長效性管理信息系統

目前，硬件設備價格不斷下降，可能不會對企業管理信息化造成太多的成本壓力，但軟件解決方案不斷有新的理論和體系出抬，其更新會直接影響到企業管理信息化建設的進程，企業更應該注意到軟件體系的可持續發展。曾有人指出：一個企業的信息化建設，進行到一定階段後，經過大量的累積和發展，必然會引起信息化體系的更迭，這種更迭有時候甚至是顛覆性的。而每經歷過這樣一種鳳凰涅槃般的脫胎換骨，企業都保存了大量有效的數據、對信息化系統應用的經驗、信息化人才……這些才是一個企業經過信息化項目洗禮以後收穫的價值，是企業自身競爭力的核心。因此這樣的更迭是不可迴避的。不得不承認，這樣的觀點對於中國的企業是有相當的啟示作用的。但是我們更應該注意到，如何才能使得企業目前所選用的信息化項目的「有效期」盡可能地長久。

首先，企業應該合理規劃自身的發展方向，對自身的發展有明確的規劃，並且能夠合理地在每個階段選擇合適的信息化產品，解決當前首要的問題。福田汽車就是一個很好的榜樣，福田汽車在多計算機輔助設計系統混合設計的現實條件下，統一規劃了企業未來信息化系統的構架，制定了一個長期的發展方向，有目的有步驟地實施了產品數據管理、企業資源計劃等系統。他們的信息化負責人曾經說，他們將要實施的某個信息化項目，是在三年前就已經決定了的。暫且不去討論這樣一個項目的結果如何，就是這樣一個安排縝密的實施計劃，相信已經解決了不同項目之間數據傳遞、整合等諸多的問題，這使得之前實施的計算機輔助設計、產品數據管理等系統不僅可以充分發揮其自身的功能，而且有能力繼續為後續的信息化系統提

供服務，從而將這種前期的信息化投入最大限度地延長了。

其次，企業在選擇軟件系統時，也應該注意到軟件的可擴展性。目前，很多軟件供應商也注意到了這個問題，不但將自己的軟件系統做到盡量地開放，而且還在自己的系統上，不斷開發新的功能，以滿足不同用戶的特色需求，例如美國參數技術公司。從最早的中端三維設計軟件 PRE/E，到產品數據管理系統 WNINDCHILL，後來隨著中國企業自主開發產品的增加，還適時地推出了文本發布系統，以及工程計算軟件。這樣一種可擴展的系統，甚至能夠伴隨企業發展的軟件系統，當然不會在短時間內被淘汰和拋棄。因此，企業選擇一個可以長期使用的信息化系統，應該是節省成本的第一步。

三、改變傳統的信息化商業模式，降低管理信息成本

傳統的企業信息化應用模式是獨立軟件/解決方案供應商（ISV）+系統集成商（SI）提供套裝軟件+系統項目實施。這種模式最大的弊端在於企業對於很多成本根本無法把控。突出的體現就是採購和實施成本不易降下來。

有專家認為，企業管理信息成本控制的最佳路徑是應用服務提供商（Application Service Provider，ASP）或者外包。現在這種模式已經逐漸演變成軟件即服務（Software－as－a－Service，SAAS）。它是一種通過互聯網提供軟件的模式，用戶不用再購買軟件，而改用向提供商租用基於網絡的軟件來管理企業經營活動，且無需對軟件進行維護，服務提供商會全權管理和維護軟件。對於許多小型企業來說，軟件即服務是採用先進技術的最好途徑，它消除了企業購買、構建和維護基礎設施和應用程序的需要。軟件即服務服務提供商為中小企業搭建信息化所需要的所有網絡基礎設施及軟件、硬件運作平臺，並負責所有前期的實施、後期的維護等一系列服務，企業無需購買軟硬

件、建設機房、招聘信息技術人員，只需前期支付一次性的項目實施費和定期的軟件租賃服務費，即可通過互聯網享用信息系統。服務提供商通過有效的技術措施，可以保證每家企業數據的安全性和保密性。企業採用軟件即服務服務模式在效果上與企業自建信息系統基本沒有區別，但節省了大量用於購買信息技術產品、技術和維護運行的資金，且像打開自來水龍頭就能用水一樣，能方便地利用信息化系統，從而大幅度降低了企業信息化的門檻與風險，降低了管理信息成本。

對企業來說，軟件即服務的優點在於：①從技術方面來看：企業無需再配備信息技術方面的專業技術人員，同時又能得到最新的技術應用，滿足企業對信息管理的需求。②從投資方面來看：企業只以相對低廉的「月費」方式投資，不用一次性投資到位，不占用過多的營運資金，從而緩解了企業資金不足的壓力；不用考慮成本折舊問題，並能及時獲得最新硬件平臺及最佳解決方案。③從維護和管理方面來看：由於企業採取租用的方式來進行物流業務管理，不需要專門的維護和管理人員，也不需要為維護和管理人員支付額外費用。這在很大程度上緩解了企業在人力、財力上的壓力，使其能夠集中資金對核心業務進行有效的營運。這種模式在成本控制上比較有效，是未來信息化一個重要的發展方向。傳統的信息化建設的方式不能從根本上解決中小企業信息化過程中遇到的成本問題。軟件即服務模式將逐漸被越來越多的企業所接受。

如今有關信息技術的硬件價格已今非昔比。過去上萬元的設備現在只需幾千塊錢便可購得，個人電腦、筆記本、服務器、網絡設備的價格都在持續下滑，而且價格越來越透明。相反軟件方面的支出卻呈現出一種上升的態勢。這種產業環境的改變需要廠商轉變思路，由過去項目為主轉到以面向服務為主，只有廠商做長期效益的考慮，才會減少短期行為。信息化的成本

才能真正降下來。企業也要改變那種「租三年不如落下一套設備」的傳統觀念，運用軟件即服務模式為自己降低管理信息成本。

四、優化管理業務流程，提高管理決策效率，降低管理信息成本

企業信息化成本，除了資金成本以外，更重要的就是時間成本。有許多企業，一個企業資源計劃項目動輒就要十幾個月才能上線，這樣的實施不僅浪費了企業的金錢和經歷，最為危險的就是浪費了企業的時間成本——失去了發展的最好時機。而保證應用企業時間成本的最佳方法就是要控制信息化項目的實施。

最瞭解企業業務需求的是企業自己，最熟悉企業組織結構的是企業自己，最清楚企業發展詬病的也是企業自己。那麼，企業就應該最大限度地參與到整個信息化項目當中來，配合軟件系統提供商和系統實施方做好實施的工作，解決項目實施中所遇到的問題，瞭解信息化系統與企業業務流程的關係，盡可能使信息化系統的實施時間和調試時間壓縮到最短，並使企業的管理信息系統與企業管理流程實現有機融合。

北京聯合大學的張選偉認為管理信息化從根本上說是個管理問題，想依靠某一種架構和軟件就解決企業自身存在的管理問題並且真正降低信息化總體擁有成本是不現實的。廠家會給企業開出各種各樣的降低信息化成本藥方來，但不是解決問題的根本辦法。還是要從企業管理這個角度去尋找成本控制的答案。勤哲軟件總經理崔亞軍認為傳統方式下的信息化最大的成本產生在實施、營運和維護上，一個項目上馬沒有結束的日期，這是最大的成本。只有企業自己去維護，成本才能徹底降下來，企業本身管理流程科學規範了，信息化的各種成本才會降下來。

有的專家說，要讓信息化成本降下來，還是企業做好自身的管理和規劃最有效果。信息化成本控制要一步一步來，要有階段性目標。要讓領導和同事看到階段性成果，他們才會支持你繼續走下去。只有對企業管理和業務系統熟悉的人才能找到本企業的信息化瘦身方法，任何軟件方案也不能解決企業發展運行中遇到的成本問題，因此降低信息化成本主要靠企業自己。賽迪顧問諮詢師賈寧認為企業一定要做好信息技術規劃。好的計劃是成功的開始，儘管有時候計劃趕不上變化。統一帳目，建立財務成本計量指標體系也是成本降低的好辦法。另外組織扁平化有利於減少中間溝通環節，也能起到降低成本的作用。有的時候，一個好的項目經理可以推進項目按照計劃正常進展。這將極大地降低信息化的實施成本。不要認為信息化諮詢顧問的錢花得不值，有的時候，這筆錢可以讓企業少走彎路，降低很多不必要的機會成本。

案例8-3[①]：北新建材公司以信息標準化、編碼規範化為基礎，規範企業管理，理順業務流程。企業資源計劃的實施規範了北新建材多達40多個的業務流程，理順了業務流程，提高了業務運行效率。首先，詳細準確地計量了汽運的三種運費；其次，由於不同工廠倉庫之間的調撥流程及時準確，各種單據規範，控制了無單上站的業務，從而使專用線物料庫存準確無誤。同時，由於鐵運發車記錄信息的共享，大大減少了鐵運計劃員的手工查詢工作量，提高了工作效率。北新建材通過管理流程的規範，一方面提高了管理效率，另一方面還降低了日常管理成本，全面提升了企業的核心競爭力。

---

① 筱月. 重塑企業——北新集團建材股份有限公司信息化建設側記 [EB/OL]. [2001-09-20] http://www.niec.org.cn/qyxxh/ffyj.htm.

案例8-4[①]：許多成功企業的信息化都是緊緊圍繞著企業的核心業務和主導流程進行的。沃爾瑪的核心業務是商品零售，主導流程是貨物配送，因而它不惜花巨資來「化」它的核心業務和主導流程。又如，海爾是一個加工型企業，它們在國內率先運用了計算機集成製造系統（CIMS），並取得了非常好的效果。現在海爾全面實行了「索酬、索賠、跳閘」的內部市場鏈（SST）管理制度。海爾的「市場鏈」就是以「日事日畢，日清日高，人人都管事，事事有人管」（簡稱OEC）管理模式為基礎，以訂單信息流為中心，帶動物流和資金流的運行，實施業務流程再造，實現了「三個零」（質量零缺陷，服務零距離，營運零成本）目標。

五、加強信息化培訓，提高系統營運效率，降低管理信息系統成本

在管理信息化領域曾經有過一次大討論，針對的是「信息化系統服務費該不該收」的問題，現在看來這個問題的答案已很明顯，因為有些軟件公司的服務費收入已經大大超過了軟件本身的銷售收入，但是在當時，高額的服務費確實令很多應用企業感覺有點離譜，這就是所謂「維護和使用成本」。服務費是應該收取的，而且現行的比例也是合理的。因為畢竟軟件銷售不是賣盜版光盤，服務應該說是保障企業應用的最後屏障，同時作為軟件提供商，這種服務模式也是有相當的成本的，根據經濟規律，收費無可厚非。現在要探討的是企業如何降低這種「維護和使用成本」，對於軟件服務商按小時收費的模式，應用企業最劃算的方式當然是培養企業自身的信息化人才——這樣

---

① 武克華，馬海敏，張淑敏．秘笈：以信息化為動力［EB/OL］．［2005-01-24］http://www.ycwb.com/gb/content/2005-01/24/content_838357.htm.

日常的維護就可以完全憑藉自己的技術力量實現，只有遇到大的升級、修改時，才需要請軟件服務商。

培訓對於企業降低信息化成本至關重要。做好員工培訓：員工使用系統越熟練，系統產生的效益也越大，成本也會隨之降下來。在一套信息化系統沒有完全運行成熟之前，不要盲目去上第二套系統，以免把有限資源分開使用。

「人人都能耍大刀，但要達到關公的水準卻很難」，管理信息化早上早用，使用熟練程度和累積的經驗知識最終會變成這個企業獨特的地方，因為每個企業使用信息化系統的方法不一樣，最後的結果也會大相徑庭。人人都用才是真正的信息化。這個大刀只要能耍起來就好，如果使用得很方便員工為什麼還要回到過去的操作中去？所以就是要讓人人都會耍大刀。培訓還可以降低員工對於信息化的抵觸情緒，加快信息化項目的進度。因此，培養企業自身的信息化人才，大大節省了應用企業的維護和使用成本，而且在項目論證、選型等前期階段，在後期的升級階段，也節省了時間成本。

六、構建科學的管理信息組織結構，降低管理信息結構成本

管理信息結構成本發生於企業管理信息組織結構營運過程中，包括管理信息組織結構的人員費用、活動費用等。企業可以通過構建科學的組織結構，提高組織營運效率，降低管理信息結構成本。管理信息組織結構的科學性體現於：能滿足企業管理決策的需要，為企業管理決策提供所需的管理信息並能保證管理信息的數量和質量；能充分體現管理信息的價值，減少企業管理決策的不確定性，降低決策失敗的風險；能夠及時提供有效的管理信息；能夠使成本盡量最小化；能夠充分、有效地運用現代信息技術。無論是扁平化組織，還是網絡化組織和

無邊界組織，企業構建的標準都是適用、有效、低成本。

在管理信息成本控制過程中，不同的階段有不同的成本控制方法和技巧，最終要看這個方法是否適合這個企業，企業要根據自己的規模、實力和發展願景採用不同的方法和策略，具體問題具體分析，絕對不能照搬套用，活學活用才能帶來實際效果。為了降低信息化總體擁有成本，企業是「吃藥瘦身」，即把重點放在不斷壓低採購成本上，還是「運動瘦身」，即通過加強自身管理降低成本，還是「整容瘦身」，即改變企業的組織結構，提高組織結構營運效率來減低成本，不同的企業會因自身管理信息成本的構成和數量不同而作出不同的選擇。

控制管理信息化系統的成本，是一個很大的問題。本文認為，有效控制成本首先要提高項目的實施成功率，同時也要提高管理信息化項目的有效期，這樣才能從根本上控制應用企業的信息化成本，才能提高管理信息的價值，控制好企業的管理信息成本。

參考文獻

1. 林萬祥. 成本論 [M]. 北京：中國財政經濟出版社, 2001.

2. 林萬祥, 苟駿. 風險成本管理論 [M]. 北京：中國財政經濟出版社, 2006.

3. 林萬祥. 林萬祥文選 [M]. 成都：西南財經大學出版社, 2007.

4. 葛家澍, 林志軍. 現代西方會計理論 [M]. 廈門：廈門大學出版社, 2002.

5. 趙德武. 會計計量理論研究 [M]. 成都：西南財經大學出版社, 1997.

6. 許毅. 成本管理手冊 [M]. 北京：中國社會科學出版社, 1983：78.

7. 吳豔鵬. 資產計量論 [M]. 北京：中國財政經濟出版社, 1991.

8. 謝詩芬. 會計計量中的現值研究 [M]. 成都：西南財經大學出版社, 2001.

9. 李寶山，劉志偉．集成管理——高科技時代的管理創新［M］．北京：中國人民大學出版社，1998．

10. 洪劍峭，李志文．會計學理論——信息經濟學的革命性突破［M］．北京：清華大學出版社，2004．

11. 胡元木．信息資源會計研究［M］．北京：經濟科學出版社，2005．

12. 陳良華．基於泛會計概念下成本計量研究［M］．北京：中國人民大學出版社，2005．

13. 霍國慶，等．企業信息資源：集成管理戰略理論與案例［M］．北京：清華大學出版社，2004．

14. 焦躍華．現代企業成本控制戰略研究［M］．北京：經濟科學出版社，2001．

15. 陳奮．成本管理的原理與方法［M］．臺北：中華企業管理發展中心，1979．

16. 王眾托．企業信息化與管理變革［M］．北京：中國人民大學出版社，2001．

17. 凱西·施瓦爾貝．IT項目管理［M］．北京：機械工業出版社，2002．

18. 凱瑟琳娜·斯騰詹，喬·斯騰詹．成本管理精要［M］．呂洪雁，譯．北京：中國人民大學出版社，2004．

19. 羅恩·阿什克納斯，等．無邊界組織［M］．姜文波，譯．北京：機械工業出版社，2005．

20. 費雷德·R．戴維．戰略管理［M］，北京：經濟科學出版社，1998．

21. 小威廉·J．布倫斯，等．理解成本［M］．燕清聯合，譯．北京：中國人民大學出版社，2004．

22. 莫里斯·穆尼茨．會計基本假設［R］．美國註冊會計師協會會計原則委員會，1961．

23. 葛家澍, 徐躍. 會計計量屬性的探討——市場價格、歷史成本、現行成本與公允價值 [J]. 會計研究, 2006 (9).

24. 羅珉, 何長見. 組織間關係: 界面規則與治理機制 [J]. 中國工業經濟, 2006 (5): 87-95.

25. 羅珉. 價值星系: 理論體系與價值創造機制的構建 [J]. 中國工業經濟, 2006 (1): 80-89.

26. 張為國, 趙宇龍. 會計計量、公允價值與現值 [J]. 會計研究, 2000 (5).

27. 殷俊明, 王平心, 吳清華. 成本控制戰略之演進邏輯: 基於產品壽命週期的視角 [J]. 會計研究, 2005 (3).

28. 李天民, 葉春和. 論管理會計中的信息成本與信息價值 [J]. 會計研究, 1989 (1): 50-54.

29. 張志敏, 張慶昌. 信息資源會計: 企業信息化效益計量和評價的新思咀 [J]. 四川大學學報 (哲學社會科學), 2003 (1): 23-28.

30. 燕志雄, 費方域. 信息成本與企業家的融資決策 [J]. 財經研究, 2007 (2).

31. 劉彥文, 王桂馥. 基於系統思想的成本控制管理探析 [J]. 會計之友, 2004 (8): 75-76.

32. 陳華亭. 管理會計新方法: 集成成本系統 [J]. 財會月刊 (會計版), 2005 (1): 11-12.

33. 董桂芝. 集成成本管理模式的新視角 [J]. 荊門職業技術學院學報, 2007 (8): 67-69.

34. 王能元, 霍國慶. 信息流集成模型研究 [J]. 南開管理評論, 2004 (3): 69-73.

35. 趙蓉, 陳學杰, 韓麗豔. 淺談成本控制 [J]. 牡丹江教育學院學報, 2004 (2): 112-113.

36. 李雲貴, 等. 淺談企業二級計量單位的成本控制 [J].

一重技術, 1999（2）: 101-103.

　　37. 周慧生. 淺談企業成本控制［J］. 煤炭科技, 2001（4）: 51-53.

　　38. 符剛, 林萬祥. 價值星系與財務管理目標的選擇［J］. 財會月刊: 理論版, 2007（3）.

　　39. 符剛, 劉春華, 林萬祥. 信息成本: 國內外研究現狀及述評［J］. 情報雜誌, 2007（11）: 83-86.

　　40. 劉春華, 符剛. 信息成本: 現代企業成本管理的「瓶頸」［J］. 中國管理現代化, 2008（1）.

　　41. 馮巧根. 管理成本、信息成本和運行成本初探［J］. 財會月刊, 2002（12）: 9-10.

　　42. 胡琴. 卡森的信息成本與制度演化理論述評［J］. 教學與研究, 2001（1）: 70-74.

　　43. 李志軍. 企業信息成本的科學控制［J］. 科學情報開發與經濟, 2006（7）: 188-189.

　　44. 趙宗博. 現代企業的信息成本［J］. 沿海企業與科技, 2002（1）: 33.

　　45. 於金梅. 信息成本: 成本會計的新領域［J］. 財會月刊, 2003（A5）: 12-13.

　　46. 李玉萍, 羅福凱. 信息成本的特徵及其控制［J］. 財會月刊, 2003（A12）: 3-4.

　　47. 莊明來. 信息成本核算初探［J］. 財會月刊, 2004（A9）: 10-11.

　　48. 朱珍. 信息成本及其現實意義［J］. 現代情報, 2003（5）: 22-25.

　　49. 周正深, 曹慶化. 信息成本核算探析［J］. 商業研究, 2006（3）: 108-110.

　　50. 杜軍, 顧培亮, 焦媛媛. 面向企業信息集成的全面成

本管理［J］．中國機械工程，2001（2）：174－178．

51．李政．信息失真成本［J］．現代企業教育，2002（3）：15－16．

52．李鵬飛．基於SWOT模型的戰略成本管理分析［J］．科技情報開發與經濟，2006（15）：189－192．

53．胡義和，麻占華．現代成本會計管理理念與方法［J］．會計之友，2003（1）：10－11．

54．陳超．淺議企業的信息失真成本［J］．商業研究，2001（2）．

55．李明毅．時間驅動作業成本法例解［J］．財會通訊（綜合），2005（10）：27．

56．鄧明君，羅文兵．集成成本管理基礎理論研究［J］．財會通訊（學術版），2006（5）：106－107．

57．崔松．企業成本的新拓展——時間成本［J］．管理研究，2007（1）：8－9．

58．崔松，胡蓓，陳榮秋．時間競爭條件下的時間與成本關係研究［J］．中國工業經濟，2006（11）：76－82．

59．汪朝輝．成本管理信息系統的建立［J］．施工企業管理，2007（1）：90－91．

60．嚴斌，董進全．考慮信息成本的序列投資決策［J］．內蒙古工業大學學報，2007（2）：155－160．

61．周其仁．信息成本與制度變革［J］．經濟研究，2005（12）：119－124．

62．陸宇．風險性決策下信息成本的估算［J］．經濟論壇，2004（6）：69－70．

63．陳良華．企業成本計量模式研究［J］．經濟理論與經濟管理，2002（10）：56－60．

64．徐旭初．機構投資者和資本市場的效率［J］．世界經

濟研究,2001（06）：79-82.

65. 王建華.基於作業成本計量的目標成本管理［J］,會計之友,2007（15）：52-53.

66. 陳筱芳.論企業組織系統重新架構的迫切性［J］.經濟師,2004（9）：170-171.

67. 李劍峰.如何因地制宜導入事業部？——探討石油企業組織結構調整方向［J］.中國石油企業,2004（7）：118-121.

68. 胡平杰.知識型企業組織結構理論研究的現實性探討［J］.求索,2005（8）：32-33.

69. 姚鑫,周德昕.國有商業銀行成本控制制度的建立［J］.商業研究,2003（20）：88-91.

70. 郝亭生.企業成本計量模式探討［J］.財會月刊,2007（6）：7-8.

71. 韓建新.市場行為中的信息成本論［J］.圖書與情報,2000（2）：8-14.

72. 初宜紅,王霞,高淑珍.管理信息系統成本費用的測算［J］.水利論壇,2002（9）：45.

73. 曹慶華,周正深.管理信息系統成本費用的構成［J］.技術園地,2001（7）：17.

74. 曾燕.企業信息成本的識別與控制研究［D］.北京：中科院研究生院碩士研究生論文文獻情報中心,2003.

75. 吳京芳.信息成本與企業組織變革趨勢［J］.船舶工業技術經濟信息,2001（5）：36-41.

76. 中國社會科學院語言研究所辭典編輯室.現代漢語辭典［M］.北京：商務印書館,1983.

77. 蔡建峰.信息成本預算評價方法研究［J］.科學學與科學技術管理,2004（12）：139-141.

78. ALBERTO M. BENTO, LOURDES F. WHITE. Organizational form, performance and information costs in small businesses [J]. The Journal of Applied Business Research, 2000, 17 (4): 41-61.

79. CARLO MORELLI. Information costs and information asymmetry in British food retailing [J]. The Service Industries Journal, 1999 (3): 175-186.

80. CHALES T. HORNGREN, GEORGE FOSTER, SRIKANT DATAR. Cost accounting: a managerial emphasis [M]. 9th ed. Prentice Hall, 1996.

81. CHRISTOPHER K. CLAGUE. Information costs, corporate Hierarchies and earnings inequality [J]. American Economic Association, 1977 (67): 81-85.

82. CHU - SHIU LI. Information costs and health insurance contracts [J]. The Journal of Risk and Insurance, 2000, 67 (2): 235-247.

83. DON R. HANSEN, MARYANNE M. MOWEN, LIMING GUAN. Cost management: accounting and control [M]. 6th ed. South - Western College Publishing, 2007.

84. EHSAN U. CHOUDHRI, STEPHEN FERRIS. Wage and price contracts in a macro model with information costs [J]. Canadian Journal of Economics, 1985, 18 (4): 766-783.

85. FREEMAN, T. Transforming cost management into a strategic weapon [J]. Journal of Cost Management, 1998 (11/12): 13-26.

86. GEOGE STALK. Time - the next source of competitive advantage [J]. Harvard Business Review, 1988 (7/8): 41-51.

87. GEORGE STALK, JR., THOMAS M. HOUT. Redesign

organization for time - based Management [J]. Planning Review, 1990, 18 (1): 4-9.

88. GORDON BOYCE. Information cost and institutional typologies: a review article [M]. Australian Economic History Review, 1999, 39 (1): 72-77.

89. J. B. SYKES. The concise oxford dictionary [M]. Seventh Edition. London: Oxford University Press, 1982.

90. JAMES B. KAU, C. F. SIRMANS. The influence of information cost and uncertainty on migration: a comparison of migrant types [J]. Journal of Regional Science, 1977, 17 (1): 89-96.

91. K. S. MOST. Accounting theory [M]. Ohio : Grid Publishing, Inc., 1982.

92. M. J. NOWAK, M. MCCABE. Information costs and the role of the independent corporate director [J]. Corporate Governance, 2003, 11 (4): 300-307.

93. MICHAEL D. SHIELDS, S. MARK YOUNG. Effective long - term cost reduction: a strategic perspective [J]. Journal of Cost Management, 1992 (3) : 16-30.

94. MONDHER BELLALAH, BERTRAND JACQUILLAT. Option valuation with information costs: theory and tests [J]. The financial Review, 1995, 30 (3): 617-635.

95. NANCY L. JACOB, ALFRED N. PAGE. Production, information cost, and economic organization: the buyer monitoring case [J]. The American Economic Review, 1983, 70 (3): 476-478.

96. OGUZHAN OZBAS. Inegration, organizational processes, and allocation of resources [J]. Journal of Financial Economics, 2005, 75 (1): 201.

97. RICHARD JENSEN. Information cost and innovation adoption policies [J]. Management Science, 1988, 34 (2): 230-239.

98. ROBERT S. KAPLAN, ROBIN COOPER. Cost and effect: using integrated cost system to drive profitability and performance [M]. Boston: Harvard Business School Press, 1998.

99. ROBIN COOPER, REGINE SLAGMULDER. Supply chain development for the lean enterprise: interorganizational cost management [M]. Portland: Productivity Press, 1999.

100. S. S. STEVENS. On the theory of scales of measurement [J]. Science, 1946, 103 (2686): 677-680.

101. SANDRA S. ROHR, HENRIQUE L. Time - based competitiveness in Brazil: whys and hows [J]. International Journal of Operations & Production Management, 1998, 18 (3): 233-245.

102. STEFANO MORETTI, FIORAVANTE PATRONE. Cost allocation games with information costs [J]. Mathematical Methods of Operations Research, 2004 (59): 419-434.

103. SUBODH P. KULKARNI, KIRK C. HERIOT. Transaction costs and information costs as determinants of the organizational form: a conceptual synthesis [J]. American Business Review, 1999 (6): 43-52.

104. THOMAS HANCHEN, THOMAS VON UNGERN - STERNBERG. Information cost, intermediation and equilibrium price [J]. Economica, 1985, 52 (208): 407-419.

105. W. BRUCE ALLEN. Deregulation and information costs [J]. Transportation Journal, 1990 (4): 58-67.

106. YURI IRIJI. Theory of accounting measurement [M]. American Accounting Association, 1975.

後　記

　　在不同的時代和年代，人類在社會前進中所打上的烙印各不相同，無論是最原始的火，還是後來的文字、土地和資本，它們在人類社會的進程中各自扮演了重要角色。當人類社會邁入 21 世紀之時，「知識經濟」、「信息社會」的說法不絕於耳。毫無疑問，世界經濟環境在新世紀已發生了巨大變化，知識經濟已成為主流，現代社會已邁入信息社會，信息對世界的影響越來越大，信息和信息技術已成為推動社會和經濟發展的重要元素。雖然存在「信息爆炸」之說，但相對於人們無限的需求而言，信息總是稀缺的。企業作為現代社會的構成細胞之一，它們在內部管理決策過程中也需要大量的信息。因為，信息可以減少決策結果的不確定性，可以增加企業收入，可以減少企業損失，可以使企業的決策風險降低。然而，在市場經濟中是「沒有免費的午餐」的，企業一方面要取得信息的價值，發揮信息的作用，另一方面就必須得付出，產生信息成本。基於企業內部管理決策所產生的管理信息成本就是企業的付出或損失。

　　管理信息成本是指企業在管理過程中，為了減少決策結果

的不確定性，收集、加工、儲存、傳遞、利用管理信息花費的代價，和信息不完全所產生的決策損失。管理信息成本的本質內涵是基於管理的信息成本。管理信息成本是企業成本的一種新形態，是信息成本的重要組成部分，在現代企業管理決策中起著重要作用。對管理信息成本進行研究，無論是對豐富成本管理理論還是對指導成本管理實踐，都有著重要的現實意義。

　　在前面內容中，作者以「管理信息成本論」為題進行了相關研究。研究的內容主要包括六部分：管理信息成本研究的基礎理論、管理信息成本本質論、管理信息成本相關理論分析、管理信息成本會計論、管理信息成本集成論和管理信息成本控制論。作為一種新的成本形態，需要研究的內容太多太多。雖然這六個部分是從不同的方向對管理信息成本進行的研究，但相對於「管理信息成本」豐富的內涵來說，作者的研究是遠遠不夠的。作者目前的研究所達到的深度和廣度，一方面受限於作者的研究水準和能力，另一方面受限於現有研究成果的缺乏，再一方面就是研究對象本身具有複雜性。從現有研究成果來看，無論是國內還是國外，都把重點放在信息成本而非管理信息成本上，許多專家學者以制度經濟學理論為基點，分析不對稱信息狀態下或有或無信息成本對經濟事項的影響，以及信息成本在制度變遷、市場行為選擇中的作用。沒有以管理信息成本為研究對象的成果可供直接借鑑和參考。從管理信息成本本身看，管理信息成本是企業成本的新形態，它有著複雜的內容構成。作者從基於成本源的視角將其分為管理信息結構成本、管理信息系統成本、管理信息流成本和管理信息失真成本四大類。實質上，這四類成本已經包含於現有的企業成本中，只是隱含在不同的成本項目內，可能是管理成本，也可能是生產成本，還有可能是資產的購置成本。如，管理信息系統成本中的軟、硬件費用計入了無形資產或固定資產成本中，管理信息流成本中

後 記

　　在不同的時代和年代，人類在社會前進中所打上的烙印各不相同，無論是最原始的火，還是後來的文字、土地和資本，它們在人類社會的進程中各自扮演了重要角色。當人類社會邁入21世紀之時，「知識經濟」、「信息社會」的說法不絕於耳。毫無疑問，世界經濟環境在新世紀已發生了巨大變化，知識經濟已成為主流，現代社會已邁入信息社會，信息對世界的影響越來越大，信息和信息技術已成為推動社會和經濟發展的重要元素。雖然存在「信息爆炸」之說，但相對於人們無限的需求而言，信息總是稀缺的。企業作為現代社會的構成細胞之一，它們在內部管理決策過程中也需要大量的信息。因為，信息可以減少決策結果的不確定性，可以增加企業收入，可以減少企業損失，可以使企業的決策風險降低。然而，在市場經濟中是「沒有免費的午餐」的，企業一方面要取得信息的價值，發揮信息的作用，另一方面就必須得付出，產生信息成本。基於企業內部管理決策所產生的管理信息成本就是企業的付出或損失。

　　管理信息成本是指企業在管理過程中，為了減少決策結果

的不確定性，收集、加工、儲存、傳遞、利用管理信息花費的代價，和信息不完全所產生的決策損失。管理信息成本的本質內涵是基於管理的信息成本。管理信息成本是企業成本的一種新形態，是信息成本的重要組成部分，在現代企業管理決策中起著重要作用。對管理信息成本進行研究，無論是對豐富成本管理理論還是對指導成本管理實踐，都有著重要的現實意義。

在前面內容中，作者以「管理信息成本論」為題進行了相關研究。研究的內容主要包括六部分：管理信息成本研究的基礎理論、管理信息成本本質論、管理信息成本相關理論分析、管理信息成本會計論、管理信息成本集成論和管理信息成本控制論。作為一種新的成本形態，需要研究的內容太多太多。雖然這六個部分是從不同的方向對管理信息成本進行的研究，但相對於「管理信息成本」豐富的內涵來說，作者的研究是遠遠不夠的。作者目前的研究所達到的深度和廣度，一方面受限於作者的研究水準和能力，另一方面受限於現有研究成果的缺乏，再一方面就是研究對象本身具有複雜性。從現有研究成果來看，無論是國內還是國外，都把重點放在信息成本而非管理信息成本上，許多專家學者以制度經濟學理論為基點，分析不對稱信息狀態下或有或無信息成本對經濟事項的影響，以及信息成本在制度變遷、市場行為選擇中的作用。沒有以管理信息成本為研究對象的成果可供直接借鑑和參考。從管理信息成本本身看，管理信息成本是企業成本的新形態，它有著複雜的內容構成。作者從基於成本源的視角將其分為管理信息結構成本、管理信息系統成本、管理信息流成本和管理信息失真成本四大類。實質上，這四類成本已經包含於現有的企業成本中，只是隱含在不同的成本項目內，可能是管理成本，也可能是生產成本，還有可能是資產的購置成本。如，管理信息系統成本中的軟、硬件費用計入了無形資產或固定資產成本中，管理信息流成本中

的人工費用或購置費用計入了管理費用，管理信息結構成本中的人工費用、公務費用也計入了管理費用。管理信息成本既然已包含在現有成本系統中，那麼關鍵的就是如何單獨識別和計量，以便於控制。

管理信息成本對企業而言既很重要，對企業產生了很大影響，也很複雜，無論是識別時還是計量時。因此，要進一步加強對管理信息成本的研究，應從以下幾個方面來展開。一是管理信息成本的計量，管理信息成本中存在大量隱性成本，既不容易察覺，更不容易量化。而且，通過目前企業會計系統計量管理信息成本還存在很多問題，如管理信息成本計量方法，管理信息成本與其他有關成本的區分等。前文雖然在這方面作了探索，但仍不完善，需要更加具體和深入。二是管理信息成本的核算，管理信息成本核算是加強管理信息成本控制的基礎，無論是在現有的模式下，還是另闢蹊徑，都應有一套科學的管理信息成本的核算系統和方法。三是企業管理信息成本的實證研究問題，目前對中國企業管理信息成本進行實證研究還比較困難，因為國內許多企業雖然在向信息化方向發展，但還沒有構建起信息價值鏈，不具有研究的基礎。另外，對企業管理信息成本的實證研究還需要對企業類型進行新的劃分，從管理信息需求的角度劃分出不同類型的企業，並在此基礎上開展實證研究。

新形態的成本，意味著一切都是新的，無論是概念內容，還是管理控制，都與其他成本形態有著本質的區別。雖然我已提出「管理信息成本」這一概念（可能不是很準確），並作了一些初步的探索，但需要研究的內容仍有很多。這為我下一步的研究指明了方向，但這也意味著這些研究將是一項艱鉅的任務。當然，無論在這行程中有多艱難，我都會一步一步地走下去。

「路漫漫其修遠兮，吾將上下而求索。」

致　謝

「看時光飛馳，我祈禱明天，每個小小夢想，能夠慢慢地實現，我是如此平凡，卻又如此幸運，我要說聲謝謝你，在我生命中的每一天……」，我最喜歡《在我生命中的每一天》這首歌優美的旋律和真切的歌詞。飛逝的時光對每個人都是平等的，讓人無法挽留。在這本書付梓之際，心中感慨萬分，因為它包含了個人的夢想和太多的情意。對我這個從農村走出來的「放牛娃」來說，少年的我從來沒有想到會成為一位大學老師，從來沒有想到過從學士、碩士、博士這條路一直走下來，也從來沒有想到會把自己的「思想」用文字留下來……太多的「沒想到」都發生了。但我深深地知道，這一切不是僥幸，而是幸運，是太多的人給了我受益無窮的知識、啟迪與智慧的火花，以及深深的情意。

本書是在對博士答辯論文進行修改後形成的。其實從2008年博士畢業以來，我無數次想將這「成果」鉛印出來，但我這個懶散的人卻將美好的時光耗費在了電腦前、「長城」邊，現在回想起來雖懊惱自己的懶惰性情，但終歸沒法回到從前，只能

从现在开始变得「勤快」一点点罢了，否则有点憾對關心和幫助我的恩人們。自從我有了寫「管理信息成本」這個想法開始，就一直讓我尊敬的老師——林萬祥教授費心不少。有幸成為中國著名的會計學家林萬祥教授的學生是我的榮幸和幸運，是上天讓我來到這位學識淵博、品德高尚的人身邊，學習和感受他偉大的人格與品質，讓我有經常享受「醍醐灌頂」之感的機會。本書包含著恩師大量的心血和付出，真是「師恩浩蕩」！我敬愛的師母——徐惠芳女士對我的學習和生活也給予了無微不至的關心和照顧，每當想起她時我心裡就充滿了溫暖。還有給予我指導的各位老師，他們的傳道授業和親身指導是我知識累積和寫作靈感的來源，他們提出的真知灼見對本書的寫作及我此後的人生都大有裨益。本書的完稿和學識的豐富，歸功於他們的教導。他們是西南財經大學的郭復初教授、樊行健教授、趙德武教授、蔣明新教授、王治安教授、羅珉教授、蔡春教授、潘學模教授、陳苑紅教授、楊丹教授。另外我還要感謝紐約城市大學的葉建明教授，讓我有機會到 Baruch 學院來交流學習和提高，讓我有更多的時間來完成本書，並且我也深深欽佩葉老師的為人與學識，被他的人格魅力所折服。

我還要感謝在博士生涯中給予我關心、幫助的各位師兄、師姐、師弟、師妹們，他們是傅代國博士、王興博士、餘海宗博士、李衛東博士、毛洪濤博士、肖序博士、郭正林博士、張強博士、蔣憶明博士、趙鳴鳳博士、苟駿博士、馬紅軍博士、陳濤博士、張旗博士、冷平生博士、彭明生博士、楊德懷博士、彭家生博士、李來兒博士、李玉周博士、劉曉善博士、葛桓志博士、張亞蓮博士、田冠軍博士、步丹璐博士、黃友博士、陳煦江博士、王華博士。另外，我的同窗好友唐滔智博士、黃益健博士、陳曉援博士、楊秋波博士、張天陽博士、馬穎博士、譚洪濤博士、趙莎博士、賀雲龍博士等，他們也給了我各種形

式的關心與幫助，在此對他們表示我真誠的謝意。

　　感謝陳文寬教授、漆雁斌教授、楊錦秀教授、肖洪安教授、傅新紅教授、蔣遠勝教授、吳秀敏教授、張文秀教授、賈憲威教授、鄭循剛教授、李冬梅教授、潘虹教授、羅華偉副教授、肖詩順副教授、吳平副教授等領導和同事們的關心和指導，也感謝鐘秀玲、尹奇、王芳、李健強、伍梅、陳剛、張良、胡杰、張韜、米華、程亞、丁一、李玫玫、丁飛鵬、唐曼萍、賈鳴問等同事和朋友們，你們對我的幫助和鼓勵讓我心中時常充滿感動。

　　當然，我更要特別感謝的是我的家人。感謝我的爸爸媽媽和岳父岳母，「焉得諼草，言樹之背」，對你們的恩情，我只能在今後好好孝敬你們，你們的健康、快樂、幸福是我最大的心願。對我親密的愛人曾萍女士，我真不知道用什麼語言來表達對她的謝意，她一直無怨無悔地支持著我，每一個字每一句話都凝聚著她默默的關心和理解，我只希望「死生契闊，與子成說」、「執子之手，與子偕老」。

　　千言萬語道不盡真切關懷，片語只字書不完衷心感謝，也許感謝的最好方式就是我不停地努力，用我的努力及優秀的成績去回報他們。

符　剛

國家圖書館出版品預行編目（CIP）資料

管理資訊成本論 / 符剛 著.
-- 第一版. -- 臺北市：財經錢線文化發行：崧博，2019.12
　　面；　公分
POD版

ISBN 978-957-735-947-6(平裝)

1.成本管理

494.7　　　　　　　　　　　　　　108018080

書　　名：管理資訊成本論
作　　者：符剛 著
發 行 人：黃振庭
出 版 者：崧博出版事業有限公司
發 行 者：財經錢線文化事業有限公司
E - m a i l：sonbookservice@gmail.com
粉 絲 頁：　　　　　　網　址：
地　　址：台北市中正區重慶南路一段六十一號八樓 815 室
8F.-815, No.61, Sec. 1, Chongqing S. Rd., Zhongzheng
Dist., Taipei City 100, Taiwan (R.O.C.)
電　　話：(02)2370-3310　傳　真：(02) 2388-1990
總 經 銷：紅螞蟻圖書有限公司
地　　址：台北市內湖區舊宗路二段 121 巷 19 號
電　　話:02-2795-3656 傳真:02-2795-4100　網址：
印　　刷：京峯彩色印刷有限公司（京峰數位）

　　本書版權為西南財經大學出版社所有授權崧博出版事業股份有限公司獨家發行電子書及繁體書繁體字版。若有其他相關權利及授權需求請與本公司聯繫。

定　　價：550 元
發行日期：2019 年 12 月第一版
◎ 本書以 POD 印製發行